国家自然科学基金资助项目(51774122)
内蒙古自治区自然科学基金项目(2020BS05007)
内蒙古科技大学创新基金项目(2019QDL-B33)

煤岩组合体能量积聚规律与缓控机制研究

陈光波 段会强 著

MEIYAN ZUHETI NENGLIANG JIJU GUILÜ YU HUANKONG JIZHI YANJIU

四川大学出版社

项目策划：蒋　玙
责任编辑：蒋　玙
责任校对：唐　飞
封面设计：墨创文化
责任印制：王　炜

图书在版编目（CIP）数据

煤岩组合体能量积聚规律与缓控机制研究 / 陈光波，段会强著． — 成都 ：四川大学出版社，2021.7
ISBN 978-7-5690-4711-0

Ⅰ．①煤… Ⅱ．①陈… ②段… Ⅲ．①煤岩学 Ⅳ．①P618.11

中国版本图书馆 CIP 数据核字（2021）第 091644 号

书名　煤岩组合体能量积聚规律与缓控机制研究

著　　者　陈光波　段会强
出　　版　四川大学出版社
地　　址　成都市一环路南一段 24 号（610065）
发　　行　四川大学出版社
书　　号　ISBN 978-7-5690-4711-0
印前制作　四川胜翔数码印务设计有限公司
印　　刷　郫县犀浦印刷厂
成品尺寸　170mm×240mm
印　　张　13
字　　数　249 千字
版　　次　2021 年 7 月第 1 版
印　　次　2021 年 7 月第 1 次印刷
定　　价　52.00 元

◆ 读者邮购本书，请与本社发行科联系。
电话：(028)85408408/(028)85401670/
(028)86408023　邮政编码：610065
◆ 本社图书如有印装质量问题，请寄回出版社调换。
◆ 网址：http://press.scu.edu.cn

四川大学出版社
微信公众号

前　言

煤系地层是由多种不同性质的岩层相间互层构成的，每种岩层的能量积聚能力不同，这势必造成能量在煤系地层中分布不均。众所周知，冲击地压一定是在能量的驱使下发生的，那么，引发冲击地压的这些能量到底积聚在哪？针对这一问题，本书采用室内实验、理论分析、数值模拟等方法，对不同类型的煤岩组合体开展了单轴压缩实验，研究了煤岩组合体的力学特性与失稳机制，重点探讨了煤岩组合体在不同条件下的能量积聚规律。据此，提出能量释放理念与相应控制措施，并在峻德煤矿进行工程实践。本书主要研究内容及创新性成果如下：

（1）基于煤岩结构特征及其力学特性分析，借助应力—应变曲线，提出了两种煤岩组合体模型（同径煤岩组合体与非同径煤岩组合体）的能量分布计算方法，为煤岩组合体的能量分布计算与探索能量积聚规律奠定了理论基础。

（2）对煤、粗砂岩、细砂岩三种试件开展单轴压缩实验，研究试件的破坏特征、力学特性与失稳机制。煤、粗砂岩为张拉破坏，细砂岩为剪切破坏；抗压强度：细砂岩＞粗砂岩＞煤；冲击倾向性：煤＞粗砂岩＞细砂岩；峰前积聚能量：细砂岩＞粗砂岩＞煤。该实验为煤岩组合体的构建与能量分布计算提供了基础数据。

（3）对二元组合体、三元组合体开展单轴压缩实验，探究煤岩组合体破坏特征、力学特性、失稳机制，深入研究了煤岩组合体的能量积聚规律。煤组分破坏后呈碎状，粗砂岩组分为张拉破坏，细砂岩组分为“Y”型破坏；煤岩组合体各组分硬度差别越大，冲击倾向性越强；煤岩组合体各组分能量积聚规律：煤＞粗砂岩＞细砂岩，软弱岩层积聚能量大于坚硬岩层，坚硬岩层仅起承载和夹持作用。

（4）对不同煤岩性质与比例的煤岩组合体开展单轴压缩实验，研究煤岩组合体的力学特性与失稳机制，重点分析了煤岩性质与比例对煤岩组合体能量积聚的影响。随着煤岩高度比增大，破坏状态依次为“碎状”完全破坏、“Y”型半完全破坏、“局部式”不完全破坏，煤岩组合体抗压强度逐渐减小；采用

RFPA数值模拟软件模拟了不同顶板、底板刚度与比例对煤岩组合体冲击效应的影响，验证了实验结果的正确性；通过煤岩组合体力学模型，分析了煤岩组合体失稳机制；煤岩组合体积聚能量随着煤岩高度比的增大而增多；煤岩组合体中组分越硬，积聚能量越少；煤岩组合体各组分能量积聚规律：煤＞粗砂岩＞细砂岩。

(5) 针对FC（1∶1）、GC（1∶1）、FCG（1∶2∶1）三种煤岩组合体，开展在不同加载速率下的单轴压缩实验，探索煤岩组合体的力学特性与失稳机制，重点研究了加载速率对煤岩组合体能量积聚的影响。煤岩组合体破碎块体的分形特征为：粒度—数量分形维数随着加载速率的增大而增大，粒度—质量分形维数随着加载速率的增大而减小；随着加载速率增大，煤岩组合体积聚总能量增多，能量增长率呈“低—高—低”趋势；随着加载速率增加，煤组分积聚能量增多，占比增大；无论处于哪种加载速率，煤组分积聚能量比岩石组分多。

(6) 基于能量积聚规律，从能量释放角度，针对坚硬顶板—软弱岩层—坚硬底板构成的能量承载结构，提出了两种能量释放理念：直接释能和间接释能。峻德煤矿106掘进工作面现场实践表明，针对软弱煤层采取的直接释能手段（迎头爆破卸压和下帮爆破卸压）以及针对细砂岩坚硬顶板采取的间接释能手段（顶板爆破卸压），破坏了能量承载结构，有效释放了能量，防止冲击地压的发生，防冲效果显著。

本书的撰写由以下人员完成：陈光波负责第1章、第2章、第4章、第5章、第6章，段会强负责第3章、第7章、第8章，全书由陈光波统稿。

因著者水平有限，书中难免存在不足，望同仁及读者不吝指正。

著者

2021年7月

目　录

第1章 绪 论

随着国民经济的快速发展，对煤炭资源的需求日益增加，煤矿开采深度与广度不断增大，由此引发的地质动力灾害频发，尤其冲击地压最为严重，顶板、煤层、底板的厚度变化和力学特性变化诱发的冲击地压最为明显。其次，冲击地压一定是在能量驱使下发生的，但对于这些能量积聚的具体层位以及能量积聚层位的影响因素，却鲜有研究。针对这一科学问题，以国内外冲击地压研究现状为基础，通过分析提出了本书的研究内容、研究方法和技术路线。

1.1 研究背景及意义

在我国的地质资源中，煤炭是含有量最多的化石能源，我国的煤炭探明储量居世界第三，占世界煤炭储量的11.67％。我国是目前世界上最大的煤炭生产国，也是最大的煤炭消费国，煤炭一直是我国的主要能源和重要原料，在一次能源生产和消费构成中，煤炭始终占一半以上。在今后相当长的一段时期内，必须保证煤炭生产的安全与高产，使得国民经济能够健康发展，国家实力稳步上升。根据中国工程院《中国能源中长期（2030、2050）发展战略研究》预测，2020—2030年，我国煤炭产量将达到峰值34亿～38亿吨。我国煤炭生产机械化程度整体水平较低，加之井下地质条件复杂、部分人员素质及技术管理水平较低，导致煤矿事故常有发生，造成了极大的人员伤亡和经济损失。

图1.1、图1.2、图1.3是2008—2018年全国原煤产量、死亡人数以及百万吨死亡率的统计情况。

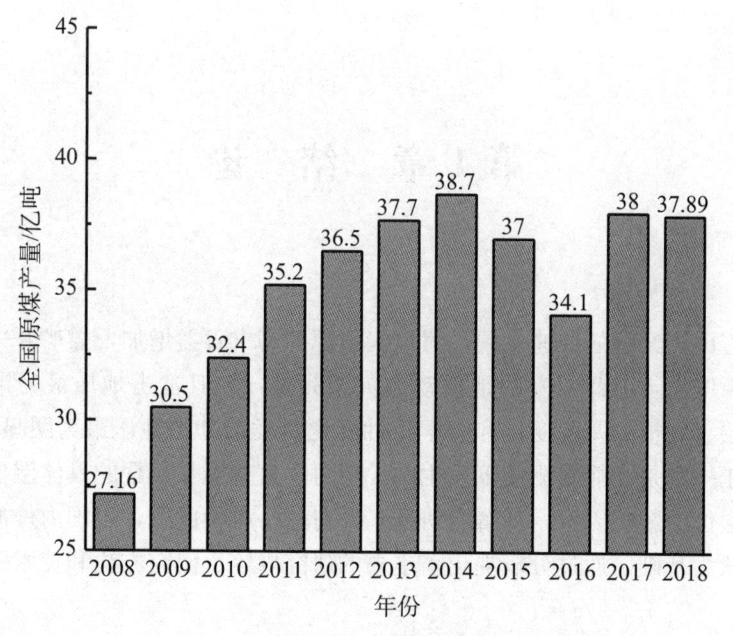

图 1.1　2008—2018 年原煤产量柱状图

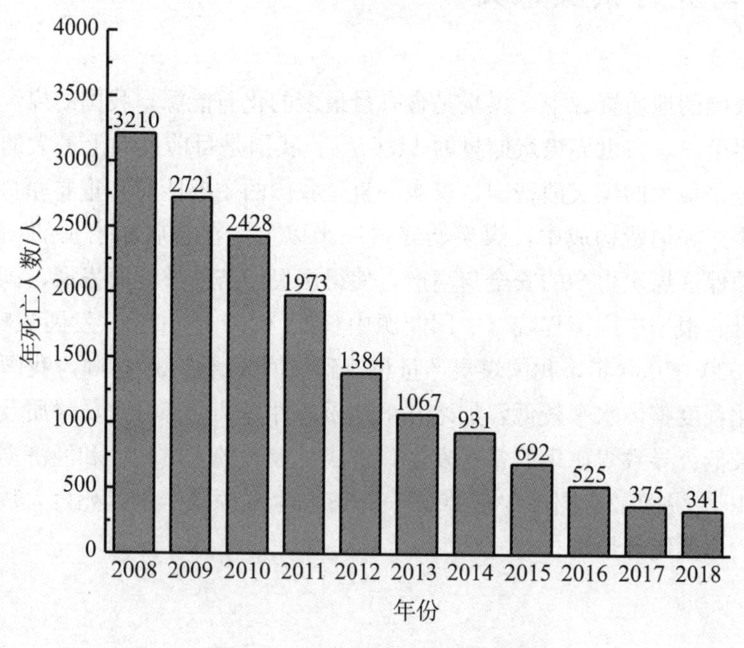

图 1.2　近十年死亡人数柱状图

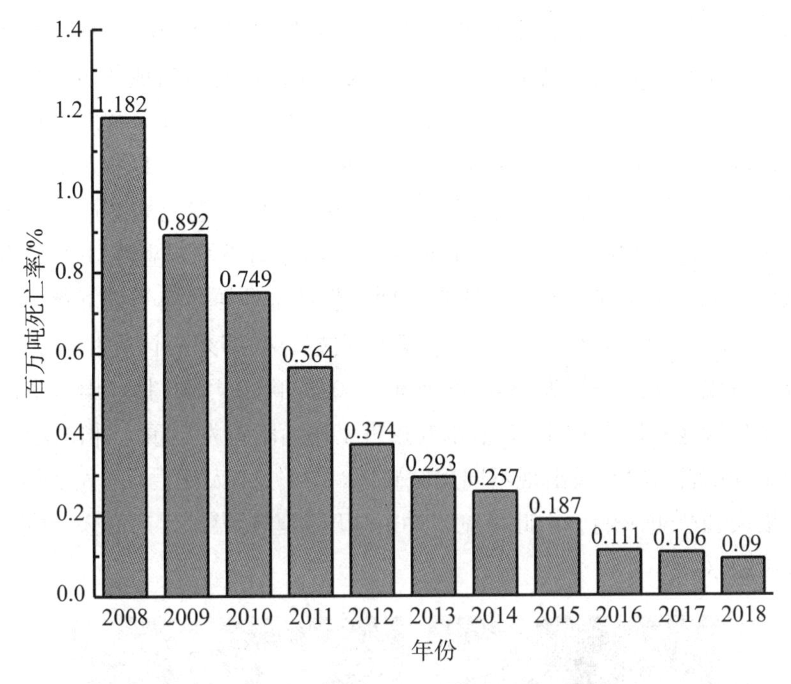

图 1.3　近十年百万吨死亡率柱状图

由图 1.1 可以看出，2008—2014 年我国原煤产量逐年增加，由 2008 年 27.16 亿吨增加至 2014 年 38.7 亿吨，增加了 11.54 亿吨，2014 年之后我国原煤产量基本稳定发展；由图 1.2 可以看出，2008—2018 年死亡人数逐年减少，由 3210 人（2008 年）减少至 341 人（2018 年）；由图 1.3 可以看出，2008—2018 年百万吨死亡率大幅降低，从 1.182%减至 0.09%，有了较大的改善和提高。随着我国政策的大力支持、采矿技术的不断提高和防治技术的不断完善，我国的煤炭行业形势逐渐转好，煤炭资源的开发越加稳定，死亡人数逐年减少，百万吨死亡率逐年降低，但是相较于全世界采矿国家的死亡人数，我国的死亡人数依然较多，百万吨死亡率依然偏高，在全世界煤矿行业死亡总人数中仍然占有很大比重。

煤矿事故类型较多，如突水、火灾、瓦斯爆炸、煤尘爆炸、顶板冒落等，冲击地压是最严重的特殊地质灾害，严重影响着煤矿生产和人员安全。冲击地压成为世界性的地质灾害难题，几乎所有采矿国家的矿井都受到冲击地压的影响。世界上首次冲击地压发生于英国的南斯塔福煤田。我国受到冲击地压影响的区域很广，主要分布在华北、华东以及中部地区，据调查统计，冲击地压发生最多的是山东省，冲击地压矿井多达 33 个，然后依次是黑龙江、江苏、河南、河北、山西、辽宁、甘肃和北京等省市。2000 年至今，兖州、枣庄、大同、新汶、义马、开滦、抚顺、鹤岗等矿区由于冲击地压造成的重大伤亡事故多达 20 余起，死亡人数有上百人。2002 年 10 月 21 日，辽宁抚顺老虎台矿掘进工作面放炮致使冲击地压事故，突出煤体 470t。2006 年 1 月 3 日，开滦赵各庄矿 3237 工作面引发冲击地压事故，震级 3.6 级，巷道堵塞严重，设备基本都毁坏，人员伤亡严重。2008 年 6 月 5 日，河南义马煤业集团股份有限公司千秋煤矿 21201 综采面和 21221 掘进面发生冲击地压，巷道破坏严重，事故造成 13 人死亡。2013 年 3 月 15 日，鹤岗峻德煤矿综采一区发生较大冲击地压事故，造成直接经济损失 663.59 万元。2018 年 10 月 20 日，山东省能源龙矿集团龙郓煤业有限公司 1303 泄水巷掘进工作面附近发生重大冲击地压事故，致使约 100m 范围内巷道出现不同程度破坏，导致 21 人死亡，1 人受伤，造成了重大损失和严重影响。由此可见，冲击地压灾害对煤矿生产和人员安全将产生巨大威胁（图 1.4）。

（a） （b）

（c） （d）

图 1.4 冲击地压灾害现场

我国煤炭探明储量的 53%以上位于地层深部。我国煤矿大多始建于 20 世纪五六十年代，目前已集中进入深部开采阶段，随着井田、采区充分采动，采空区面积，大功率、长运距、高可靠性综采、综放装备的应用，以及煤矿井下推进速度、开采强度不断加大，我国煤矿冲击地压发生频度、强度快速增加。2010 年至今，冲击地压的发生次数迅速增加。冲击地压的发生离不开能量的积聚，煤岩系统在矿山压力作用下积聚大量能量，这些能量达到煤岩系统的储能极限后迅速释放，系统失稳破坏，将煤岩碎块冲向采掘空间，伴随剧烈声响，冲击动力不仅毁坏巷道，还对井下设备、设施造成巨大破坏，对人员安全造成极大威胁。最为严重的是，冲击地压灾害容易引发矿井水灾、火灾、煤与瓦斯突出、煤尘爆炸等重大灾害，易出现多种灾害并发情况，这加重了井下灾害破坏程度。由此看来，冲击地压是一项亟待解决的问题。

随着煤炭资源开采逐年加深，矿山压力迅速增大，矿山压力显现愈加明显，冲击地压的频次和烈度逐渐增加。冲击地压多发生在深部开采矿井，但非深部开采矿井中煤层较厚的工作面也时有发生，冲击地压受到开采深度和煤层厚度的影响较大。工程实际中，多数煤层并非独立存在于煤系地层，而是以煤和岩石相间互层的方式存在，冲击地压的发生离不开岩层和煤层之间的相互作用，其冲击性更受到采深和煤厚的影响。因此，研究不同条件下煤岩组合体的冲击特征具有重要的科学价值和现实意义。

想要彻底防治煤矿冲击地压事故，必须从根本上认识冲击机理。许多专家从不同角度揭示了冲击地压的发生机理，形成了多种理论观点。其中，能量理论被人们普遍接受。能量理论认为，矿体—围岩系统在矿山压力作用下积聚大量的弹性能，当积聚的弹性能到达系统的储能极限时，积聚的弹性能大于释放的弹性能，系统发生破坏，盈余能量以煤岩冲击的形式向外界释放，从而形成冲击。

目前，从能量角度对冲击地压开展的研究主要分为两个部分：一是实验室冲击实验研究；二是冲击数值模拟研究。冲击地压能量理论研究也分为两个方面：其一，针对岩石破坏能量开展的研究，认为岩石破坏与能量耗散紧密相关，能量耗散致使岩石内部损伤，能量释放致使岩石破坏，能量耗散形式决定了岩石的破坏状态；其二，针对煤岩系统的能量研究其演化规律，当煤岩系统释放的能量大于消耗的能量时，诱发冲击地压，同时，通过数值模拟手段，对冲击过程进行模拟，判断采动影响下冲击地压能量积聚的大致范围。

从研究成果来看，对冲击地压能量转化的研究主要集中在能量耗散和释放，这些理论成果虽然根据能量规律提出了煤岩体破坏准则，对煤岩体冲击倾向性做出预判，但缺乏对煤岩体能量积聚具体位置的深入研究，不能找到能量积聚规律。煤系地层的层状岩体大多由软、硬互层的岩体组成。常见的软岩层有煤、泥岩、页岩、粗砂岩、泥质砂岩等，常见的硬岩层有砾岩、砂岩、粉砂岩、石灰岩等，它们往往相间互层，具有独特的复合岩性特征，其工程性质主要取决于岩层之间的厚度比例与组合特征。岩层的软硬不同势必造成岩层在能量积聚能力上的差异，既然冲击地压的发生离不开能量的驱使，那么，探索煤系地层的能量积聚规律以及能量积聚层位对于从根本上治理冲击地压具有重要价值。

本书基于对冲击地压相关资料的调研与分析，以煤岩组合体为研究对象，针对引发冲击地压的能量具体积聚层位及其影响因素的问题，通过理论分析、对比分析、数值模拟、实验研究相结合的方法，自主构建了煤岩组合体，并对其开展了单轴压缩实验，分析组合体的破坏特征、力学特征、失稳机制，着重探索峰前积聚能量的积聚规律；同时，针对煤岩性质、煤岩高度比、加载速率三个影响因素，开展了煤岩组合体轴向压缩实验，分析岩性、比例、加载速率对破坏特征、失稳机制的影响，重点分析岩性、比例、加载速率对能量积聚规律的影响。该研究拟解决冲击地压能量具体积聚层位问题，并根据能量积聚层位提出防控措施。该研究成果对扩充能量理论具有一定的科学价值，为冲击地压发生机理和防治开拓了新思路。

1.2 国内外研究现状、水平及发展趋势

国内外大量工程实践表明，冲击地压的发生是矿体—围岩系统在矿山压力作用下积聚大量能量，在一定诱发因素共同作用下突然释放的结果。由此来看，从能量角度对冲击地压开展相关研究，更接近灾害本质。目前，国内外许多专家针对冲击地压从能量角度开展了大量的研究工作，除此之外，国内外专家学者以冲击地压为工程背景，以煤岩组合体模型为研究对象，开展了大量的实验研究，取得了长足的进展和丰硕的成果。以下从煤岩体失稳破坏能量研究、煤岩组合体模型研究、能量在冲击地压中的应用研究三个方面进行回顾与综述。

1.2.1 煤岩体失稳破坏能量研究

冲击地压发生的本质可以看作结构的失稳，即地下矿体采掘过程中，煤岩系统应力重新调整，重新集聚大量的弹性能，煤岩系统积聚的弹性能大于煤岩破坏的塑性能，盈余能量通过煤岩动力形式释放，盈余能量越多，冲击灾害越严重。许多专家对煤岩体失稳破坏过程中的能量演化规律与孕灾条件展开了大量研究。

煤岩体在变形破坏过程中的应力—应变状态复杂多变，难以将应力或应变

等某一参数作为煤岩失稳破坏准则。我们很难确定一个能够准确反映煤岩强度的临界值，通常称为煤岩强度的离散性。实际上，岩体的破坏归根结底是能量驱动下的一种状态失稳现象，因此，从能量角度研究煤岩变形破坏过程，有可能会比较真实地反映其破坏规律。迄今为止，已有不少学者从能量的角度出发，从理论分析、室内试验和现场工程三个方面，对煤岩体变形失稳过程中的能量转化以及力学行为等特点进行了大量研究，并取得了大量有价值的研究成果。

（1）许多学者对煤岩体破坏过程中的能量进行理论分析，获得了大量成果。尤明庆等通过计算岩石破坏过程中的能量情况，认为岩石材料的破坏与其能量变化密切相关，岩样轴向压缩进入屈服状态后，实际吸收的能量主要耗散于岩石内部剪切滑移的摩擦功与轴向应变，大致呈分段线性关系，岩样屈服破坏过程必须从外界持续吸收能量。三轴加载后，维持轴向变形恒定，通过降低围压也可以使岩样破坏，在此过程中，试验机不再对岩样做功，而岩样在环向膨胀对液压油做功，释放能量，即岩样释放能量，而破坏这些能量来自卸围压之前试验机轴向压缩岩样所做的功。赵忠虎等分析了岩石从受力开始到破坏的过程中发生的多种变形方式和与之对应的多种能量形式，并从宏观和微观角度分析了岩体能量。谢和平等应用热力学方程和损伤演化方程分析了岩石损伤变量及损伤能量释放率的变化规律，并据此讨论了岩石变形破坏过程中能量耗散、释放与岩石强度和整体破坏之间的内在联系。谢和平等认为能量释放速度决定了岩石的破坏形式，能量释放速度越大，岩石破坏越剧烈。华安增分析了原岩弹性应变能、围岩应变能的集聚与释放情况以及围岩应变能的转移条件等，认为围岩系统出现盈余能量时，煤岩系统失稳破坏，盈余能量越多，失稳程度越强烈。赵阳升提出了岩石失稳破坏的最小能量原理，岩石破坏时，由三维应力转化为二维应力或者一维应力状态，一维应力状态下消耗的能量为最小能量。尹光志等研究了煤岩内部能量的转化机制，并导出了脆性煤岩损伤能量释放率，同时定义了冲击矿压的损失能量指数，并认为该指数大于1可作为冲击地压发生的必要条件。李新元等建立了覆岩均布应力和增量应力作用的坚硬顶板初次断裂力学模型，据此推导出了弹性基础梁的能量分布公式，并分析了坚硬顶板断裂前后的能量集聚和释放的分布规律。Kwasniewski和王金安将围岩中的切向应力和岩石抗压强度之比定义为T，根据参数T将冲击地压分为无、弱、中、强四个等级。Z. Szecowka等首次提出了应变能存储指数概念，后来S. S. Peng、Kidybinski采用该指标评价煤和岩石的冲击地压倾向性。孙振武等采用有限元法给出了冲击地压的弹性能判据，但该研究对塑性应变能给出的是定值（最小能量），没有考虑加载过程影响。王耀辉等分析了冲击地压破坏过程中的能量变化，考虑了岩体的峰后软化特性以及加载速率对岩体峰值应力的影响。高明仕等认为震源能量和震源距是影响巷道冲击地压的两个最关键的因素。卢爱红等认为煤岩系统中局部能量积聚会导致煤岩系统整体发生冲击地压。卢爱红还分析了巷帮围岩的受力特点和巷帮层裂结构形成的原因，并利用板的稳定性原理推导了应力波作用下层裂结构稳定的条件。陈国祥等认为均匀围压下圆形巷道开挖后，随着松动区半径的增大，弹性区煤体始终在吸收能量；巷道松动区煤体塑性变形和破坏是巷道冲击的内在机制，远场震源起扰动作用。

（2）许多专家针对煤岩体失稳破坏能量特征开展了大量的室内试验研究。谢和平、鞠扬等认为，岩石在变形破坏过程中始终不断地与外界交换着物质和能量，这实际上就是一个能量耗散的损伤演化过程，岩石变形破坏是能量耗散与能量释放综合作用的结果。赵阳升等发现岩体动力破坏实际释放的能量远大于诱发能量，较详细地论证了岩体非均质、各向异性、应力状态不同，其破坏方式和消耗能量也有差异，以此提出了岩体动力破坏的最小能量原理。黄达等基于锦屏Ⅰ级水电站地下厂房的粗晶大理岩静态应变率的单轴压缩试验，分析了不同静态应变率下岩石变形破坏过程的应变能积聚、耗散及可释放应变能的变化特征，进而探讨了岩石破坏的能量耗散与释放机制。秦四清分析了岩体的动力失稳过程，论述了岩体变形失稳过程中耗散结构形成的宏观与微观条件及形成机制，明确指出岩体变形失稳是一种耗散结构。彭瑞东等用耗散结构理论分析了岩石的变形破坏过程，描述了岩石变形破坏中耗散结构的形成过程，认为岩石的变形、破坏、灾变是一种能量耗散的不可逆过程。赵忠虎推导了岩石变形中能量的传递方程，实验研究了能量的转化和平衡，以及耗散能和释放能之间的比例关系，认为能量耗散导致岩石强度降低，而能量释放是造成岩石灾变破坏的真正原因。姚精明等从细观和宏观角度分析了煤岩体发生冲击地压时的能量耗散特征，得出煤岩体裂纹尖端拉应力过大而失稳扩展是冲击地压发生的根本原因，认为降低煤体裂纹尖端拉应力和弹性模量是防治冲击地压的有效途径。龚爽等采用直切槽半圆弯拉法和霍普金森动态加载装置对煤样进行动态断裂韧性测试，通过对比不同冲击速度和层理倾角煤样的入射能、吸收能、断裂能和残余动能，得出了冲击荷载下不同层理倾角煤样动态断裂过程的能量耗散规律。赵毅鑫等采用动态巴西劈裂试验对煤的能量耗散规律进行分析，开展了90个圆盘形煤样的冲击劈裂试验，探讨了冲击速度、煤样中层理倾角及饱和含水对煤样总吸收能密度、总耗散能、总耗散能密度和损伤变量的影响。朱晶晶等利用大直径霍普金森压杆试验装置，对砂岩的动力学特性进行试验研究，从岩石的细观裂纹扩展和能量吸收角度，分析了岩石的破坏过程。齐燕军等为了深入认识深部巷道中岩爆的发生机制，研发了配备弹性储能模块的岩爆模拟试验系统，对含预制圆形巷道四种岩性模型进行试验，通过调整初始应力水平和加载速率再现了不同岩性巷道岩爆事件。

（3）许多专家从现场工程角度分析了煤岩体失稳破坏过程中的能量转化情况。章梦涛等提出了一个以动力失稳过程判别准则和普遍的能量非稳定平衡判别准则为基础的煤岩冲击失稳数学模型，并对冲击地压和煤与瓦斯突出问题进行初步计算。华安增、尤明庆等实验研究了岩石屈服破坏过程中的能量变化，进而分析了地下工程开挖过程中的能量变化，认为在分析地下工程周围岩体的冲击现象时，只需分析被抛掷岩体本身的能量，除此之外，无须寻找别的能量源。姜耀东、赵毅鑫等认为煤矿冲击地压是煤岩体系统在变形过程中的一个稳定态积聚能量、非稳定态释放能量的非线性动力学过程，建立了煤岩体非线性失稳耗散结构模型，揭示了煤岩失稳破坏过程中内部能量积聚、转移、耗散和释放的规律。邹德蕴应用能量传递原理和能量守恒定律，结合对岩体性状组织损伤弱化的分析，提出了煤岩体冲击效应理论，并导出了冲击效应方程，结合冲击效应学说与能量方程论述了冲击地压的形成机理。张宏伟等建立了冲击地压地质动力条件评价方法及评价指标，对乌东煤矿进行了逐一评判，计算了乌东煤矿冲击地压发生的临界能量密度。蒋金泉等针对工作面一侧采空边界条件，建立三边固支一边简支高位硬厚岩层板结构力学模型，推导出了硬厚岩层破断能量释放公式。刘学生等在将工作面前方煤体划分为阻力区、驱动区和无明显影响区的基础上，把应变型冲击地压从孕育到发生全过程分为能量稳定积聚、能量平衡和能量非稳定释放三个阶段。潘立友等针对两软煤层的地质条件，建立了两软煤层冲击地压发生的力学模型，通过对模型的力学分析与现场实践，得出了深部两软煤层条件下冲击地压发生的主要原因是：受上部力源层和下部稳定层夹持下的软弱冲击层出现应力集中和能量积聚，采动活动诱发积聚的能量向破碎缓和区突然释放，造成煤岩块瞬时喷出，形成冲击地压。向鹏等从冲击地压事件的能量来源出发，提出了破裂体和释能体相互作用的冲击震源模型，分析了冲击地压过程中能量传递与释放的动态机制，指出冲击源两体之间存在动态加卸载效应。王凯兴等针对冲击地压过程的能量传递与耗散，基于块系围岩与支护系统动力模型，研究了冲击扰动在岩体中传播，围岩与支护特性对能量传递与耗散的影响。刘镇等运用耗散结构理论，分析了隧道变形失稳的能量耗散过程与演化特征，结合热力学基本定律，研究了整个隧道系统的能量耗散机制，建立了隧道变形失稳的能量演化模型，提出了失稳破坏的能量判据。除此之外，苏国韶、杨凡杰、蒋邦友、丁浩、刘宁等提出了局部能量释放率、单位时间相对能量释放率、围岩弹性应变能密度径向梯度等不同的能量判据指标及能量计算公式；唐春安等、潘一山等、潘岳等从能量角度分析了断层冲击地压及煤柱型冲击地压问题，计算了煤岩体系统冲击失稳时的能量释放量。

1.2.2 煤岩组合体模型研究

冲击地压的本质既不是单纯的煤层强度破坏，又不仅仅是顶板岩石断裂的结果，而是上覆荷载在经过顶板岩体的传递在协调变形的条件下，顶板压力和煤体渐进破坏共同显现的结果。工程实际中，煤岩系统在矿山压力的作用下积聚较多能量，受到采动影响或其他动力扰动，能量急剧释放，形成冲击地压。为简化工程实际情况，方便开展室内试验和数值模拟，许多学者构建了煤岩组合体模型，主要运用试验研究手段，辅助以理论分析、数值模拟等手段，对煤岩组合体开展了大量研究工作。

国内外学者针对不同组合形式下多种岩石材料的力学性质与破坏特征，开展了大量研究。徐珂等分别进行了混凝土现浇于砂岩上的一体两介质模型和混凝土放置于光滑砂岩上的两体两介质模型的单轴压缩试验，分析了两体模型在力学特性和破坏过程中的差异。易成等分别制作了岩石—砂浆两种不同材料通过胶凝材料现浇砂浆而黏结在一起的一体两介质模型试件和界面之间没有胶结的两体两介质模型试件，结合试验结果，提出对一体两介质力学模型力学性能产生影响的参量。刘少虹等以波动力学理论为基础，通过改进的霍普金森压杆对煤岩组合试样进行动静加载试验，对煤岩组合体中应力波传播机制与能量耗散随应力波幅值和静载的变化规律进行研究，分析应力波幅值和静载对煤岩组合体中应力波的波形、透射系数、反射系数与能量耗散的影响规律。李晓璐运用 FLAC 3D 软件模拟了不同煤岩高度比、夹角、岩性对冲击倾向性的影响。姚精明等采用实验室试验和分形理论相结合的方法研究了组合煤岩样变形破裂的电磁辐射规律，利用上述规律，成功地对 7251 工作面的冲击危险进行了预测预报。王宁以引发大同矿区冲击地压的两大根本诱因——坚硬煤岩组合结构和采动应力为突破点，探索了大同矿区坚硬煤岩组合条件下冲击地压致灾机理，进行了不同加载条件下的组合试样力学性质试验，并基于煤岩的组合特点，构建了煤岩特有组合条件下的两体力学模型，进一步研究了现场尺度的煤层滑移错动冲击地压模型，模拟了不同解危措施下采动应力场及冲击特性的演化规律，并结合现场监测数据对解危措施效果进行了分析。最后，对忻州窑矿具有典型坚硬煤岩组合条件的 8937 工作面的综合防治实践效果进行了分析。吴兴荣等运用三河尖矿主采煤层组合煤岩进行了冲击倾向性试验，为煤矿高冲击危险区工作面冲击矿压监测及治理提供了基础参数。刘建新等用两体相互作用理论和 $RFPA^{2D}$ 系统对煤岩组合模型的变形与破裂过程进行了理论和数值试验研究。

姜耀东等为研究结构失稳型冲击地压机理，依据双面剪切实验模型设计了砂岩-煤组合试样在不同轴向荷载下的滑动摩擦实验，运用数字相机和声发射记录仪搭建了声光监测系统，克服以往煤岩摩擦实验不易进行位移观测的难题。王晓南等利用 SANS 材料试验系统、Disp－24 声发射监测系统和 TDS－6 微震信号采集系统，对单轴受压的不同煤岩组合试样失稳破坏过程中的声发射信号以及微震能量情况进行监测，获得试件的声发射与微震信号。付斌等通过对不同岩石组成的煤岩体在不同煤岩高度比例和不同组成倾角条件下的数值模拟，探讨了不同因素对煤岩体冲击倾向性的影响。陈光波针对引发冲击地压的能量积聚层位问题，基于冲击地压能量理论，运用理论分析与室内实验的研究手段，揭示了冲击地压发生机理，探讨了冲击地压发生前的能量积聚层位，并从能量释放的角度提出了工程建议，对于冲击地压的防治工作提供理论支撑。

左建平等针对煤岩组合体失稳破坏的裂纹效应，开展了煤岩组合体单轴压缩破坏实验，实验研究了单轴压缩条件下试件的裂纹闭合与起裂机制，并进行实验验证。郭伟耀等利用 PFC 模拟软件模拟研究不同煤岩强度比和岩煤高度比对煤岩组合体力学特性的影响。常悦等利用三轴渗流测试系统，模拟不同厚度的顶板、煤层和底板条件，开展了不同岩煤高度比条件下煤岩组合体的力学特性与渗流规律的试验研究。付斌等为研究不同组合条件下煤岩组合体的力学特性及破坏过程，使用 $RFPA^{2D}$ 软件，采用位移加载方式，对不同倾角、围压下的煤岩组合体进行数值模拟，研究单轴和三轴条件下不同煤岩组合体的破坏机制，分析了围压、倾角对煤岩组合体强度的影响。左建平等以钱家营煤矿为研究背景，通过煤岩单体试件以及煤岩组合体的加载实验，分析了煤岩单体试件与组合体在不同条件下的失稳机制和冲击效应。薛俊华等运用 RFPA 软件对煤岩组合体开展了模拟研究，研究了顶板刚度和煤岩比例对冲击倾向性的影响。

窦林名等研究了煤岩组合体在失稳破坏时的电磁辐射规律，为冲击危险性的评价和预测奠定了基础。窦林名还研究了煤岩组合体试样变形破裂规律及冲击倾向性。陆菜平通过对煤岩组合系统的研究提出了组合煤岩的强度弱化减冲原理。赵善坤等针对单纯以煤层或顶板岩层进行煤层冲击倾向性判定存在“低估”问题，采用 RFPA^{2D}模拟软件开展不同高度比和不同顶板强度、厚度、均质性及接触面角度下组合煤岩结构体的冲击倾向性数值试验。肖晓春等为完善冲击地压灾害预测判据，通过试验研究煤、岩石和组合煤岩三类试样的声发射特性及冲击倾向性规律。结果表明：组合结构中的岩体对煤体的力学性质和冲击倾向性有显著影响。刘刚等采用 RFPA^{2D}对三体模型进行冲击倾向性数值试验研究，探讨了坚硬顶板组合体和坚硬底板组合体的失稳破坏机制。付斌等利用 RFPA^{2D}软件研究了围压和界面倾角对泥岩煤组合体、粉砂岩煤组合体及石灰岩煤组合体的影响，分析了组合体的力学特性和声发射特征。郭东明等运用室内实验和数值模拟的手段，探讨了不同条件下，煤岩界面倾角对组合体失稳机制的影响。赵毅鑫等讨论煤、岩体在“砂岩—煤”“砂岩—煤—泥岩”两种组合模型失稳破坏中能量集聚与释放规律。王晓南等利用 SANS 材料试验系统、Disp－24 声发射监测系统和 TDS－6 微震信号采集系统，对单轴受压的不同煤岩组合试样进行声发射和微震试验，得到不同组合试样在受载破坏过程中的声发射和微震信号。左建平等对煤岩组合体进行分级加卸载实验，对比分析了单轴压缩条件下的煤岩组合体破坏机制。分级加卸载条件下，煤岩组合体破坏以脆性破坏机制为主，煤岩组合体的破坏形态比单轴压缩条件更为破碎，且破坏强度有所提高，但轴向和环向应变却有所降低。朱卓慧等使用 MTS815 岩石力学实验系统，对煤岩组合体进行单轴分级循环加卸载实验，分析探讨了煤岩组合体在分级循环加卸载实验条件下的力学特性。

牟宗龙等为合理评价开采区域的冲击矿压危险程度，分析了岩—煤—岩组合体受载过程中各部分的位移、加速度、刚度及能量等物理参量的演化规律，提出了以煤体峰值后刚度和岩石卸载刚度为基本参量的组合体稳定破坏与失稳破坏的判别条件。张泽天等设计了三种不同的组合方式，并对组合体进行单轴压缩和三轴压缩，探讨了组合方式对煤岩组合体力学特性和破坏机制的影响。

1.2.3 能量在冲击地压中的应用研究

国内外学者从强度、冲击倾向性、刚度、能量等多个角度研究了冲击地压的机理、监测、防治。冲击地压一定是在能量驱使下发生的，因此，从能量角度对冲击地压开展的相关研究最接近冲击地压本质。目前，许多学者针对工程实际中不同类型的冲击地压从能量的角度揭示其机理，并针对积聚的能量实施了相应的防冲措施，取得了大量的研究成果。

田利军通过相似材料模拟的手段，针对顶板坚硬、底板坚硬、煤层坚硬条件下的应力分布情况，开展了相关的实验研究，研究了同等条件下的应力分布规律。同时，运用数值模拟手段，对工作面前方应力分布情况进行数值分析，揭示了顶板坚硬、煤层坚硬、底板坚硬条件下的失稳机理与冲击特性，并基于上述分析，提出了失稳冲击理论。该理论认为，地下工程的采掘活动引起了地下应力分布重新调整，应力调整的同时，煤体中产生软化塑性区、硬化区、压密区，软化塑性区不断吸收硬化去积聚的弹性能，当吸收的能量大于破坏消耗的能量时，引起冲击地压。该理论对于指导煤体储能型的冲击地压具有重要意义。

刘学生、谭云亮等以应变类型的冲击地压为研究对象，基于现场勘测数据，将工作面前方煤体划分为三个区域：阻力区、驱动区和无明显影响区，并以此为基础，分析了应变型冲击地压的冲击全过程，同时将冲击全过程分为三个阶段：能量稳定积聚、能量平衡和能量非稳定释放，重点探讨了应变型冲击地压发生的主要条件（孕灾条件）；与此同时，分析了应变型冲击地压的能量情况，建立了能量判据，从防冲角度提出了阻力区临界宽度的概念，并以临界宽度为主要指标，构建了应变型冲击判据。根据研究结果，在现场进行工程实践，结果表明指标合理、判据较为准确。该研究对应变型冲击地压问题具有指导意义。

秦忠诚等建立了断层冲击地压发生模型，将断层冲击地压的发生看作静载荷和动载荷的叠加耦合作用，结合冲击地压启动理论和弹性波理论，推导了采掘诱发断层冲击地压发生的能量判据。结合实际工程实例，采用微震监测技术观测某矿 1302 工作面的微震活动，结果表明：微震监测数据可用来分析应力与断层活化情况，对于工作面冲击危险判定提供技术支持。

苏承东等运用试验研究的手段，针对城郊矿煤试件的冲击倾向性，通过伺服试验机开展了试验研究，通过研究发现：实验测定冲击倾向时容易受到各方面因素的影响，其中煤试件的峰后破坏阶段容易受到加载方式的影响，每种指数的测定需要不同的加载条件，动态破坏时间参数的测定需要用应力控制方式，冲击能量指数的测定采用位移控制。与此同时，研究了煤试件的力学特性之间的关系：煤试件的抗压强度与弹性模量呈正相关，这就说明，煤越坚硬，冲击地压发生的可能性越大，冲击倾向性越强。

王凯兴、潘一山针对冲击地压过程的能量传递与耗散，基于块系围岩和支护系统动力模型，研究冲击扰动在岩体中传播时，围岩与支护特性对能量传递与耗散的影响，通过岩体和支护中的阻尼吸能作用对支护端岩块的动能变化进行分析。同时提出了围岩和支护统一吸能防冲理论。

郝福坤等基于开挖掘进时煤岩体易积蓄能够引发冲击地压的弹性能，得出其能量的积蓄与开挖时间及空间状况因素密切相关。为明确开挖工程时对影响弹性能积蓄的因素及主次关系，以城山煤矿“7·16”冲击地压事故为实例，分析确定了开挖时间、煤层上方采空区、顶板强度三个因素对于弹性能积蓄的影响，并利用 FLAC 3D 数值模拟软件对能量进行计算和提取，得到了不同因素对于弹性能分布的影响程度。

宋大钊实验研究了煤岩变形破坏过程能量耗散的时域特征；分析了冲击地压活动域系统（RADS）的时空演化过程，建立了 MRADS 的动压型冲击地压演化模型；结合模型研究了 MRADS 在卸压条件下应力场、能量场的演化规律，并进行了现场验证。

蒋海明、李杰针对多种冲击地压类型中的断层错动滑移冲击地压诱发机理开展了实验研究，通过块系岩体动态特性试验系统，开展了多扰动因素下的试件滑移错动失稳破坏实验，并据此研究了岩块错动破坏机理以及诱发因素。

张文清等为了探索煤岩在冲击过程中的破坏特征和能量耗散规律，利用霍普金森压杆（SHPB）实验装置，对煤岩试件进行不同应变率条件下的冲击压缩实验，分析了冲击加载速率对煤岩破碎耗能和块度分布的影响。在实验应变率范围内，随着子弹速度的提高，应变率和应力波携带的能量均呈线性增长，而煤岩破碎耗散能则呈指数上升。通过对实验碎块进行块度分维，发现分形维数与应变率及耗散能密度之间呈对数增长的关系，即分形维数增大的趋势变缓。

李旭宏结合大同矿区的实际情况，从能量观点，系统研究了“三硬”煤层条件下冲击地压发生的机理，为“三硬”煤层条件下冲击地压现象的控制与防治提供了理论基础。

刘少虹针对煤岩组合模型的失稳破坏机理以及能量特征，运用突变理论与损伤模型，分析了动静加载条件下组合体的破坏机理、能量计算公式，并以此为基础，研究了煤岩物理特征对动载类型的冲击地压孕灾条件、冲击强度、冲击烈度的影响；自主构建了煤岩组合力学模型，探讨了动载类型的冲击地压发生的混沌机制。另外，刘少虹还对霍普金森实验装置进行改进，并探讨了煤岩组合体动载冲击过程中的能量积聚与耗散特征。

付玉凯基于高抗冲击体力学模型和能量耗散模型，确定了高抗冲击体防冲抗震的应力判据和能量准则，得出高冲击韧性锚杆与巷道围岩的协调变形（高抗冲击体）是耗散冲击地压能量的主要方式，通过提高锚杆的预紧力、强度、冲击韧性及支护密度等参数，可有效提高巷道围岩的抗冲击能力；将研究成果进行现场应用，解决了冲击地压巷道的支护难题，取得了良好的支护效果，进一步验证了高冲击初性锚杆吸能减冲原理的正确性。

刘勇等开展了基于能量耗散和释放机制的高压水射流破岩机理，理论研究了自由射流段速度分布特征，分别计算了等速核区和射流边界层扩展区动能，建立了不同靶距处射流动能计算模型。

潘立友等在对冲击地压显现全面调研的基础上，分析了冲击地压的防控现状与发展趋势，提出了高应力与高能量冲击地压的工程缺陷防控方法。针对冲击地压煤层的工程特性，进行了缺陷的定义与分类，详尽地论述了工程缺陷对冲击地压防控的力学机制；分析了含有缺陷介质体的冲击危险煤层应力分布特征，并结合实例详细阐述了工程缺陷防控冲击地压的机理及具体应用情况，对缺陷体的能量释放范围和程度进行了数值模拟验证，在深部与强冲击能量区域冲击地压治理方面获得了一定的成效。

王宏伟等以开滦集团唐山矿孤岛工作面为工程背景，通过 FLAC 3D 模拟了孤岛工作面回采及顶板周期性垮落过程中埋深、地应力场、煤层倾角及不同盘区回采等冲击地压主要诱因与孤岛工作面采场巷道的应力分布特征间的关系。运用能量理论进一步分析了冲击失稳主要诱因对采场能量分布特征的影响规律，揭示了采动影响下孤岛工作面采场能量释放的激增规律。

杜平通过对冲击地压的能量分布特征研究，建立了冲击地压动力系统模型，揭示了动力系统的能量与系统尺度关系，确定了长沟峪煤矿具备产生冲击地压的能量条件。

王春秋等通过运用微地震和电磁辐射综合监测手段分析孤岛综放工作面两次强动压显现事件，获得了工作面煤体发生冲击地压前后能量积聚与释放规律及相应微震和电磁辐射监测数据变化规律，煤体发生冲击地压之前，存在煤体储能阶段，在该阶段微震频次与总数较少，但电磁辐射强度升高。

向鹏等从冲击地压事件的能量来源出发，提出了破裂体和释能体相互作用的冲击震源模型，分析了冲击地压过程中能量传递与释放的动态机制，指出冲击源两体之间存在动态加载、卸载效应。破裂体中裂纹传播速度越快，对释能体的动态卸载效应越显著，释能体动态应力降越大，能量释放速率越高；释能体动能越大，作用于破裂体的动态加载速率越高，破裂体破坏速度越快，碎裂程度越高，冲击地压发生过程即为两体动态交互作用加速、稳定、减速过程，相关分析与室内两体试验现象吻合。据此理论推测冲击源的尺度特征，华亭矿区典型冲击地压事件的同步钻孔应变观测结果表明，冲击时在破裂区外围不同尺度范围内存在同步应力降，为上述理论提供了工程依据。

王超针对目前冲击倾向性指数未能完全反映煤层实际冲击倾向性强弱的问题，提出了综合反映能量积聚、耗散、释放过程及时间效应的有效冲击能量速率指数，并给出了评判准则。有效冲击能量速率指数与动态破坏时间、弹性能量指数、冲击能量指数和单轴抗压强度等常用指数均呈现一定的相关性。

庞绪峰根据冲击地压的能量理论对坚硬顶板孤岛工作面在不同情况和不同区域的冲击地压机理进行了阐释，并提出了相应的判别准则。

王文捷基于冲击地压的强度理论与能量理论，分析了冲击倾向性对煤层工作面应力场、能量场及破坏区的影响，界定了有可能引发冲击地压的范围。运用 FLAC 3D 数值模拟软件对不同冲击倾向性的煤层（强冲击煤层、弱冲击煤层、无冲击煤层）回采过程进行了数值分析。

赵同彬等针对地质构造区域煤层开采容易发生冲击地压的情况，建立了煤岩组合体力学模型，研究了煤厚变化对超前支承压力分布特征和能量演化规律的影响，揭示了煤厚变异区煤层开采冲击地压发生的力学机制。冲击地压发生时，工作面由厚向薄回采，第二峰值应力区内形成高能区会阻碍能量向煤壁深部传递，产生的冲击能量将主要向巷道或工作面临空面释放，而工作面由薄向厚回采，冲击能量可向煤壁深部转移，冲击影响范围小。现场案例分析及工程实践表明，工作面由薄向厚回采更有利于防冲。

蓝航针对神新矿区浅埋煤层开采过程中频繁发生的冲击地压事故，开采活动使围岩产生的应变能增量诱发冲击地压的现象，建立了冲击地压能量方程，并给出了应变能增量的三种形式：静载型、动载型、叠加或混合型。同时，蓝航结合现场分析认为目前神新矿区存在四种类型的冲击地压：工作面坚硬顶板垮落型、巷道应力叠加型、45°急倾斜煤层顶板悬顶型、87°近直立煤层岩柱撬动型，并分析了每种类型冲击地压的能量来源形式和主要致灾因素。在此基础上，从开采布置、监测方法、危险评价、解危方法及效果检验等方面提出了相应的防治对策。

张寅针对深部开采条件下特厚煤层巷道在动静载耦合作用下的演化规律问题，运用数值模拟、理论分析、工程实验的手段，开展了巷道力学机制研究，获得了巷道在动静载耦合冲击效应下的应力特征以及能量分布特征。

王明洋等首次提出了深地下围岩“一高二扰动”等效平均振动能量原理及其表达式，根据深部岩体准共振和摆型波现象出现的量纲——能量条件，深入阐释了该条件的物理基础并将其定义为地冲击能量因子。同时，推导了深部围岩岩爆、分区破裂时空构造与地冲击能量因子的关系；根据地冲击能量因子发生动力灾变的阈值，结合地下大规模爆炸地冲击运动的传播规律，界定了防护工程安全埋置深度。

肖福坤等在对现行冲击能量指数进行分析的基础上，综合考量煤岩体峰前塑性变形能释放和有效弹性能释放时间效应，建立有效弹性能释放速度计算模型，提出基于声发射特征参数和循环加卸载载荷表征峰值前释放塑性能，利用TYJ－500kN微机控制电液伺服岩石剪切流变试验系统对煤样进行循环加卸载声发射实验，通过上述表征公式拟合得到分段函数计算式，进行冲击能量指数测定实验，验证表征公式可靠性。

郝育喜针对特殊煤层开采条件、近直立煤层组冲击地压机理及其影响因素问题，基于现场实测、工程调研、数据分析等资料，运用理论分析、数值分析等手段，对该特殊煤层冲击机制、影响因素，以及煤层开采后应力、能量分布特征进行了重点研究，揭示了乌东煤矿南区近直立煤层组冲击地压类型和能量机理。

王宏伟等基于唐山矿孤岛工作面的地质条件和周期来压步距的监测结果，通过数值分析的方法，研究孤岛工作面煤岩体能量释放的动态特征，揭示了工作面前方能量释放激增机制，对比普通工作面和孤岛工作面能量场的区别，介绍了冲击地压预警防治措施。孤岛工作面周期来压时，顶底板和煤层的能量激增可作为判断冲击失稳的前兆信息之一。因此，微震监测等手段可以根据此结论预测潜在的矿山动力灾害。针对老顶周期性断裂时积聚能量的突然释放规律，运用强制放顶、超前卸压孔、开切卸压槽和卸压爆破、煤层注水等技术，可以提前释放煤层内积聚的弹性能，达到良好的冲击地压防治效果。

冲击地压是由煤岩系统在矿山压力作用下积聚的弹性能突然释放引起的，上述专家从能量角度对冲击地压问题开展了大量研究，给出了相应的能量判别准则，从能量观点揭示了冲击地压的发生机理，从能量积聚与能量释放的角度对冲击地压进行防治，同时进行相应的工程验证，这对于冲击地压灾害的防治与治理具有重要的理论意义与工程应用价值。

1.3 存在的问题与不足

由上述文献综述可知，国内外学者以煤矿重大灾害——冲击地压为研究背景，针对煤岩体变形破坏过程中的能量情况、冲击煤岩组合体模型、能量在冲击地压中的应用等方面开展了大量研究，取得了丰硕的成果，然而针对煤岩组合体能量分布与积聚方面，尚有许多问题需要补充与完善，主要有以下几个方面：

(1) 从能量角度对冲击地压开展的研究，均把能量视为一个整体，没有考虑能量在煤岩系统中的分布不均问题。煤岩系统是由多种软硬不一的岩层相间互层构成的，每种岩层的能量积聚能力不同，这势必造成能量在煤岩系统中分布不均的问题，众所周知，冲击地压一定是在能量驱使下发生的，既然如此，那么引发冲击地压的这些能量到底积聚在哪？能量在煤岩系统中的积聚规律如何？这些问题均没有得到解决。

(2) 能量主要积聚层位是解决冲击地压问题的关键，能量积聚层位影响因素有哪些？煤岩性质、煤岩高度比、加载速率等因素对能量积聚规律和能量积聚层位有何影响？这一问题还需深入研究。

(3) 由于缺乏煤岩组合体中各组分能量分布计算方法，导致无法深入研究能量分布与积聚的问题。因此，研究组合体中各组分能量分布计算公式，成为研究能量积聚层位首要解决的问题。

(4) 研究对象单一，研究结论具有局限性。针对煤岩体开展的研究，主要集中在煤岩单体试件以及二元组合体，针对三元组合体开展的研究较少，无法进行煤岩单体、二元组合体、三元组合体的对比分析，研究结论具有局限性。

(5) 针对不同条件下的煤岩组合体开展的研究，较多采用数值模拟方法，实验研究较少，而在少量的实验研究中，也存在实验组数太少、外界因素影响大的问题，导致实验结果误差大，实验数据不准确，实验规律有待于验证。

1.4 主要研究内容、研究方法与关键技术路线

1.4.1 主要研究内容

为探究引发冲击地压的能量积聚规律以及不同因素对能量积聚规律的影响，本书以研究采掘活动前的能量积聚规律特征为前提，以冲击地压能量理论为基础，以煤岩组合体为主要研究对象，围绕能量积聚层位、能量积聚层位影响因素以及试件的破坏特征、力学行为、破坏机制、能量积聚规律等科学问题开展相关研究。主要研究内容如下：

(1) 煤岩单体基本力学实验及能量积聚特征分析。

对煤、粗砂岩、细砂岩单体标准试件开展 0.005mm/s 加载速率下的单轴压缩实验，分析煤岩试件的破坏形态、应力—应变曲线形态、力学特性以及能

量积聚特征，为下一步组合模型的构建以及能量分布计算提供基础数据。

（2）煤岩组合体单轴压缩实验及能量积聚规律研究。

针对能量积聚层位问题，对自主构建的二元组合体模型、三元组合体模型开展了单轴压缩实验，分析试件的破坏特征、力学特性及失稳机制，重点探究了组合体能量积聚规律，为探索能量在纵向上的积聚层位提供理论支撑。

（3）煤岩性质与比例对组合体力学特性与能量积聚的影响。

针对不同岩性（FC、GC、FCG）和不同比例（3∶1、2∶1、1∶1、1∶2、1∶3、1∶1∶1、1∶2∶1）的组合体开展单轴压缩实验，探究了岩性和煤岩比例对组合体的力学特性和冲击效应的影响；基于二元组合体模型、三元组合体模型，分析煤岩系统失稳过程；重点探究岩性和比例对能量积聚规律的影响。

（4）加载速率对组合体力学特性与能量积聚的影响。

以FC（1∶1）、GC（1∶1）、FCG（1∶2∶1）组合体为研究对象，开展了五种加载速率下的单轴压缩实验。引入分形几何理论分析组合体不同加载速率下的破坏特征，同时研究了试件的力学特性和失稳机制，重点分析组合体的能量积聚情况，探索加载速率对能量积聚规律的影响。

（5）工程应用与效果。

基于能量积聚规律等研究结论，从能量角度出发，针对工程实际中“坚硬岩层—软弱岩层—坚硬岩层”能量承载结构，提出了两种能量释放理念：直接释能和间接释能，并给出每种理念下相应的防冲措施。同时，在峻德煤矿106掘进工作面进行现场实践与效果验证。

1.4.2 研究方法与关键技术路线

本书在文献查阅与现场调研的基础上，采用室内实验、理论分析、数值模拟等研究方法，围绕上述研究内容开展研究。关键技术路线如图1.5所示。

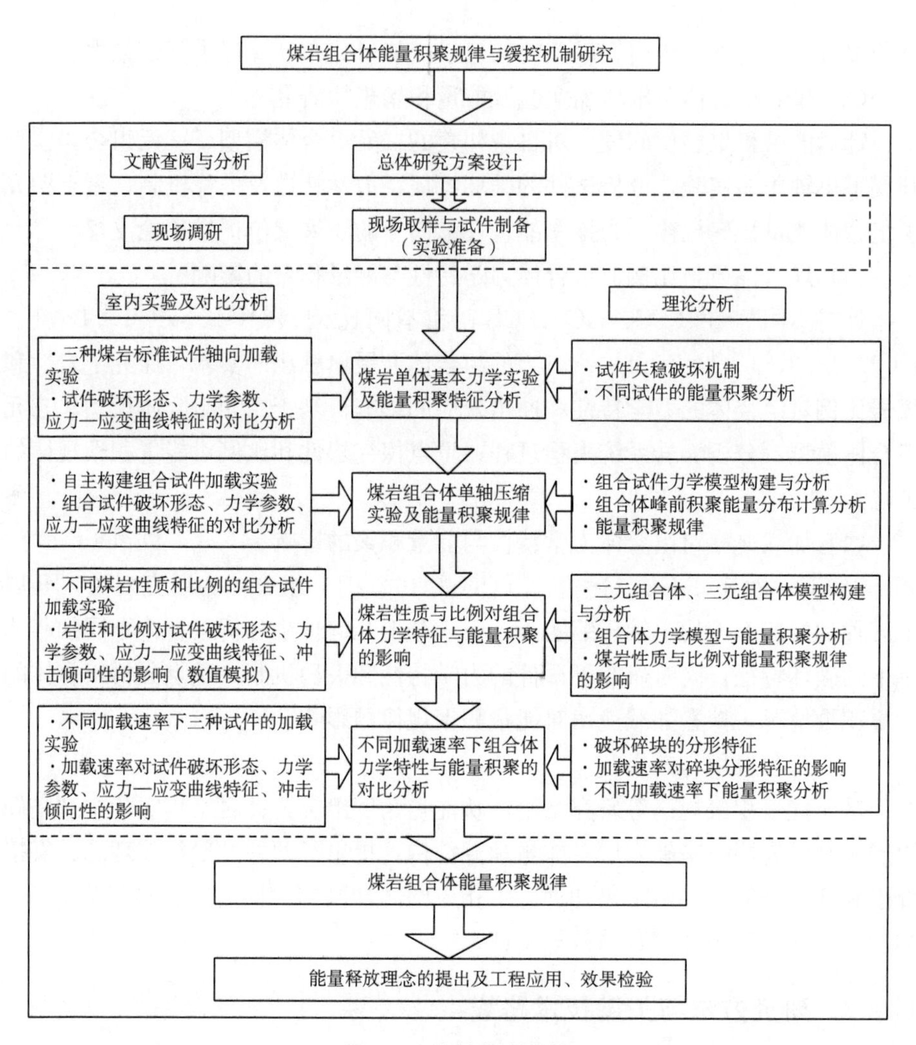
煤岩组合体能量积聚规律与缓控机制研究
文献查阅与分析
总体研究方案设计
现场调研
现场取样与试件制备
（实验准备）
室内实验及对比分析
理论分析
·三种煤岩标准试件轴向加载实验
·试件破坏形态、力学参数、应力—应变曲线特征的对比分析
煤岩单体基本力学实验及能量积聚特征分析
·试件失稳破坏机制
·不同试件的能量积聚分析
·自主构建组合试件加载实验
·组合试件破坏形态、力学参数、应力—应变曲线特征的对比分析
煤岩组合体单轴压缩实验及能量积聚规律
·组合试件力学模型构建与分析
·组合体峰前积聚能量分布计算分析
·能量积聚规律
·不同煤岩性质和比例的组合试件加载实验
·岩性和比例对试件破坏形态、力学参数、应力—应变曲线特征、冲击倾向性的影响（数值模拟）
煤岩性质与比例对组合体力学特征与能量积聚的影响
·二元组合体、三元组合体模型构建与分析
·组合体力学模型与能量积聚分析
·煤岩性质与比例对能量积聚规律的影响
·不同加载速率下三种试件的加载实验
·加载速率对试件破坏形态、力学参数、应力—应变曲线特征、冲击倾向性的影响
不同加载速率下组合体力学特性与能量积聚的对比分析
·破坏碎块的分形特征
·加载速率对碎块分形特征的影响
·不同加载速率下能量积聚分析
煤岩组合体能量积聚规律
能量释放理念的提出及工程应用、效果检验

图 1.5　关键技术路线

第 2 章　煤岩体破坏能量机理分析

煤岩自身的结构特性对煤岩力学性质产生重要影响。煤岩物理力学行为变化离不开能量的转化，煤岩变形等失稳破坏是能量转化的外在表现形式。因此，针对煤矿井下开采问题中的煤岩力学问题，从能量角度探究煤岩变化过程，更接近煤岩失稳破坏的本质。许多专家采集工程中的煤岩，经过加工，对煤岩试件开展室内试验研究，由此开展的室内实验可以简化影响因素，特别是煤岩赋存环境和采动影响等因素，仅依靠煤岩自身力学特性指导工程实际。因此，本章深入研究煤岩物理力学特性，重点研究煤岩孔隙、裂隙等特点以及煤岩失稳破坏机理，分析煤岩破坏过程中的能量转化特征，探寻影响煤岩能量积聚与释放的影响因素。除此之外，构建煤岩组合模型，通过对同径煤岩组合模型与非同径煤岩组合模型进行理论分析，借助应力—应变曲线，给出煤岩组合体一定条件下的能量分布计算公式。

2.1　煤岩体破坏过程中能量转化规律

2.1.1　煤岩体的孔隙特性

煤岩是一种沉积作用形成的可燃有机岩，是由地质历史时期的古植物遗体经过复杂的生物化学和物理化学作用转变而成的。煤岩体的形成较为复杂，过程较为漫长。煤岩体在成形过程中，内部产生了大量的层理、孔隙及裂隙等。同时，由于煤岩体是一种软弱岩层，在地质构造演化过程中，受到力的作用，还产生了大量的外生裂隙。由此来看，煤岩体是一种多孔各向异性非均质介质。

煤岩自身的孔隙特征对煤岩的力学特性产生重要影响。为了能够较全面地反映煤岩体的孔隙特征，可以将煤岩体中的孔隙划分为宏观裂隙、显微裂隙和孔隙三类。

(1) 宏观裂隙。

宏观裂隙是指裂缝宽度一般大于0.1mm的裂隙，宏观裂隙一般肉眼可以识别。对宏观裂隙的描述包括很多方面，主要有走向、倾向、倾角、长度、宽度、高度、密度、矿物充填状态、表面形态或粗糙度及组合形态或连通性等。根据裂隙的大小、形态特征和成因将宏观裂隙分为大裂隙、中裂隙、小裂隙和微裂隙，见表2.1。

表2.1 宏观裂隙级别划分及分布特征

裂隙级别	高度	长度	密度	裂隙形态
大裂隙	数十厘米～数米	数十米～数百米	数条/米	发育一组，断面平直，有煤粉，裂缝宽度数毫米到数厘米，与煤层层理面斜交
中裂隙	数厘米～数十厘米	数米	数十条/米	常发育一组，局部两组，断面平直或呈锯齿状，有煤粉
小裂隙	数毫米～数厘米	数厘米～一米	数十～二百条/米	普遍发育两组，面裂隙较端裂隙发育，断面平直，裂缝宽度几微米至数十微米
微裂隙	数毫米	数厘米	二百～五百条/米	发育两组以上，方向较为零乱，裂缝宽度不到1微米

(2) 显微裂隙。

显微裂隙的裂缝宽度一般为微米级及以下，是沟通孔隙和宏观裂隙的桥梁，肉眼难以识别，需要通过扫描电镜（SEM）进行观察。显微裂隙与宏观裂隙成因一致，也是应力作用的结果，裂隙的形态、大小、排列组合等特征是其力学性质的反映，根据显微裂隙形成方式的不同可将其划分为外生裂隙和内生裂纹两大类，共七小类，见表2.2。其中，构造裂隙多斜交并穿越煤岩条带，内生裂隙主要发育于基质镜质体和均质镜质体中，与镜质体条带垂直或近似垂直，一般不穿层，二者复合形成“S”形裂纹和树枝状裂纹。张裂纹缝壁呈锯齿状，缝壁张开；剪裂纹平直，缝壁闭合。

表 2.2　显微裂隙类型及其成因

分类		成因
内生裂隙	失水裂隙	煤化作用初期，煤层在压实、失水、固结等过程中形成的裂隙
	缩聚裂隙	煤在变质过程中因脱水、脱挥发分而缩聚所形成的裂隙
	静压裂隙	煤层在上覆岩层的静压作用下形成的与层理大体垂直的定向裂隙
外生裂隙	张性裂隙	由张应力作用而产生的启开状裂隙
	压性裂隙	经受严重挤压的煤中，由压应力作用而产生的闭合状裂隙
	剪性裂隙	由剪应力作用而产生的两组或多组共轭裂隙
	松弛裂隙	煤中构造面上由应力释放而产生的裂隙

（3）孔隙。

孔隙是指煤岩体中的环状或点状孔隙，主要有植物细胞残留孔隙、基质孔隙和次生孔隙三种类型，不同类型的孔隙成因各不相同，三种孔隙类型及其成因见表 2.3。另外，孔隙还可分为气体、液体能够进入的有效孔隙，以及部分全封闭的孤立孔隙，即“死孔”。

表 2.3　孔隙类型及其成因

孔隙类型	成因简述
植物细胞残留孔隙	成煤植物细胞腔的残存部分，具有明显的继承性
基质孔隙	泥岩沼泽中植物遗体经肢解和化学分解后重新堆积而成一种颗粒之间的孔隙
次生孔隙	煤岩变质过程中产生的气孔

可见，天然煤岩中包含着成因各异、数量众多的宏观裂隙、显微裂隙和孔隙，正是煤岩体中这些宏观、微观缺陷的存在，决定了其自身的非均质性与各向异性，进而决定了煤岩体的宏观力学性质。

2.1.2　煤岩体破坏的宏观机制

如前所述，煤岩体中分布不均的大量孔隙、裂隙导致了自身不同的破坏形式。煤岩体的宏观破坏形态大体可分为五种，如图 2.1 所示。当煤岩体中不存在宏观裂隙或裂隙尺寸比试件尺寸小得多时，受载煤岩体一般呈张拉（或剪切型张拉）破坏，如图 2.1（a）所示。此时裂隙一般沿平行或近似平行轴向（也是加载方向）产生并扩展，当相邻裂隙间的煤柱无法承受上覆载荷时，煤柱弯曲断裂或剪断，其上部原先所承受的载荷由相邻煤柱承担，直至所有的煤柱断裂，试件整体失稳破坏。当煤岩体中存在肉眼可见的宏观缺陷时，宏观缺陷对煤岩体的变形及破裂影响很大，甚至是决定性的。其中，裂隙与轴向载荷夹角越大，影响越显著，当两者相互垂直时，几乎不影响煤岩体破裂，如图2.1（b）所示。当裂隙方向平行于轴向载荷且尺寸较大时，在受载过程中原生裂隙不断扩展为主破裂面造成煤岩体失稳破坏，如图2.1（c）所示。当裂隙倾角约为45°时，煤体沿裂隙方向产生剪切破坏，如图2.1（d）所示。当煤岩体中存在纵横交错的宏观裂隙时，煤岩体可能沿原裂隙断裂为几个小块，如图2.1（e）所示。

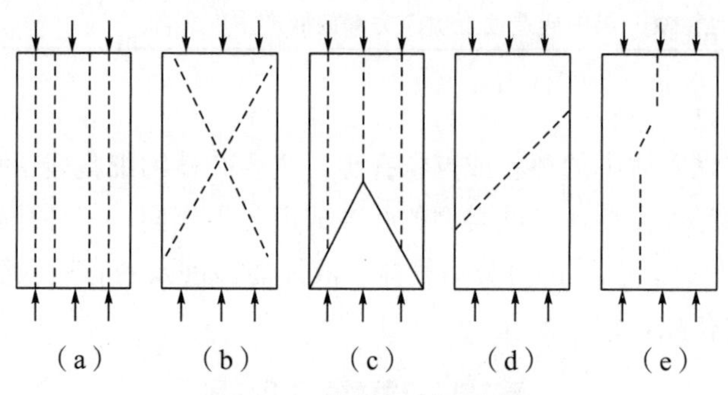

图2.1　煤岩体破坏形态

压头的端头效应也会对试样的破坏形态产生很大影响。当压头与煤岩体的摩擦很大时，煤岩体大多呈“Y”型破坏或“双Y”型破坏。这是由于压头（金属材料）与煤岩体的弹性模量及泊松比不同，造成其横向应变远小于试件端部的横向膨胀，从而对试件端部横向膨胀起到抑制作用，并在试件端部引起横向限制压力，主要表现是在破坏的试件中常常出现相对完好的圆锥（或角锥），如图2.1（b）所示。由于端头效应的存在，试件只有在其中间很少一部分处于真正单向压力下，其余部分则处于三向应力状态，同时因为端部效应无法避免，故试件破坏实际上是通过剪力和拉力的复合作用引起的，如图2.1（b）、图2.1（c）所示，试件中，拉伸裂隙不能穿过处于横向限制压力作用下的部分而扩展。这种端头效应与矿井中存在自由面的煤岩体的受载方式很相近，其破坏方式大体相似，如片帮等，因此具有重要的现实意义。

实验室条件下，受载煤岩体的变形破裂过程一般表现为煤岩体骨架的压实、孔隙收缩、颗粒接触面积增大或形成裂隙组、个别区域之间黏附性降低等。煤岩体单轴受压破坏全过程一般用应力—应变曲线表示，典型曲线如图2.2所示，以应力峰值点为界分为两个部分，即峰前区和峰后区，前者包括压密阶段、表观线弹性变形阶段和加速非弹性变形阶段；后者主要为破裂及其发展阶段。

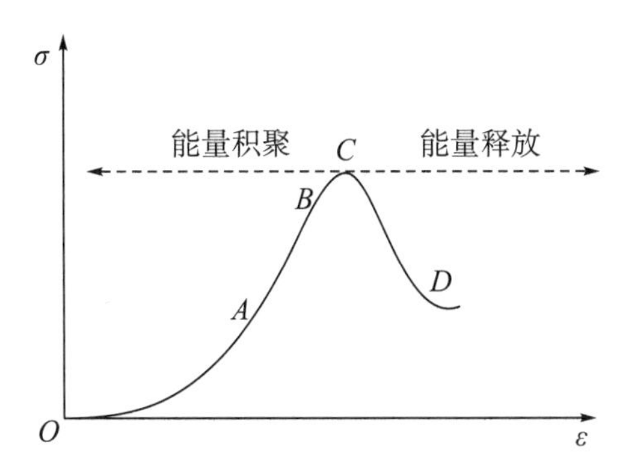

图 2.2　煤岩体破坏变形应力—应变曲线

（1）压密阶段（*OA* 段）。

天然煤岩体中含有大量宏观、微观缺陷，在外载荷作用下，这些缺陷在受压方向上发生闭合，逐渐被压密。此时，煤岩体的体积减小，密度增大，弹性模量增大，导致自身的弹性性质增强。在压密阶段，煤岩体的应力—应变曲线呈上凹型，表现为非线性特征。这对于煤岩材料来说非常普遍，并在受载初期表现非常明显。

（2）表观线弹性变形阶段（*AB* 段）。

在压密阶段的基础上继续对煤岩体进行加载就会进入表观线弹性阶段。之所以称为表观线弹性，是因为尽管从宏观上看该阶段是线弹性的，应力—应变曲线是连续的，但从微观上看，煤岩体的变形破坏是不连续、阵发性的。只有当煤岩体中的变形能积累到一定程度时，才能引起破裂。在该阶段，煤岩体内缺陷被进一步压密，并完全闭合，煤岩体变得更加质密。该阶段包含大部分可逆变形和小部分不可逆变形，卸载后大部分变形会回复，但仍有一小部分残余变形，即存在塑性变形。

（3）加速非弹性变形阶段（*BC* 段）。

加速非弹性变形阶段也可以称为弹塑性阶段，当煤岩体受载超过弹性极限 *B* 点后继续加载就会进入该阶段。前一阶段的加载使得煤岩体中形成了一定密度（或数目）的微裂隙，导致承载能力降低。同时，煤岩体中积累了足够多的能量，变形开始加速，载荷上升缓慢，煤岩体中产生大量的微裂隙并汇合、贯通。在该阶段尤其是后期，即使保持恒载，煤岩体也有可能发生变形失稳，即发生流变。值得指出的是，煤岩体的塑性越强，该阶段越明显；对于完全脆性的煤体，该阶段不明显，甚至不出现该阶段。

（4）塑性软化和残余强度阶段（*CD* 段）。

煤岩体受载超过强度极限后，进入塑性软化阶段。该阶段大的裂隙互相汇合、贯通形成宏观主裂隙，导致煤岩体整体失稳破坏，失去承载能力。

综上，煤岩体内部大量微裂隙和孔洞的随机存在导致了自身的各向异性，在外载荷作用下，这些微缺陷不断变化，在部分区域内扩展并相互贯通，进而形成宏观裂隙，导致煤岩体失稳破坏。尽管这种破坏形式多样且被划分为几个阶段，但在整个破坏过程中，煤岩体始终不断地与外界进行着多种物质和能量的交换。这些交换是由煤岩体的变形破坏引起的，同时也对其破坏类型及过程产生影响。因此，研究煤岩体破坏过程中的能量类型对探讨其变化特征规律，进而研究煤岩体的破坏是十分必要的。

2.1.3 煤岩体中的能量转化

在外力作用下，煤岩体内部会产生应变硬化与应变软化两种机制。应变硬化是硬化因素大于软化因素的直接表现；应变软化则是因变形过程中软化作用大大加强而硬化成分减弱所致。前者是煤岩体存储弹性能量的过程，后者是其向外界耗散和释放能量的过程。实际过程中，这两种机制相互竞争、相互影响，共同作用决定着煤岩体的宏观特性。

事实上，煤岩体物理变化过程的本质就是能量的转化，其变形破坏过程是能量耗散驱动下的一种状态失稳现象。作为一种非均质多相复合结构材料，煤岩体在长期的地质构造运动中，内部形成了大量微裂隙、微孔洞等天然缺陷。当受到外力作用时，煤岩体会经历微裂隙闭合、弹性变形、微缺陷演化扩展、破坏等阶段。在这个过程中，煤岩体始终与外界进行着能量交换，将外部的机械能转变为应变能，热能存储为自身的内能；又将应变能转化为塑性能、表面能等，同时以电磁辐射、声发射、动能等形式向外界释放能量。

煤岩体变形破坏对应其内部的能量变化，包括能量的积累、释放与耗散。也就是说，假设煤岩体与外界没有热交换，外力做功产生的能量通过弹性能的积累、释放与耗散能的耗散进行自组织调节：

$$U = U_d + U_e \tag{2.1}$$

式中 U——煤岩体自组织过程中的能量变化量，即外界能量的净流入；

U_e——可释放弹性应变能；

U_d——耗散能。

其中，U_d 可表示成如下形式：

$$U_d = f(U_p, U_s, U_v, U_r, U_b, U_x) \tag{2.2}$$

式中　f——U_p，U_s，U_v，U_r，U_b以及U_x的一般非线性函数；

U_p——塑性变形对应的塑性势能；

U_s——形成新的表面所耗费的表面能；

U_v——发生破坏后产生的动能；

U_r——各种辐射能；

U_b——生物活动能；

U_x——目前尚未发现的其他形式的能量。

图 2.3 表示了岩体单元中能量的关系。其中，U_d代表岩体单元损伤和塑性变形时所消耗的能量，即卸载后的损失能量，其变化满足热力学第二定律，即内部状态的改变符合熵增加趋势；U_e代表岩体单元中储存的可释放应变能，该部分能量为岩体单元卸载后释放的弹性应变能，与卸荷弹性模量及卸荷泊松比直接相关；E 为卸载弹性模量。从热力学观点来看，能量耗散是单向和不可逆的，而能量释放则是双向的，只要满足一定条件都是可逆的。宏观上，能量耗散使煤岩体产生损伤，并导致岩性劣化和强度丧失，能量释放则是引起煤岩整体突然破坏的内在原因。这就是煤岩体破坏过程中能量转化的一般规律。

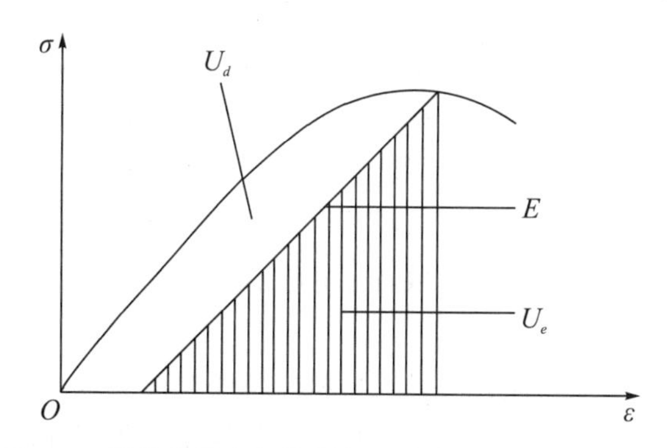

图 2.3　岩体单元中耗散能和可释放弹性应变能的关系

能量作为一种静态变量，从能量转化的角度解决问题不仅可以大大简化对中间过程的分析，避免烦琐复杂的中间过程，同时也能够更整体、全面地考虑各种因素。某种程度上，以能量的观点研究煤矿井下复杂条件下岩石力学问题，更容易找到煤岩体破坏的真正原因，得到有益的结果。虽然“能量”具有诸多优势，但井下工程尤其是在区域尺度较大的条件下，难以直接测定指定区域煤岩体的能量变化，因此，利用能量来研究煤岩体的破坏特征目前仍停留在理论建模和实验室阶段。不难看出，要切实做到从能量的角度分析井下实际问题，关键在于寻找一个容易获取的可测参数，与煤岩体内的能量建立对应关系，通过对可测参数的测量达到间接计算的效果。

2.2 煤岩体破坏过程中能量耗散的影响因素

通过对冲击倾向煤岩体的单轴压缩实验，发现影响试样能量耗散的因素主要包括材料强度、材料均质度及能量输入效率。

（1）材料强度。

材料强度就是使材料发生破坏的应力。煤岩体的强度在微观上由材料的应变硬化与应变软化共同作用，其中，应变硬化直接决定煤岩体的强度。当材料表现为应变硬化时，煤岩体以弹性能、内能的存储为主；而当应变软化占主导地位时，煤岩体前期储存的能量会随着材料结构的破坏向外界耗散、释放能量。可见，当应变硬化较强时，抑制了应变软化，从而抑制了能量的耗散，体现为应变软化时间的缩短以及能量短时间内的大量耗散；当应变硬化较弱时，材料加载全过程始终伴随着应变软化作用，宏观表现为能量持续稳定的耗散。

当材料强度很大时，试样的能量变化体现为前期大量能量的存储，能量耗散有限，载荷足够大时，试样发生整体、突然的失稳破坏，破坏过程很短，但耗散和释放的能量相当可观；当材料强度很小时，在较小的载荷下试样即开始塑性破坏，几乎从加载开始即进行能量耗散。实验中具体体现为，位移控制加载条件下，强度较大的岩石在峰值载荷前后出现了能量耗散强度增大的趋势，而强度较小的煤样与前期能量耗散特征并没有明显的差异。

（2）材料均质度。

煤岩体是典型的非均质各向异性材料。地质构造、地壳运动等复杂因素的共同作用使煤岩体内部生成了大量的缺陷，尽管实验用试样尺寸较小，但仍包含丰富的内部结构信息；同时，由于在搬运、加工过程中对试样结构的进一步破坏，使其均质度进一步降低。

材料均质度的不同体现为材料强度的不同，加载初期，强度较小的部分首先破坏，对应着体单元能量的耗散；而强度较大的部分在外载荷作用下产生弹性变形积聚弹性能。由于材料强度差别很大，当一部分材料破坏时，有可能是小部分破坏或大部分破坏，这对能量耗散的影响显然是不同的，一方面体现为能量耗散的波动性；另一方面使能量耗散体现出明显的阶段特征。也就是说，煤岩体均质度越高，随载荷的增加，能量耗散越稳定、平缓；反之，煤岩体均质度越低，所体现的能量耗散波动性、阶段特征越明显。实验中，煤、岩试样均出现的能量耗散的多阶段划分形式多是材料均质度低造成的。

(3) 能量输入效率。

如果将材料强度及均质度归结为影响试样能量耗散的内因，则外部能量输入效率则是其主要的外在影响因素。

讨论固定载荷匀速加载这一简单过程，能量输入效率 η 可表示为

$$\eta = \frac{Q}{t} = \frac{F \cdot S}{t} = F \cdot v \tag{2.3}$$

式中　Q——输入系统的能量；

t——作用时间；

F，v——载荷大小及加载速率。

式 (2.3) 表达了外部能量输入效率与载荷大小及加载速率有关。事实上，任何复杂加载方式都可以得到类似的结论。

外力做功产生的能量通过弹性能的释放与耗散能的耗散进行自组织调节，既然耗散能是外力做功的产物，那么外部能量的流入必然对试样能量耗散产生影响。

图 2.4 为不同加载方式下的载荷—时间曲线。可以看出，从载荷增加的角度，位移加载表现为载荷加速加载，即 $\mathrm{d}F/\mathrm{d}t>0$，且逐渐增大；而载荷加载表现为匀速加载，即 $\mathrm{d}F/\mathrm{d}t$ 为定值。加载初期，同一时刻位移加载的加载速率比载荷加载低，当加载至图中虚线与曲线相切的位置时（此时曲线斜率相同），两者加载速率相同。之后，前者加载速率逐渐超过后者且差距越来越大，直到试样破坏。

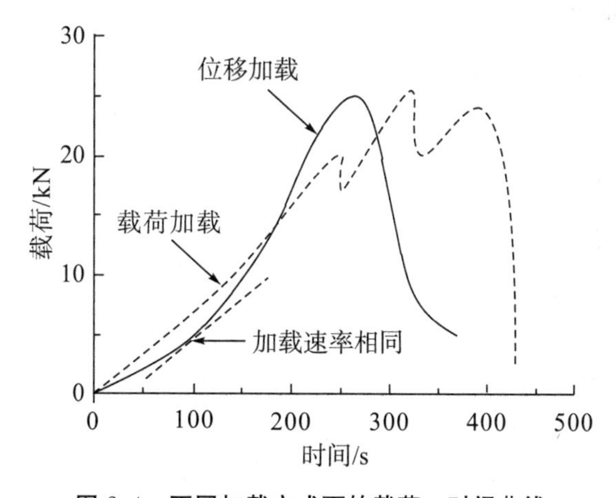

图 2.4　不同加载方式下的载荷—时间曲线

加载速率体现为试样外部能量输入效率。加载前期，载荷加载的加载速率

高，能量输入速率高，能量耗散活跃；加载后期，当位移加载的能量输入速率更高时，试样能量耗散程度明显比载荷加载强。可见，能量输入效率越高，对试样破坏影响越大，进而对能量耗散影响越大。

能量耗散与煤岩体内部结构变化联系密切，一方面，它是材料变形破坏的具体反映；另一方面，材料变形破坏是能量耗散驱动下的一种状态失稳现象。因此，对煤岩体加载破坏全过程进行能量耗散分析，对深入研究材料破坏具有重要的理论价值与现实意义，尤其在材料从力学角度（载荷—时间曲线）难以发现显著差异的情况下，能量耗散所体现的阶段特征可以更精细、更微观地说明煤岩体的失稳破坏过程。

深入研究不同加载方式下煤岩体主破裂前能量耗散的阶段特征，可以利用能量耗散趋势评估煤岩体的稳定性及发生冲击地压的可能性。另外，认识冲击煤岩体破坏过程中能量耗散的影响因素，可以从这些因素出发指导现场采取措施控制大尺度煤岩体的能量耗散进程，从而为矿井煤岩动力灾害的防治提供理论支撑。

2.3　煤岩组合体冲击机理分析

2.3.1　煤岩组合体冲击破坏机理

顶板与煤体在载荷作用下由稳态变形向冲击失稳转化的过程，具体可以分成以下五个阶段：

（1）第一阶段：在试验机加载的载荷作用下，煤岩组合体中的裂隙闭合和孔隙收缩，通常称为压密阶段。

（2）第二阶段：煤岩组合体在外加载荷作用下呈现近似弹性变形，应力—应变曲线在这一阶段近似为直线，斜率不变，但没有达到破坏岩体的极限强度，故煤岩组合体处在弹性能的积聚阶段。此阶段称为弹性阶段。

（3）第三阶段：这一阶段也称为塑性变形。煤体开始偏离线性变形，进入非弹性变形阶段，在这一阶段，煤岩组合体呈现不可逆的塑性变形，且塑性变形主要发生在将要破碎的岩块上，对于硬度相对较小的岩块，塑性特征表现明显；对于硬度较大的岩块，塑性特征表现不明显，呈现明显的脆性破坏。这一阶段末达到该岩块的极限强度。此阶段煤岩组合体仍在不断积聚弹性能，但受试件破坏前裂隙扩展、萌生的影响，聚积的速度逐渐减小。

（4）第四阶段：这一阶段也称为应变软化阶段。煤岩组合体的承载能力随着应变的增大而逐渐降低，承载能力的丧失是因为大量的介质破裂。破裂过程的耗散能主要用于煤岩组合体中破坏岩体的内部损伤、岩性劣化、强度丧失。此阶段顶、底板储存的弹性能释放，加速了煤体的破裂过程，弹性能主要用于岩块运动和岩块之间的摩擦。由于冲击失稳并未延续到介质破裂过程的终了，而只是达到新的稳定平衡点。

（5）第五阶段：随着顶、底板的储能因不断释放而逐渐减小，煤体的破裂过程逐渐减速，岩石产生宏观的断裂面，断裂面的摩擦具有抵抗外力的能力，因此，还表现出一定的承载能力。

2.3.2　煤岩组合体冲击破坏的能量分析

赵阳升认为岩体失稳破坏能量转化始终遵循岩体动力破坏的最小能量原理：岩体在三向应力作用下，积聚了大量弹性能，破坏一旦启动，岩体应力重新调整，应力状态即迅速转变为二向，最终转变为单向应力状态，其破坏真正需要消耗的能量总是呈单向应力状态的破坏能量。

当顶板不发生突然断裂或滑移时，顶板试样施加在煤体上的载荷可看成静载荷。在线弹性范围内，依据能量耗散与可释放应变能的相互关系，当煤体冲击失稳时，顶板试样、煤体以及底板试样的可释放应变能分别如下：

$$U_{re} = \frac{1}{2}f'_1(u_{10})(u_{10} - u_{20} - u_{30})^2 - U_{id} \tag{2.4}$$

$$U_{cr} = \frac{1}{2}f'_2(u_{20})(u_{20} - u_{30})^2 - U_{co} \tag{2.5}$$

$$U_{\int} = \frac{1}{2}f'_3(u_{30})u_{30}{}^2 \tag{2.6}$$

式中　u_{10}，u_{20}，u_{30}——载荷达到煤体抗压强度时，顶板、煤体以及底板的变形；

U_{id}——顶板岩体卸载回弹产生塑性变形的耗散能；

U_{co}——煤体变形破坏需要耗散的表面能，包括热能、声能以及辐射能等。

煤岩组合体总的可释放应变能为

$$U_e = U_{re} + U_{cr} + U_{\int} \tag{2.7}$$

在煤体部分中加入一个黏性单元体和一个脆性单元体，黏性单元体表示煤体在加载破坏过程中具有耗能的性质，脆性单元体表示载荷超过其强度极限时系统发生突然破坏并释放能量的性质。煤体超过峰值强度破坏后，峰后软化区强度降低，系统的力学平衡条件受到破坏，原本以静载形式对煤体施加载荷的顶板转变为以动载荷形式继续对破坏后的煤体做功，储存的弹性能得到释放。

华安增认为不同的应力状态允许煤体储存不同的应变能 U_j，即一定的应力状态具有一定的极限储存能。如果煤岩组合体总的可释放应变能大于该应力状态的极限储存能，多余的能量将转移或释放。释放的能量和转移的能量将造成煤体的塑性变形或破裂，甚至可能将破碎煤岩块推移或抛出。故定义 U_s 为煤岩组合体变形破坏后的剩余能量，即冲能。

$$U_s = U_e - U_j \tag{2.8}$$

将式（2.7）代入式（2.8），即

$$U_s = U_{re} + U_{cr} + U_{\int} - U_j \tag{2.9}$$

（1）当 $U_s > 0$ 时，煤体呈现冲击式动态失稳，且表现为破碎煤岩块的飞溅现象。此时：

$$U_s = \frac{1}{2}\sum \Delta m_i v_i^2 \tag{2.10}$$

式中　Δm_i——飞溅的破碎煤岩块质量；

　　　v_i——破碎煤岩块飞溅的初速度。

实验可以间接测定 U_s。峰后软化阶段，在顶板的冲击荷载作用下，短时间内的高应力迫使一部分煤体单元产生损伤，强度降低；而大部分单元则迅速储存了很大的弹性应变能 U_e，当该部分能量超过极限储存能 U_j 时，引发煤体大量单元的瞬间整体破坏，形成碎块式的爆裂性动态破坏。

（2）当 $U_s = 0$，即没有剩余能量用于煤体的冲击破坏时，煤岩组合体释放的弹性能以表面能的形式用于形成新开裂面（损伤）或滑移而耗散掉，煤体单元中储存的可释放弹性应变能较小。当载荷接近其极限强度时，损伤后剩余单元中储存的弹性应变能达到极限储存能而使煤体发生整体性破坏，且煤体表现为静态的缓慢破坏，此时没有破碎煤岩块的飞溅现象，煤岩体分裂成多块。

（3）当 $U_s < 0$，即组合系统的可释放应变能小于煤体的极限储存能时，煤体并不会冲击失稳。实验发现，这主要是由于顶板或底板试样的强度相对较软，低于煤体的抗压强度。在加载过程中，顶板或底板试样首先破坏，并耗散掉大部分的可释放应变能，而煤体提供了大部分的能量，当载荷达到顶板或底板的抗压强度时，煤体出现回弹卸载释放弹性能的现象。

根据上述分析，煤岩组合体冲击破坏的能量耗散和释放情况见表 2.4。

表 2.4　煤岩组合体冲击破坏的能量耗散和释放情况

冲能	能量释放主体	能量耗散主体	冲击破坏形态
$U_s>0$	顶板、底板和煤体	煤体	碎块式的爆裂性破坏
$U_s=0$	顶板、底板和煤体	煤体	静态缓慢分裂式破坏
$U_s<0$	煤体	顶板和底板	顶板或底板静态破坏

U_s不受煤岩体弹性极限储存能量和破坏耗散能量具体数值的影响，且能够反映二者之间的相对大小关系。煤岩组合体的破坏分为两个阶段：一是稳定破坏，主要存在于煤岩组合体破坏前期，此时破坏并不剧烈；二是失稳破坏，破坏急剧，顶、底板中的部分能量对试件的破坏起加速作用。稳定破坏后，剩余的能量将使峰值后区煤体的变形和破坏加速进行，从静载转变为动载，从而使破碎煤岩块获得一定的动能和运动初速度。冲能越大，说明破碎煤岩块获得的冲击动能越大，煤体受载破坏程度越高，破碎煤岩块弹射的速度和距离越远；冲能越小，破碎煤岩块获得的冲击动能越小，破坏程度越低。

冲能的主要影响因素包括顶板试样的强度、厚度以及煤体的强度等。

2.4　煤岩组合体破坏前能量分布计算

许多学者从能量角度对煤岩组合体进行了大量研究，但对于能量在煤岩组合体中的分布规律尚不清楚，主要是缺少合理的能量分布观测手段和计算方法。

煤岩组合体能量分布计算离不开应力—应变曲线，应力—应变曲线下面积的物理意义是对单位体积物体做的功，即能量密度，由下式得出：

$$S_{曲}=\sigma\times\varepsilon \tag{2.11}$$

$$\sigma=\frac{F}{S} \tag{2.12}$$

$$\varepsilon=\frac{\Delta l}{L} \tag{2.13}$$

将式（2.12）、式（2.13）代入式（2.11）中，得：

$$S_{曲}=\frac{F\times\Delta l}{S\times L} \tag{2.14}$$

$$S_{曲}=\frac{W}{V} \tag{2.15}$$

由式（2.15）可知，曲线下面积等于试验机对试件所做的功除以试件的体积，不受试件尺寸、面积的制约。因此，中间试件为标准试件或非标准试件，曲线下面积为被测试件积聚的能量。

通过对应力—应变曲线下面积的分析，可以借助某一个参数，建立组合体与组分之间的关系，通过分析，可求组合体各组分储存的能量。

2.4.1 同径煤岩组合体破坏前能量分布计算

煤岩组合体分为同径组合与非同径组合两种方式。同径煤岩组合体模型如图 2.5 所示，其最大特点就是组分间的接触面积相同，其力学分析如图 2.6 所示。

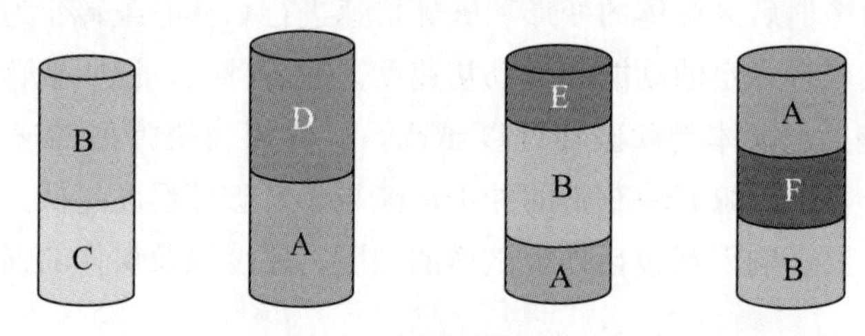

图 2.5 同径煤岩组合体模型

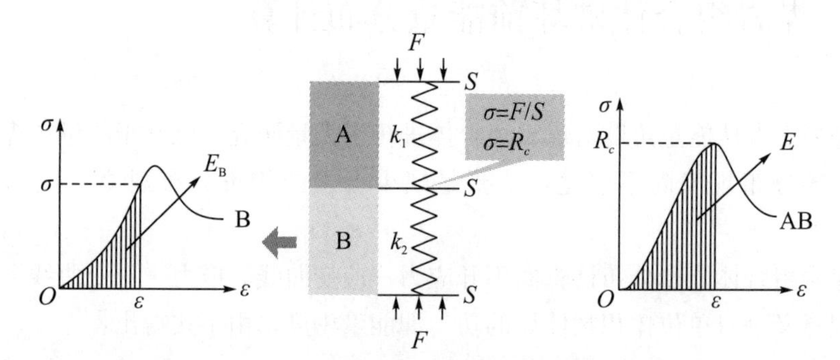

图 2.6 同径煤岩组合体模型力学分析

由图 2.6 可知，由于煤岩组合体各组分的直径相同，因此，作用在组分上的应力等于煤岩组合体的抗压强度。如果获得煤岩组合体某一组分在单轴压缩条件下的应力—应变曲线，就可以得到该组分在某应力条件下积聚的能量，煤岩组合体应力—应变曲线峰值前积聚的能量减去该组分积聚的能量就等于剩余组分积聚的能量，即

$$E_{\mathrm{A}} = E - E_{\mathrm{B}} \tag{2.16}$$

式中 E——煤岩组合体积聚的总能量，可通过煤岩组合体应力—应变曲线积

分求得；

E_B——煤岩组合体 B 组分积聚的能量，可通过 B 组分单体轴向压缩条件下的应力—应变曲线积分求得。

值得注意的是，实验时，单体轴向压缩实验 B 试件的尺寸，需与煤岩组合体中 B 组分的尺寸相同。

2.4.2　非同径煤岩组合体破坏前能量分布计算

煤岩组合体的另一种组合为非同径组合，煤岩组合体各组分接触面积不同，为了避免在轴向压缩时组分界面之间产生应力集中，需要在接触面之间架设刚度极大、变形微小的钢板。非同径煤岩组合体模型如图 2.7 所示。

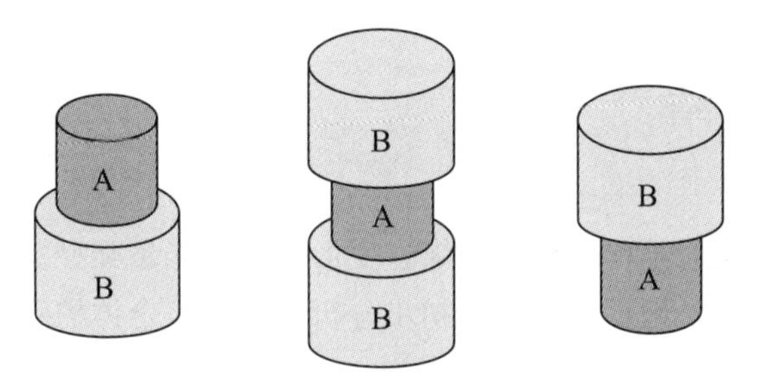

图 2.7　非同径煤岩组合体模型

非同径煤岩组合体模型力学分析如图 2.8 所示。

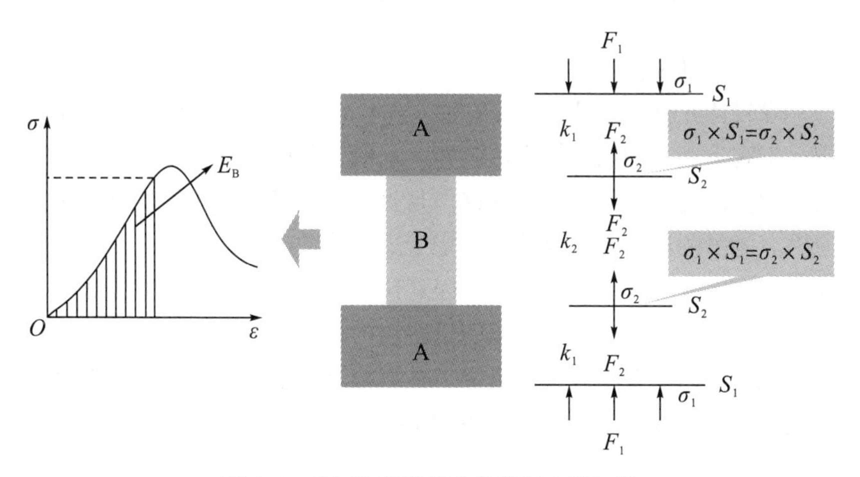

图 2.8　非同径煤岩组合体模型力学分析

虽然煤岩组合体各组分的直径不同，根据力在物体间传递的均等性可知，作用在组合体各组分上的力是相等的。因此可得：

$$\sigma_1 \times S_1 = \sigma_2 \times S_2 \tag{2.17}$$

由式（2.17）可计算作用在B组分上的σ_2，如果获得组合体B组分在单轴压缩条件下的应力—应变曲线，就可以得到B组分在σ_2应力条件下积聚的能量E_B，组合体应力—应变曲线峰值前积聚的能量减去该组分积聚的能量就等于剩余组分积聚的能量，即

$$2E_A = E - E_B \tag{2.18}$$

式中 E——煤岩组合体积聚的总能量，可通过煤岩组合体应力—应变曲线积分求得；

E_B——煤岩组合体B组分积聚的能量，可通过B组分单体轴向压缩条件下的应力—应变曲线积分求得。

2.5 本章小结

本章分析了煤岩结构特征以及煤岩变形破坏的能量类型及转化规律，探讨了其主要影响因素，根据能量原理初步分析了煤岩组合体的破坏机理和能量转化特征，得到以下结论：

（1）煤岩体内本身存在的裂隙、裂纹、孔洞导致煤岩体力学特性的不同，煤岩体受到外界载荷的作用，内部结构调整变化，裂纹、裂隙萌生与贯通导致煤岩体最终破坏。由于煤岩体内部结构不同，使得煤岩体能量积聚能力不同，能量释放特征差别很大。

（2）煤岩体在外部载荷作用下，微观上，内部出现应变硬化与应变软化两种机制；宏观上表现为煤岩体变形破坏。从能量角度来讲，主要是能量的耗散与释放，能量的耗散促使煤岩体的损伤与劣化，能量的释放才是煤岩体破坏的内在原因。能量的耗散与释放共同决定了煤岩体的破坏。

（3）煤岩体能量耗散的主要影响因素包括材料强度、材料均质度及能量输入效率，不同的加载方式对煤岩体能量转化的过程有很大影响。

（4）煤岩体的固有物理特征决定了在加载过程中，不同的岩石积聚能量能力及能量耗散方式有很大差别，这些特性决定了其对煤岩体冲击效应的作用大小。

（5）煤岩组合体在加载过程中，煤体先发生损伤，岩体释放能量后，煤岩组合体达到新的稳态，并继续积聚能量，达到最终破坏。根据冲能的大小，煤岩组合体的能量耗散主体、能量释放主体及破坏形态有很大的差别。

（6）对同径煤岩组合体与非同径煤岩组合体模型进行力学分析，借助煤岩组合体与各组分的应力—应变曲线，给出了两种煤岩组合体模型各组分的能量分布计算公式，为进一步研究煤岩组合体能量积聚规律提供理论基础。

第3章　煤岩单体基本力学实验及能量积聚特征分析

深部巷道煤岩体的冲击失稳是指在矿山压力作用下，达到煤岩体的应力极限，积聚的弹性能在某些诱发因素作用下突然向采掘空间释放的一种动力现象。本章选取了煤、粗砂岩、细砂岩试件，从煤岩单体入手研究试件在单轴压缩条件下的破坏特征、力学特性、能量积聚规律，有助于简单了解煤岩冲击失稳机理，同时，为研究煤岩组合体的冲击性能和能量积聚提供基础力学数据，为煤岩单体与组合体能量积聚规律对比分析提供依据，更好地诠释煤岩系统的冲击机理。

3.1　试样选取与试件制备

3.1.1　试样选取

实验选取黑龙江省龙煤集团鹤岗分公司峻德煤矿的17煤层的煤及顶、底板中细砂岩和粗砂岩。峻德煤矿为鹤岗煤田最南部的一个井田，井田的北部边界与兴安煤矿相邻，界限以纬线104150为界，纬线两端分别与F1断层和第十三勘探线相交，由它们的连线的垂直截面组成北部的人为边界，南止煤系地层与第三系地层−500标高不整合接触线，西起煤系地层基盘，东止3号煤层的−500m标高铅直截面，全区走向长5.6km，宽3.6km，面积20.16km^2。17煤层全区分布，煤层厚度1.99～15.83m，平均9.95m；结构复杂，含多层厚0.09～1.06m的凝灰岩及粉砂岩夹矸；老顶为厚50m的浅灰～灰白色细砂岩，坚硬，直接顶为厚10m的浅灰色粗砂岩，伪顶为厚0.15～1.80m的凝灰岩；底板为5～8m的凝灰质粉砂岩，较软，遇水膨胀；属全区可采的稳定特厚煤层。

3.1.2　试件制备

为保证煤岩试件的赋存环境和原生裂隙发育程度具有一致性，取样地点位于同一巷道；选取完整度较高、无明显裂隙的试件；取样后用保鲜膜将试件包裹住，放入木箱中，记录时间、地点、名称等信息，然后运至实验室进行加工。

试件加工遵照国家标准《煤和岩石物理力学性质测定方法》规定执行。试件制取过程尽可能减少对试件的扰动，取芯速度不能过快，然后经切割、打磨等工序加工成标准试件。试件加工过程使用的取芯机、切割机和磨石机如图 3.1 所示。

（a）自动取芯机（SC-300）

（b）切割机（SCQ-A）

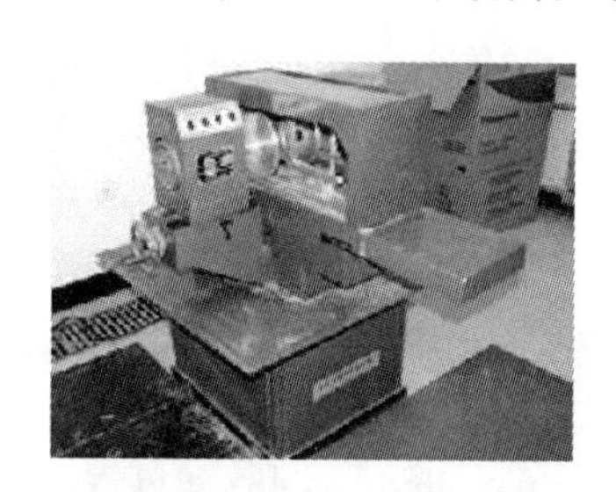

（c）双端面磨石机（SHM-200）

图 3.1　煤岩试件加工设备

试件加工完成后，剔除表面明显裂隙、裂纹以及尺寸和平整度不合要求的试件，制取煤（Coal，C）、粗砂岩（Gritstone，G）、细砂岩（Fine sandstone，F）试件分别 6 个，并编号 C−1～C−6、G−1～G−6、F−1～F−6，部分煤岩试件如图 3.2 所示。

图 3.2　部分煤岩试件照片

3.2　实验系统

本次实验采用 TAW－2000kN 微机控制电液伺服岩石三轴试验系统，对煤岩试件进行全过程破坏实验，将实验结果转入计算机系统得出试件的应力—应变曲线、峰前积聚能量、峰后能量、冲击能量指数等参数。图 3.3 为实验仪器，图 3.4 为测量试件应变的引伸计，图 3.5 为系统结构示意图。

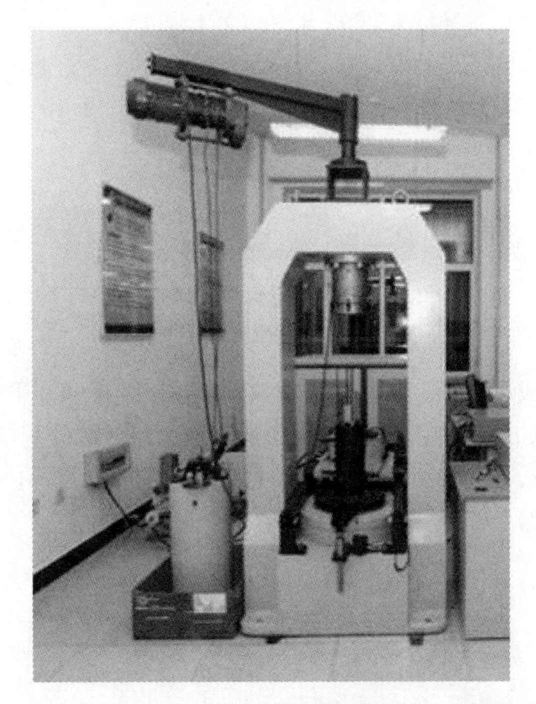

图 3.3　TAW－200kN 微机控制电液伺服岩石三轴试验系统

图3.4　引伸计

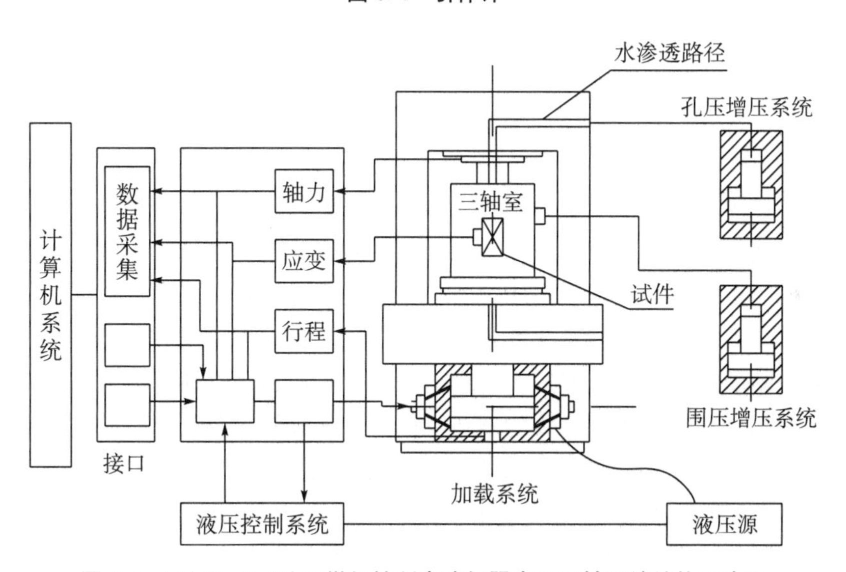

图3.5　TAW－2000kN 微机控制电液伺服岩石三轴系统结构示意图

TAW－2000kN 微机控制电液伺服岩石三轴试验系统可以进行大量的岩石力学实验，基本实验为：①岩石单轴压缩试验、岩石单轴蠕变、抗拉、变角剪切、三点弯曲等；②岩石三轴压缩试验、岩石三轴蠕变；③岩石孔隙水压试验；④岩石水渗透试验；⑤岩石高低温试验。为直观了解试验系统，针对煤岩试件对试验系统进行简化，如图3.6所示。

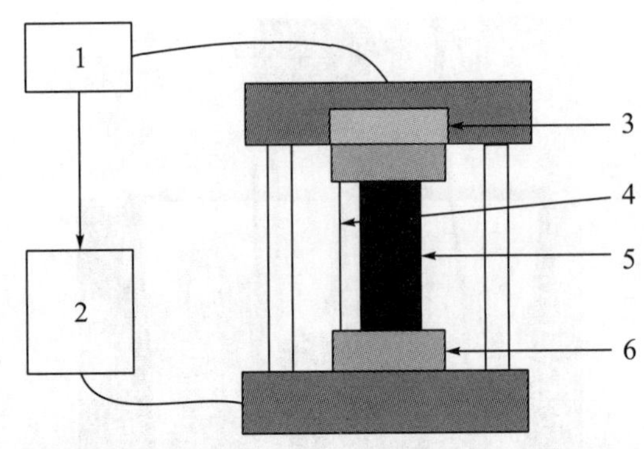

1—计算机采集控制系统；2—动力系统；3—压力传感器；4—位移传感器；5—试件；6—压头

图 3.6　TAW－2000kN 微机控制电液伺服岩石三轴试验系统简图

3.3　实验方案

本书主要针对煤岩单体、煤岩组合体在纵向压力下的相关力学行为以及能量积聚层位问题开展煤岩组合体实验研究，因此，不考虑围压因素，选择单轴压缩实验，第 4 章、第 5 章、第 6 章也均采用单轴压缩实验。岩石的单轴压缩实验是指岩石试样在轴向压力作用下产生轴向压缩、横向膨胀，最后导致破坏的实验，重点研究煤岩在纵向压力下的变形破坏特征和能量积聚情况，所以需要获取整个破坏过程中岩样的变形受力情况。因此，加载方式选择位移加载，可获取完整的应力—应变曲线，有利于对岩石基本力学特性的研究。

位移加载速率对煤岩单体的破坏特征、力学分析以及能量的耗散和释放产生重要影响。选择合适的加载速率是实验成功的关键。姜耀东等运用 FLAC 模拟软件对岩石进行不同加载速率下的单轴压缩模拟实验，发现加载速率越大，岩石内能量积聚和耗散发生得越早。李海涛等认为加载速率对煤岩体力学行为产生至关重要的影响，选择煤试件为研究对象，开展不同加载速率下的煤试件单轴压缩实验，试件强度随加载速率的增加逐渐增强，达到峰值后逐渐降低，最大抗压强度所对应的加载速率成为临界加载速率。曹安业等通过实验手段，研究了不同速率下砂质泥岩损伤规律和声发射特点，随着加载速率增大，试件抗压强度明显增加，能量会出现不同的释放形式。苏海健等研究发现，加载速率加大会影响砂岩试件的破坏机制，由拉剪混合破坏转化为斜剪破坏，破坏烈度逐渐增强，分形维数加大。尹小涛等通过研究发现，加载速率影响试件破坏形态，加载速率到达一定值后，试件的破坏形态由塑性破坏转变为脆性破坏。苏国韶等为探究加载速率对岩爆过程中的耗能特征，研发了真三轴岩爆实验装置，开展了红色粗晶花岗岩真三轴岩爆实验。

由此可知，加载速率对试件强度特征、力学行为、能量积聚和耗散产生较大影响。煤岩试件单轴压缩实验中，加载速率增加，煤岩试件峰值强度相应提高，最大轴向应变值有所减小。许江、尹小涛等学者研究表明，加载速率小于某一定值时，对煤岩试件的抗压强度等方面影响较小，可忽略不计，这种加载可视为静态加载。通常的应变速率标准见表 3.1。

表 3.1　应变速率标准

应变速率等级	应变速率标准
低应变速率	$<10^{-4}$/s（静态）
中等应变速率	$10^{-4}\sim10^{-2}$/s（准静态）
	$10^{-2}\sim10^{2}$/s（准动态）
高应变速率	$>10^{2}$/s（动态）

本书实验选择静态加载方式，试件的应变速率应$<10^{-4}$/s，因所选煤岩试件高度为 100mm，所以试件加载速率<0.01mm/s。本书实验选择采用位移加载方式，加载速率为 0.005mm/s，符合静态加载，煤岩试件常规压缩实验方案见表 3.2。

表 3.2　煤岩试件常规压缩实验方案

试件名称	试件尺寸	试件个数/个	加载方式	加载速率/mm·s^{-1}
C	h=100mm，φ=50mm	6	位移加载	0.005
G	h=100mm，φ=50mm	6	位移加载	0.005
F	h=100mm，φ=50mm	6	位移加载	0.005

注：C 为煤（Coal，C）；G 为粗砂岩（Gritstone，G）；F 为细砂岩（Fine sandstone，F）。下同。

3.4　实验结果

分别对煤、粗砂岩、细砂岩进行单轴压缩实验，图 3.7 为煤岩试件的破坏形态；图 3.8 为煤岩试件的应力—应变曲线。由应力—应变曲线积分可得煤岩试件峰前积聚弹性能、峰后损耗变形能、冲击能量指数，见表 3.3～表 3.5。

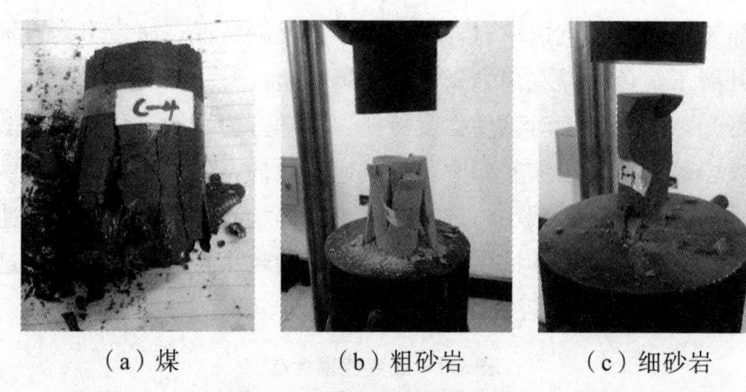

（a）煤　　（b）粗砂岩　　（c）细砂岩

图 3.7　煤岩试件的破坏形态

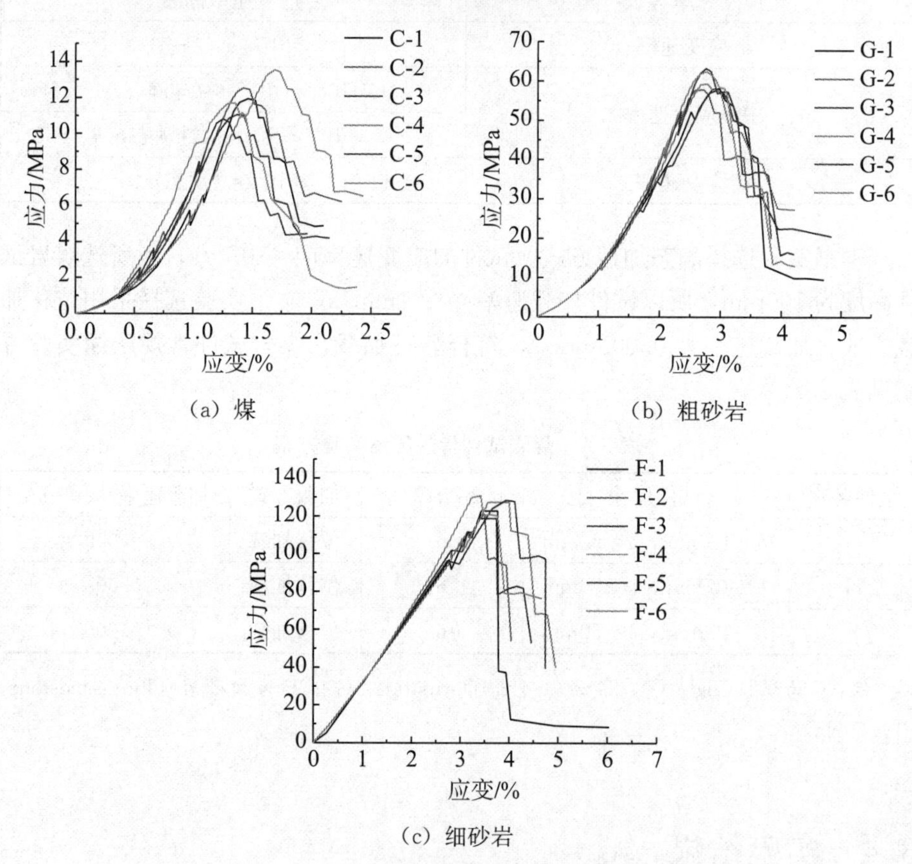

（a）煤　　（b）粗砂岩

（c）细砂岩

图 3.8　煤岩试件的应力—应变曲线

表 3.3　煤试件单轴压缩实验结果

编号	抗压强度/MP	弹性模量/MPa	峰前能量/kJ	峰后能量/kJ	冲击能量指数
C−1	12.42	962.81	0.125	0.021	6.005

续表3.3

编号	抗压强度/MP	弹性模量/MPa	峰前能量/kJ	峰后能量/kJ	冲击能量指数
C−2	14.30	998.00	0.147	0.026	5.600
C−3	10.88	903.22	0.088	0.018	4.985
C−4	11.56	928.47	0.099	0.018	5.580
C−5	13.29	988.30	0.138	0.021	6.528
C−6	12.38	933.48	0.108	0.016	6.835

表 3.4　粗砂岩试件单轴压缩实验结果

编号	抗压强度/MPa	弹性模量/MPa	峰前能量/kJ	峰后能量/kJ	冲击能量指数
G−1	58.28	2688.33	2.845	1.007	2.825
G−2	54.83	2881.22	2.532	0.824	3.071
G−3	62.35	2850.35	3.323	1.298	2.560
G−4	60.21	2745.65	3.005	1.500	2.008
G−5	56.80	2462.36	2.665	0.884	3.015
G−6	54.87	2535.77	2.485	0.872	2.850

表 3.5　细砂岩试件单轴压缩实验结果

编号	抗压强度/MPa	弹性模量/MPa	峰前能量/kJ	峰后能量/kJ	冲击能量指数
F−1	125.48	3245.83	16.897	7.646	2.210
F−2	130.55	4105.68	20.538	9.850	2.085
F−3	128.75	3854.10	18.585	9.344	1.989
F−4	126.00	3532.33	17.835	9.512	1.875
F−5	131.29	4357.75	22.465	9.329	2.408
F−6	125.03	3178.45	16.218	5.792	2.800

3.5　煤岩试件破坏形态分析

煤岩试件中存在的大量孔隙、裂隙、裂纹，导致试件具有不同的破坏形态。一般而言，试件的破坏形态主要分为五种，如图 3.9 所示。试件中裂隙、裂纹较少，或裂隙、裂纹尺寸较试件尺寸较小时，试件破坏为张拉破坏，如图

3.9(a) 所示。随着裂隙、裂纹与试件轴向夹角增大，依次出现图 3.9(b)(c) 所示的破坏形态。当裂纹、裂隙与试件轴向夹角约为 45°时，就会沿裂隙方向产生剪切破坏，如图 3.9(d) 所示。试件中裂隙数目较多，纵横交错，共同影响着试件的破坏，受载过程中出现沿裂隙面破坏的碎块，如图 3.9(e) 所示。

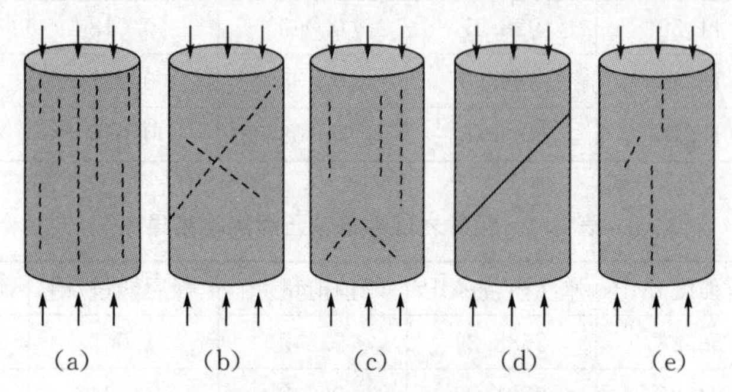

图 3.9　煤岩试件破裂的宏观形态示意图

由煤试件的破坏形态可知，煤试件属于完全破坏，破碎块体较小，呈碎屑状，破坏过程较短，变形较快。这是由于煤试件中存在较多裂隙、裂纹，在轴向压力的作用下，裂隙、裂纹发生闭合与贯通，同时萌生新裂隙、裂纹。煤试件的破坏形态为张拉破坏，破坏后煤试件中存在几条平行或近似平行试件轴向的裂隙，裂隙间煤体承受不住来自试验机的载荷时，试件失稳破坏。裂隙与试件轴向夹角对试件的破坏起着至关重要的作用，裂隙与轴向平行时，影响最大，夹角为 90°时，基本对试件失稳破坏无影响。

由粗砂岩试件的破坏形态可知，试件破坏后出现少量的碎屑岩石，存在粒径较小的岩石颗粒，这是岩石裂隙、裂纹萌生与扩展的产物，破裂面间的摩擦也会产生岩石颗粒；粗砂岩试件破坏后出现较大块体，由此可知，粗砂岩试件属于半完全破坏。试件破坏后表面出现较多裂纹，这些裂纹与轴向之间的夹角较小，由此可知，这些裂纹直接导致粗砂岩试件的破坏，对试件失稳起决定性作用。由裂纹形态与夹角来看，粗砂岩试件属于张拉破坏。

由细砂岩试件的破坏形态可知，试件破坏后存在少量碎屑。除此之外，细砂岩试件破坏后还出现大块体，约占试件的 1/3。破坏试件中出现一条贯穿试件轴向的裂纹，该裂纹直接导致试件的整体失稳。由裂纹形状可以看出，裂纹与试件轴向存在一定夹角，呈“Y”形，属于剪切破坏特征。综上可知，细砂岩试件属于不完全破坏。另外，实验过程中有细砂岩碎块弹出，同时伴随着巨大响声。

3.6 煤岩试件应力—应变曲线特征分析

根据煤、粗砂岩、细砂岩试件应力—应变曲线，可将试件加载过程分为以下四个阶段：

（1）压密阶段。该阶段曲线呈上凹状，随着应力增加，应变增量不断减小。该阶段试件体积减小，密度增大，试件为不可逆变形。压密阶段是试件原生裂隙在轴向压力作用下不断闭合的结果。煤试件压密阶段较长，其次为粗砂岩试件，细砂岩试件压密阶段不明显。这是因为煤试件中裂隙、裂纹较多，而细砂岩试件结构致密，裂纹、裂隙最少。该阶段煤、粗砂岩、细砂岩试件积聚很少的能量。

（2）弹性阶段。该阶段曲线大致呈直线，随着应力增加，应变稳定增加，增量不变。该阶段试件的变形为可逆变形。试件积聚大量的弹性能，弹性能的积聚与试件的弹性模量和历时长短有着紧密联系。煤试件经历弹性阶段最短，粗砂岩试件次之，细砂岩试件经历弹性阶段最长。

（3）塑性阶段。该阶段曲线呈下凹状，随着应力不断增加，应变增量逐渐增加，应力达到屈服应力后，原有破坏面不断发展，裂隙、裂纹萌生和扩展。宏观上，试件出现较大变形，此阶段变形为不可逆变形。对于坚硬岩石，塑性变形较少，表现为脆性破坏，软弱岩层的塑性阶段比较明显。煤试件、粗砂岩试件存在塑性阶段。煤试件的塑性阶段明显，细砂岩试件最不明显。该阶段表现出破坏前期的特征，如出现裂隙、发出声响等。

（4）失稳破坏阶段。煤岩试件达到抗压强度极限后迅速破坏，依然具有一定的承载能力，随着应变的增加，承载能力下降，具有软化特征。煤试件表现最为明显，承载能力下降缓慢，细砂岩试件快速丧失承载能力，这与破裂面的发展速度有关，同时也受到破裂面大小、角度的影响。该阶段为能量释放阶段，峰值前积聚的弹性能在该阶段通过动能等形式释放。释放速度对煤岩试件冲击强度影响较大。由该阶段时间特征可以看出，能量释放速度由大到小为：细砂岩＞粗砂岩＞煤。

3.7 煤岩试件强度及能量分析

为减小各因素对实验数据的影响，使获得的数据更加符合工程实际，对煤试件、粗砂岩试件、细砂岩试件各参数数据取平均值，如表 3.6、图 3.10 所示。

表 3.6 煤岩试件参数均值

编号	抗压强度/MPa	弹性模量/MPa	峰前能量/kJ	峰后能量/kJ	冲击能量指数
C	12.47	952.38	0.118	0.020	5.922
G	57.89	2693.95	2.809	1.064	2.722
F	127.85	3712.36	18.756	8.579	2.229

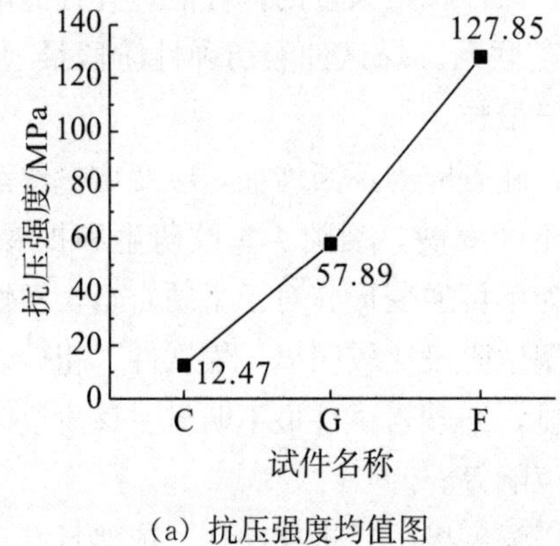

(a) 抗压强度均值图

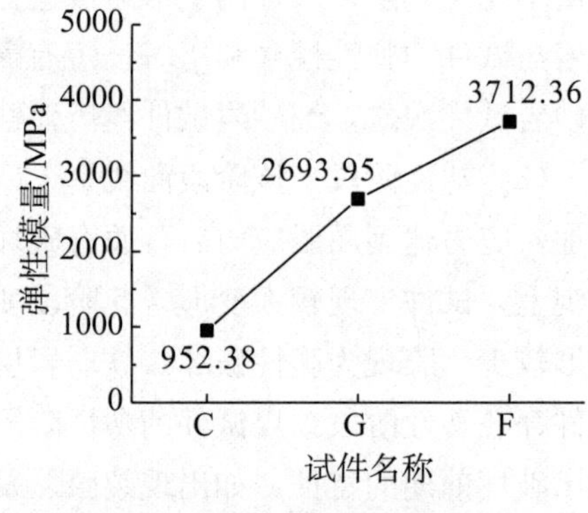

(b) 弹性模量均值图

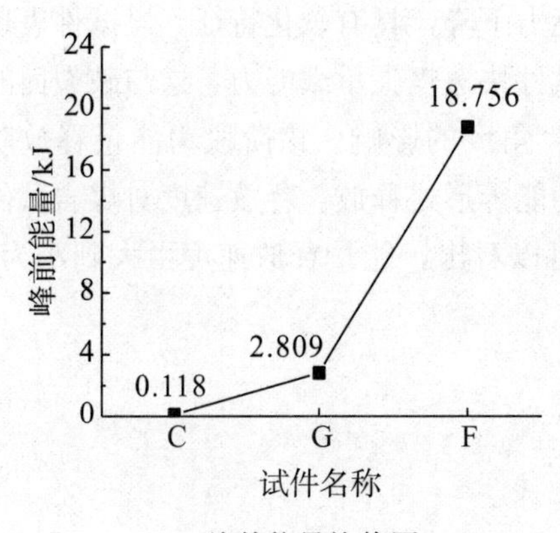

(c) 峰前能量均值图

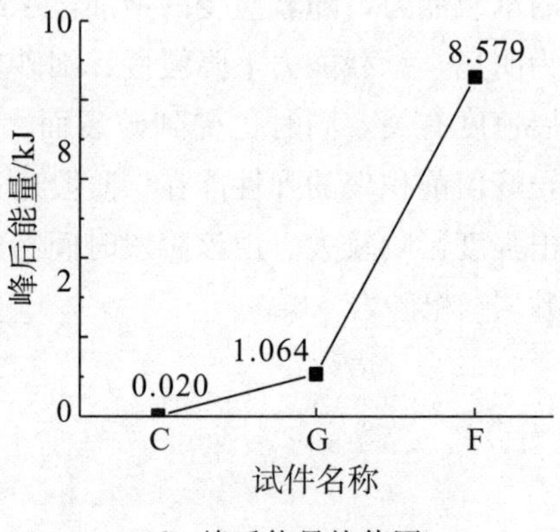

(d) 峰后能量均值图

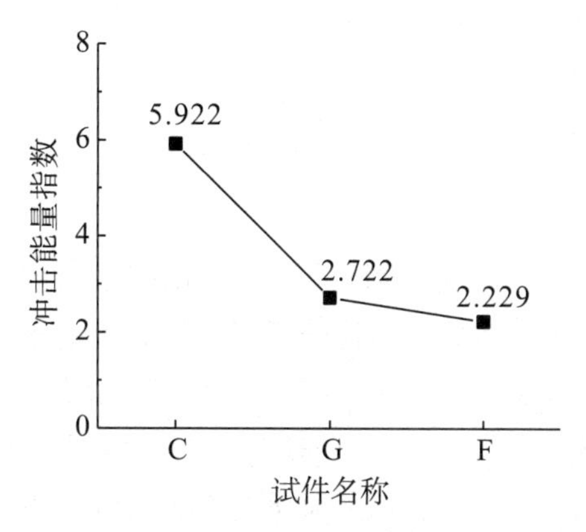

(e) 冲击能量指数均值图

图 3.10　煤岩试件各参数均值图

由表 3.6、图 3.10 可知：

抗压强度（R_c）：细砂岩试件的抗压强度最大，为 127.85MPa，是煤试件（12.47MPa）的 10.25 倍，是粗砂岩试件（57.89MPa）的 2.21 倍。三种煤岩试件的抗压强度顺序为：细砂岩＞粗砂岩＞煤。

弹性模量（E）：细砂岩试件的弹性模量最大，为 3712.36MPa，是煤试件（952.38MPa）的 3.90 倍，是粗砂岩试件（2693.95MPa）的 1.38 倍。三种煤岩试件的弹性模量由大到小为：细砂岩＞粗砂岩＞煤，这与抗压强度的规律具有一致性。

峰前积聚能量（E_s）：细砂岩试件积聚能量较多，为 18.756kJ，是煤（0.118kJ）的 158.95 倍，是粗砂岩（2.809kJ）的 6.68 倍。破坏前试件能量积聚情况为：细砂岩＞粗砂岩＞煤。由此可以看出，弹性模量大的坚硬岩层单轴压缩时更容易积聚能量，而弹性模量小的软弱岩层单轴压缩时积聚能量较少。

峰后能量（E_x）：细砂岩试件峰后消耗变形能较多，为 8.579kJ，是粗砂岩试件峰后能量（1.064kJ）的 8.06 倍，是煤试件峰后能量（0.020kJ）的 428.95 倍。由此可知，三种煤岩试件中，煤试件最容易破坏，细砂岩试件最不容易破坏。

冲击能量指数（K_E）：冲击能量指数从能量角度阐述了试件的储能耗能过程，反映试件本身的冲击倾向特性，对试件冲击判定具有重要的意义。煤试件的冲击能量指数为 5.922，为强冲击倾向；粗砂岩试件、细砂岩试件的冲击能量指数分别为 2.722、2.229，为弱冲击倾向。

3.8　本章小结

本章介绍了峻德煤矿概况，制备了煤、粗砂岩、细砂岩标准试件各6个。对煤岩试件进行单轴压缩实验，对比分析了煤岩试件的破坏形态、应力—应变曲线特征、力学特性以及能量积聚情况，具体结论如下：

（1）煤试件属于完全破坏，经压缩后很快发生变形，破坏过程较短，煤试件破坏形态为张拉破坏。粗砂岩试件破坏后出现较大块体，属于半完全破坏，粗砂岩试件属于“张拉破坏”。细砂岩试件的破坏属于不完全破坏，破坏类型为剪切破坏。

（2）压密阶段：煤试件压密阶段较长，其次为粗砂岩试件，细砂岩试件压密阶段不明显。该阶段煤试件、粗砂岩试件、细砂岩试件积聚很少的能量。弹性阶段：煤试件经历的弹性阶段最短，粗砂岩试件次之，细砂岩试件经历的弹性阶段最长。塑性阶段：煤试件该阶段明显，细砂岩试件最不明显，属于脆性破坏。煤试件、粗砂岩试件存在塑性阶段，表现出破坏前期特征。失稳破坏阶段：煤试件表现最为明显，承载能力下降缓慢，细砂岩试件快速丧失承载能力。释放速度对煤岩试件冲击强度影响较大。能量释放速度由大到小为：细砂岩>粗砂岩>煤。

（3）抗压强度（R_c）：细砂岩试件的抗压强度最大，为127.85MPa，是煤试件的10.25倍，是粗砂岩试件的2.21倍。三种煤岩试件的抗压强度由大到小为：细砂岩>粗砂岩>煤。三种煤岩试件的弹性模量由大到小为：细砂岩>粗砂岩>煤，这与抗压强度规律具有一致性。

（4）峰前积聚能量（E_s）：细砂岩试件峰前积聚能量较多，是煤试件的158.95倍，是粗砂岩试件的6.68倍。破坏前试件能量积聚情况为：细砂岩>粗砂岩>煤。弹性模量大的坚硬岩层在单轴压缩时更容易积聚能量，而弹性模量小的软弱岩层单轴压缩时积聚能量较少。由峰后能量可以看出，煤试件比较容易破坏，细砂岩试件最不易破坏。

（5）冲击能量指数（K_E）：煤试件的冲击能量指数为5.922，为强冲击倾向；粗砂岩试件、细砂岩试件的冲击能量指数分别为2.722、2.229，为弱冲击倾向。

第4章　煤岩组合体单轴压缩实验及能量积聚规律

工程实际中，上覆围岩是由多种不同性质的岩层相间互层构成的，对煤岩单体开展的实验研究虽然可以初步认识冲击机理，但与工程实际有一定差距，仍具有局限性，无法真正解决冲击问题。因此，许多专家的研究对象由煤岩单体转为煤岩组合体，取得了较多成果。对煤岩组合体的研究比煤岩单体的研究更贴近工程实际，具有一定的现实意义。

冲击地压是矿山压力作用下积聚在煤岩系统中的能量在一定条件下突然释放的结果，能量是冲击地压最本质的特征。从能量的角度研究冲击地压更接近冲击地压的本质，对于从根本上防治冲击地压具有重要意义。

煤矿开采地下空间的采掘工作面以及巷道中煤层、顶板、底板共同组成煤岩系统，随着采动等其他作用的影响，煤岩系统通过不断调整而维持动态稳定，在较高地应力和采动应力作用下不断调整自身结构和性质的过程中，存在能量耗散与积聚，当系统积聚的弹性能达到储能极限时，受某些诱发因素，大量弹性能迅速释放，形成冲击地压。能量理论虽然从能量角度阐述了冲击地压的发生机理，把煤岩系统的能量视为整体，但未考虑能量分布不均问题，对于能量分布或积聚位置并未介绍。煤岩系统是由多种不同性质的岩层相间互层构成的，这些岩层内部结构、弹性模量、力学性质有很大差异，岩层的能量积聚能力也不相同，这势必造成能量在煤岩系统中的分布不均。众所周知，冲击地压是在能量驱使下发生的，那么，引发冲击地压的能量到底积聚在哪里？这一问题是从根本上解决冲击地压问题的关键。

煤系地层在矿山压力作用下积聚大量能量，探究采掘活动前，这些能量的积聚层位对于指导地下工程的采掘活动具有重要指导意义。据此，本章以能量理论为基础，自主构建了二元、三元组合体模型，并对组合体进行单轴压缩实验，分析组合体破坏特征、力学特性，重点探索能量积聚规律，旨在为确定能量在纵向的积聚层位提供理论支撑，进而在冲击地压防治时更具针对性。

4.1 实验目的

(1) 研究二元、三元组合体单轴压缩破坏过程中的破坏特征、应力—应变曲线特征以及力学特性。

(2) 研究不同二元组合体单轴压缩条件下的能量积聚规律。

(3) 研究三元组合体单轴压缩条件下的能量积聚规律。

(4) 通过对二元、三元组合体破坏过程各组分能量积聚情况的研究，判断能量积聚岩块，探索组合体能量积聚规律。

4.2 煤岩组合体模型的构建

工程实际中，煤岩是由煤、顶板、底板构成的，矿山压力作用下，积聚大量能量，在一定条件下突然释放，引起冲击地压。为简化工程实际情况，自主构建二元组合体模型、三元组合体模型，如图 4.1 所示。

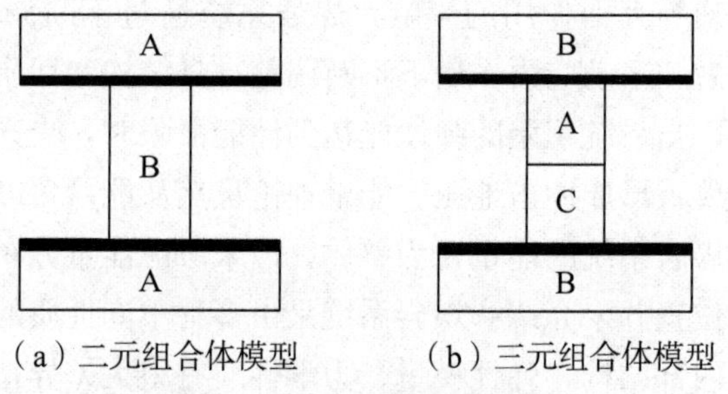

(a) 二元组合体模型　　(b) 三元组合体模型

图 4.1　组合体模型示意图

由图 4.1 可知，二元组合体主要为 CGC 组合体、GCG 组合体、CFC 组合体、FCF 组合体、GFG 组合体、FGF 组合体，具体如图 4.2 所示。

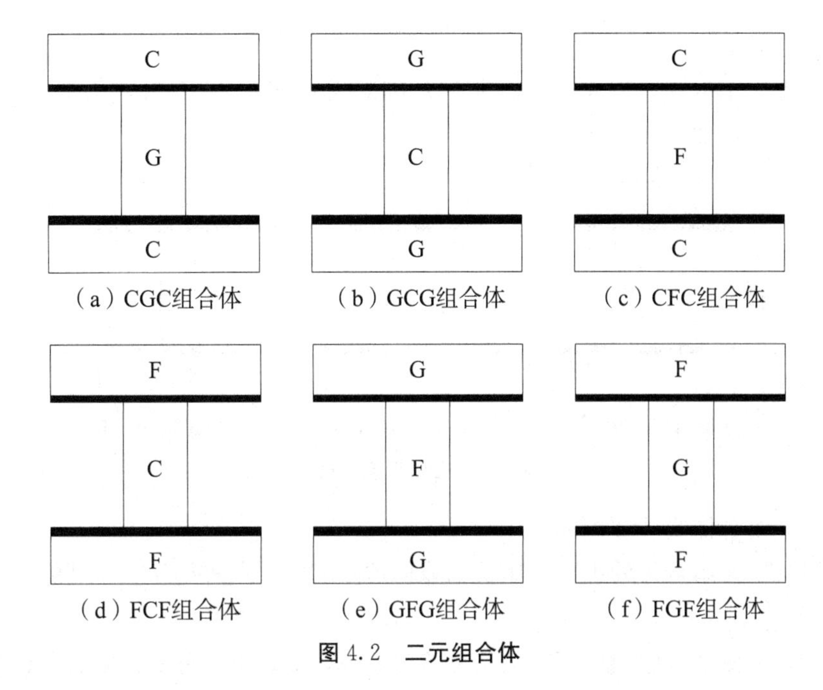

（a）CGC组合体　（b）GCG组合体　（c）CFC组合体

（d）FCF组合体　（e）GFG组合体　（f）FGF组合体

图 4.2　二元组合体

二元组合体实验要求如下：

（1）二元组合体的上、下组分为取样地点相同的同种岩块，中间组分为标准试件。

（2）为保证实验时中间组分首先破坏，上、下组分的极限载荷较中间组分大，面积必须符合 $S_{上/下}>R_{C中}/R_{C上/下}\cdot S_{中}$ 的条件。经计算知：①CGC 组合体中，上、下煤组分取 100mm×100mm×100mm 的正方体；②GCG 组合体中，上、下粗砂岩组分为 $\varphi=50$mm，$d=30$mm 的圆柱体；③CFC 组合体中，上、下煤组分取 150mm×150mm×150mm 的正方体；④FCF 组合体中，上、下细砂岩组分为 $\varphi=50$mm，$d=30$mm 的圆柱体；⑤GFG 组合体中，上、下粗砂岩组分为 $\varphi=100$mm，$d=30$mm 的圆柱体；⑥FGF 组合体中，上、下细砂岩组分为 $\varphi=50$mm，$d=30$mm 的圆柱体。

（3）必须保证上、下组分与中间组分的接触面积相同，上、下组分形状一致。

（4）为避免应力集中现象，当上、下组分与中间组分接触面积不等时，在组分间架设刚度极大、变形微小的钢板，以便保持上、下试件和中间试件受力均匀。

（5）为尽可能保持工程实际原始叠加互层状态，各组分之间直接接触，若组合过程使用黏合剂，黏合剂的固有属性、用量、黏合作用会对组合体的性质产生重要影响。

由图4.1可知，三元组合体主要为CFGC组合体、GCFG组合体、FGCF组合体，具体如图4.3所示。

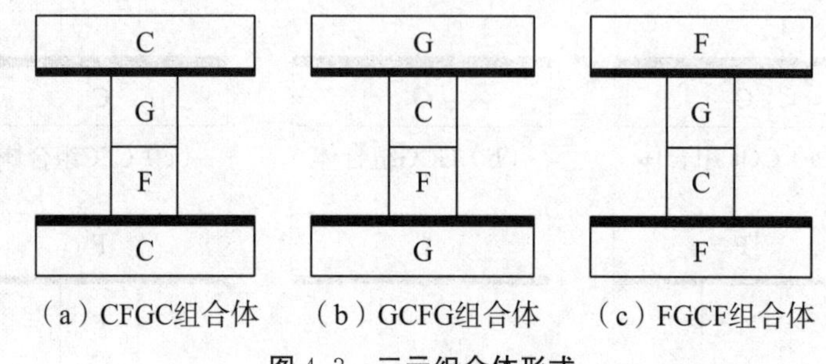

（a）CFGC组合体　（b）GCFG组合体　（c）FGCF组合体

图4.3　三元组合体形式

三元组合体实验要求如下：

(1) 三元组合体的上、下组分为取样地点相同的同种岩块，中间组分为标准试件。

(2) 为保证实验时中间软弱组分首先破坏，上、下组分的极限载荷较中间破坏组分大，面积必须符合 $S_{上/下} > R_{C中}/R_{C上/下} \cdot S_{中}$ 的条件。经计算知：①CFGC组合体中，上、下煤组分可取100mm×100mm×100mm的正方体；②GCFG组合体中，上、下粗砂岩组分为 $\varphi=100$mm，$d=30$mm的圆柱体；③FGCF组合体中，上、下细砂岩组分为 $\varphi=50$mm，$d=30$mm的圆柱体。

(3) 中间组分为 $\varphi=50$mm，$d=100$mm的标准试件。

(4) 为避免出现应力集中现象，当上、下组分与中间组分接触面积不等时，在组分之间架设刚度极大、变形微小的钢板，以便保持上、下试件和中间试件受力均匀。

(5) 为尽可能保持工程实际原始叠加互层状态，各组分之间直接接触，若组合过程使用黏合剂，黏合剂的固有属性、用量、黏合作用会对组合体的性质产生重要的影响。

4.3　煤岩组合体的制备与加工

为保证试件赋存环境一致，试样与第3章所需试件一致，其他煤岩试样根据实验要求加工成符合标准的试件。为减小实验过程中设备、环境等因素对实验结果造成的误差，每种组合体制备6个试件，各参数数据取均值。

煤岩组合体各组分的抗压强度和接触面积见表 4.1～表 4.9，部分煤岩组合体实物图如图 4.4 所示。

表 4.1　GCG 组合体中各组分的抗压强度和接触面积

组合名称	上、下组分 R_c/MPa	上、下组分 S/mm²	中间组分 R_c/MPa	中间组分 S/mm²
GCG−1	57.89	1958.42	12.47	1959.05
GCG−2	57.89	1959.90	12.47	1960.38
GCG−3	57.89	1958.89	12.47	1958.85
GCG−4	57.89	1962.39	12.47	1961.68
GCG−5	57.89	1960.71	12.47	1961.98
GCG−6	57.89	1962.20	12.47	1962.89

注：每种组合体制备 6 个试件，编号分别为−1、−2、−3、−4、−5、−6，表中面积表示相邻组分的接触面积。

表 4.2　FCF 组合体中各组分的抗压强度和接触面积

组合名称	上、下组分 R_c/MPa	上、下组分 S/mm²	中间组分 R_c/MPa	中间组分 S/mm²
FCF−1	127.85	1959.90	12.47	1964.08
FCF−2	127.85	1958.34	12.47	1961.90
FCF−3	127.85	1964.73	12.47	1956.39
FCF−4	127.85	1956.38	12.47	1953.80
FCF−5	127.85	1959.79	12.47	1966.08
FCF−6	127.85	1965.89	12.47	1968.81

表 4.3　CGC 组合体中各组分的抗压强度和接触面积

组合名称	上、下组分 R_c/MPa	上、下组分 S/mm²	中间组分 R_c/MPa	中间组分 S/mm²
CGC−1	12.47	9987.38	57.89	1956.83
CGC−2	12.47	9939.10	57.89	1967.30
CGC−3	12.47	10038.16	57.89	1966.29
CGC−4	12.47	10089.48	57.89	1962.88
CGC−5	12.47	9981.80	57.89	1954.28
CGC−6	12.47	10100.03	57.89	1958.39

表 4.4　CFC 组合体中各组分的抗压强度和接触面积

组合名称	上、下组分 R_c/MPa	上、下组分 S/mm^2	中间组分 R_c/MPa	中间组分 S/mm^2
CFC－1	12.47	22682.00	127.85	1968.48
CFC－2	12.47	22380.36	127.85	1958.00
CFC－3	12.47	22515.66	127.85	1965.35
CFC－4	12.47	22287.39	127.85	1961.86
CFC－5	12.47	22708.57	127.85	1965.48
CFC－6	12.47	22681.80	127.85	1958.71

表 4.5　FGF 组合体中各组分的抗压强度和接触面积

组合名称	上、下组分 R_c/MPa	上、下组分 S/mm^2	中间组分 R_c/MPa	中间组分 S/mm^2
FGF－1	127.85	1960.38	57.89	1959.85
FGF－2	127.85	1963.00	57.89	1963.26
FGF－3	127.85	1958.38	57.89	1966.28
FGF－4	127.85	1956.80	57.89	1960.56
FGF－5	127.85	1962.65	57.89	1958.70
FGF－6	127.85	1960.87	57.89	1960.31

表 4.6　GFG 组合体中各组分的抗压强度和接触面积

组合名称	上、下组分 R_c/MPa	上、下组分 S/mm^2	中间组分 R_c/MPa	中间组分 S/mm^2
GFG－1	57.89	7920.38	127.85	1952.91
GFG－2	57.89	8031.82	127.85	1978.30
GFG－3	57.89	7930.45	127.85	1958.48
GFG－4	57.89	7589.83	127.85	1959.88
GFG－5	57.89	7782.19	127.85	1968.20
GFG－6	57.89	7938.20	127.85	1970.38

表 4.7　FGCF 组合体中各组分的抗压强度和接触面积

组合名称	上、下组分 R_c/MPa	上、下组分 S/mm^2	中间组分		中间组分	
			中$_上$ R_c/MPa	中$_下$ R_c/MPa	中$_上$ S/mm^2	中$_下$ S/mm^2
FGCF－1	127.85	1960.56	57.89	12.47	1958.00	1961.86
FGCF－2	127.85	1958.70	57.89	12.47	1965.35	1965.48

续表4.7

组合名称	上、下组分 R_c/MPa	上、下组分 S/mm²	中间组分		中间组分	
			中$_上$$R_c$/MPa	中$_下$$R_c$/MPa	中$_上$$S$/mm²	中$_下$$S$/mm²
FGCF−3	127.85	1960.31	57.89	12.47	1961.86	1958.71
FGCF−4	127.85	1959.85	57.89	12.47	1959.88	1978.30
FGCF−5	127.85	1963.26	57.89	12.47	1968.20	1958.48
FGCF−6	127.85	1966.28	57.89	12.47	1970.38	1959.88

注：中$_上$表示中间岩层上部组分，中$_下$表示中间岩层下部组分，下同。

表 4.8　GCFG 组合体中各组分的抗压强度和接触面积

组合名称	上、下组分 R_c/MPa	上、下组分 S/mm²	中间组分		中间组分	
			中$_上$$R_c$/MPa	中$_下$$R_c$/MPa	中$_上$$S$/mm²	中$_下$$S$/mm²
GCFG−1	57.89	7832.18	12.47	127.85	1965.48	1978.30
GCFG−2	57.89	7849.36	12.47	127.85	1958.71	1958.48
GCFG−3	57.89	7821.89	12.47	127.85	1978.30	1959.88
GCFG−4	57.89	7930.45	12.47	127.85	1960.31	1965.35
GCFG−5	57.89	7585.83	12.47	127.85	1959.85	1961.86
GCFG−6	57.89	7782.28	12.47	127.85	1963.26	1965.48

表 4.9　CFGC 组合体中各组分的抗压强度和接触面积

组合名称	上、下组分 R_c/MPa	上、下组分 S/mm²	中间组分		中间组分	
			中$_上$$R_c$/MPa	中$_下$$R_c$/MPa	中$_上$$S$/mm²	中$_下$$S$/mm²
CFGC−1	12.47	22497.81	127.85	57.89	1958.64	1958.30
CFGC−2	12.47	22512.39	127.85	57.89	1959.47	1970.29
CFGC−3	12.47	22515.63	127.85	57.89	1970.76	1972.71
CFGC−4	12.47	22529.65	127.85	57.89	1959.53	1953.29
CFGC−5	12.47	22507.98	127.85	57.89	1971.48	1955.81
CFGC−6	12.47	22518.78	127.85	57.89	1978.40	1962.45

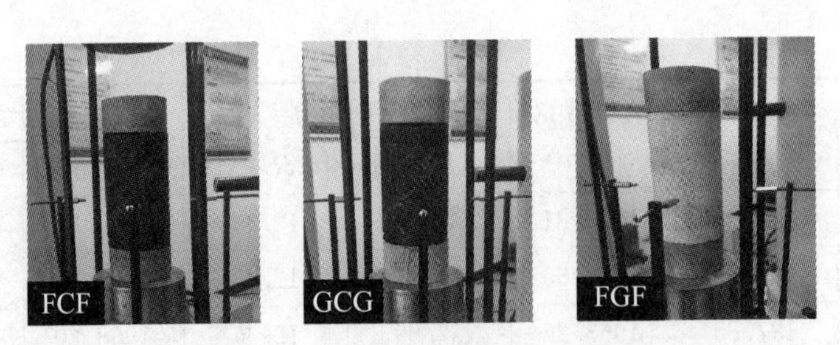

图 4.4　部分煤岩组合体实物图

4.4　实验方案及结果

4.4.1　实验方案

采用 TAW－2000kN 微机控制电液伺服岩石试验系统，采用 0.005mm/s 位移加载的方式，对二元、三元组合体单轴加载，实验方案见表 4.10。

表 4.10　煤岩组合体实验方案

试件名称	组合体类型	试件个数/个	加载方式	加载速率/mm·s^{-1}
CGC	二元	6	位移加载	0.005
GCG	二元	6	位移加载	0.005
CFC	二元	6	位移加载	0.005
FCF	二元	6	位移加载	0.005
GFG	二元	6	位移加载	0.005
FGF	二元	6	位移加载	0.005
CFGC	三元	6	位移加载	0.005
GCFG	三元	6	位移加载	0.005
FGCF	三元	6	位移加载	0.005

4.4.2　实验结果

参照实验方案，对煤岩组合体进行单轴压缩实验，获得试件的破坏形态（图 4.5）、应力—应变曲线（图 4.6）以及抗压强度等参数，对应力—应变曲线积分可得煤岩试件峰前能量、峰后能量、冲击能量指数，见表 4.11～表 4.19。

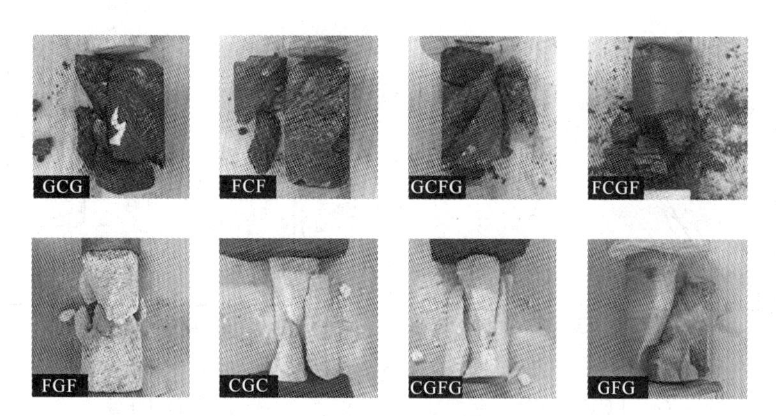

图 4.5　部分煤岩组合体的破坏形态

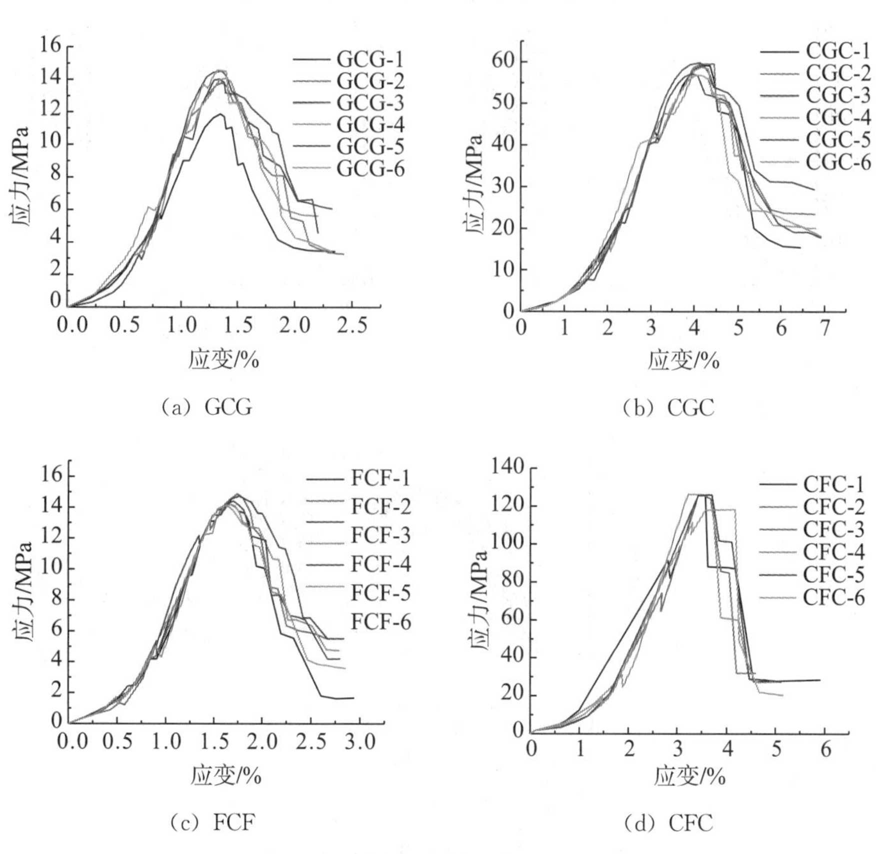

(a) GCG　　(b) CGC

(c) FCF　　(d) CFC

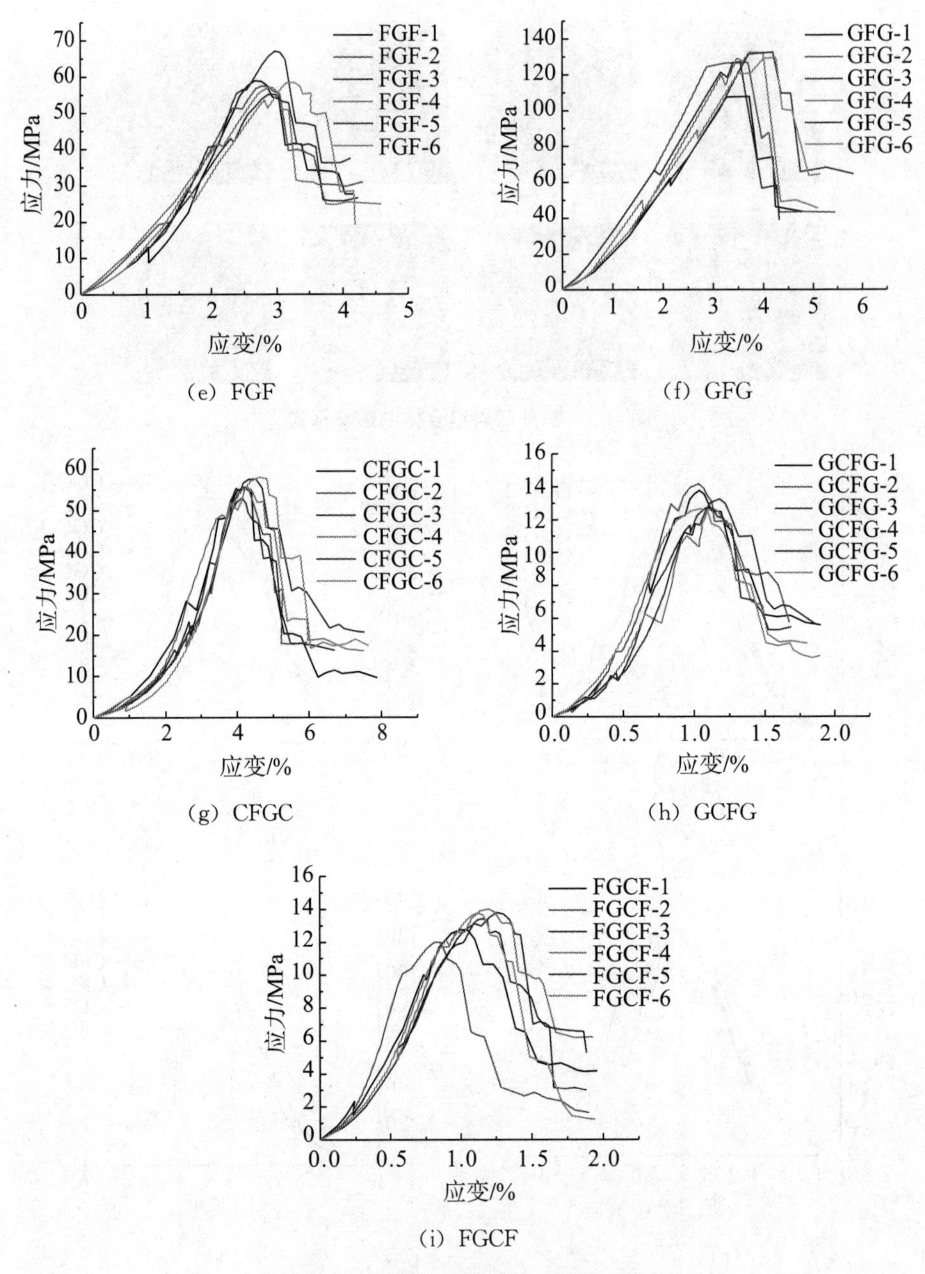

(e) FGF

(f) GFG

(g) CFGC

(h) GCFG

(i) FGCF

图 4.6 煤岩组合体应力—应变曲线

表 4.11 GCG 组合体实验计算数据

编号	抗压强度/MPa	弹性模量/MPa	峰前能量/kJ	峰后能量/kJ	冲击能量指数
GCG—1	12.38	1282.31	0.138	0.028	5.160

续表4.11

编号	抗压强度/MPa	弹性模量/MPa	峰前能量/kJ	峰后能量/kJ	冲击能量指数
GCG－2	14.25	1823.01	0.146	0.029	5.033
GCG－3	14.18	1681.20	0.130	0.024	5.401
GCG－4	14.30	1720.12	0.151	0.029	5.143
GCG－5	13.89	1830.27	0.122	0.023	5.380
GCG－6	13.80	1679.91	0.153	0.028	5.395

表 4.12　CGC 组合体实验计算数据

编号	抗压强度/MPa	弹性模量/MPa	峰前能量/kJ	峰后能量/kJ	冲击能量指数
CGC－1	58.38	1308.88	10.180	1.450	7.020
CGC－2	59.28	1280.02	12.302	1.849	6.654
CGC－3	55.09	1460.28	9.825	1.539	6.385
CGC－4	56.80	1380.20	12.500	1.807	6.919
CGC－5	58.01	1409.13	12.148	1.686	7.207
CGC－6	57.20	1380.91	11.391	1.666	6.837

表 4.13　FCF 组合体实验计算数据

编号	抗压强度/MPa	弹性模量/MPa	峰前能量/kJ	峰后能量/kJ	冲击能量指数
FCF－1	13.78	1509.11	0.120	0.017	7.080
FCF－2	13.65	1630.20	0.141	0.018	8.015
FCF－3	14.08	1622.18	0.155	0.020	7.619
FCF－4	13.72	1704.32	0.141	0.018	7.654
FCF－5	13.20	1639.30	0.110	0.014	7.723
FCF－6	13.58	1598.21	0.125	0.018	7.135

表 4.14　CFC 组合体实验计算数据

编号	抗压强度/MPa	弹性模量/MPa	峰前能量/kJ	峰后能量/kJ	冲击能量指数
CFC－1	127.20	1208.30	96.058	11.532	8.330
CFC－2	123.34	1321.28	94.110	10.635	8.849
CFC－3	128.48	1230.22	98.545	11.220	8.783
CFC－4	130.35	1330.21	100.610	11.932	8.432

续表4.14

编号	抗压强度/MPa	弹性模量/MPa	峰前能量/kJ	峰后能量/kJ	冲击能量指数
CFC－5	123.09	1289.29	95.045	10.995	8.644
CFC－6	121.10	1128.88	94.036	10.568	8.898

表4.15　FGF组合体实验计算数据

编号	抗压强度/MPa	弹性模量/MPa	峰前能量/kJ	峰后能量/kJ	冲击能量指数
FGF－1	55.20	2639.23	3.310	1.083	3.056
FGF－2	57.38	2739.09	3.793	1.336	2.840
FGF－3	59.29	2830.18	3.956	1.197	3.305
FGF－4	56.80	2658.38	4.162	1.288	3.231
FGF－5	62.45	2930.33	4.294	1.239	3.467
FGF－6	63.08	2989.76	4.503	1.507	2.989

表4.16　GFG组合体实验计算数据

编号	抗压强度/MPa	弹性模量/MPa	峰前能量/kJ	峰后能量 kJ	冲击能量指数
GFG－1	126.37	2738.67	73.353	19.192	3.822
GFG－2	127.20	2799.28	74.475	22.298	3.340
GFG－3	128.01	2832.20	75.502	21.897	3.448
GFG－4	126.65	2721.22	74.326	20.526	3.621
GFG－5	127.34	2803.26	75.660	23.643	3.200
GFG－6	128.36	2887.36	77.268	19.767	3.909

表4.17　CFGC组合体实验计算数据

编号	抗压强度/MPa	弹性模量/MPa	峰前能量/kJ	峰后能量 kJ	冲击能量指数
CFGC－1	54.38	1920.38	12.705	2.075	6.123
CFGC－2	56.20	1738.40	14.225	1.981	7.179
CFGC－3	56.88	1988.36	14.536	2.107	6.900
CFGC－4	52.25	2038.36	13.147	1.878	7.002
CFGC－5	56.36	2108.47	14.500	2.289	6.335
CFGC－6	56.06	1997.33	14.507	1.998	7.261

表 4.18　GCFG 组合体实验计算数据

编号	抗压强度/MPa	弹性模量/MPa	峰前能量/kJ	峰后能量/kJ	冲击能量指数
GCFG－1	13.87	2133.47	0.200	0.032	6.202
GCFG－2	13.26	2048.39	0.164	0.030	5.470
GCFG－3	12.80	2438.18	0.130	0.023	5.554
GCFG－4	13.02	2380.00	0.126	0.019	6.618
GCFG－5	13.48	2209.65	0.136	0.023	5.945
GCFG－6	13.46	2438.32	0.132	0.025	5.227

表 4.19　FGCF 组合体实验计算数据

编号	抗压强度/MPa	弹性模量/MPa	峰前能量/kJ	峰后能量/kJ	冲击能量指数
FGCF－1	13.28	2452.10	0.143	0.018	8.021
FGCF－2	14.00	2538.21	0.177	0.024	7.466
FGCF－3	13.58	2378.30	0.128	0.018	7.035
FGCF－4	14.11	2631.88	0.172	0.020	8.473
FGCF－5	13.60	2548.55	0.126	0.017	7.280
FGCF－6	13.22	2603.61	0.124	0.015	8.225

4.5　实验结果分析

4.5.1　煤岩组合体破坏形态分析

由图 4.5 可知，煤岩组合体的破坏形态各不相同，反映了煤岩组合体结构特性和力学特性的差异。煤岩组合体的破坏形态与试件本身结构特性紧密相关，尤其试件中孔隙、裂隙发育情况等对煤岩组合体破坏起着重要作用。

煤岩组合体中煤组分破坏时不规则，呈现碎状破坏，破坏块体粒径较小，数目较多。这是煤中孔隙、裂隙较多，致密性差导致的。煤组分受试验机的作用，裂纹、裂隙萌生、扩展，在组分内部形成薄弱结构面，煤组分破坏时沿薄弱结构面迅速破坏，导致煤岩组合体整体失稳破坏。

煤岩组合体中粗砂岩组分破坏属于张拉破坏类型，破坏块体粒径较大，数目较少，裂纹与试件轴向基本平行。在应力作用下，裂纹、裂隙不断挤压，中间薄弱部分最先破坏。另外，粗砂岩组分破坏后存在较小颗粒，这是破裂结构面在应力作用下相互摩擦的结果。

煤岩组合体中细砂岩组分破坏时，破坏块体粒径最大，数目最少，裂纹较少，贯穿整个试件，对试件破坏起着决定性作用。裂纹方向与试件轴向呈 0°～45°，呈现“Y”型破坏。另外，实验过程中，裂纹扩展速度快，出现岩块弹射现象，并伴随响声。细砂岩组分积聚大量弹性能，达到储能极限时，能量突然释放，失稳破坏。

4.5.2 煤岩组合体应力—应变曲线分析

对每种试件分别做 6 次试验，获得 6 条应力—应变曲线，选择具有代表性的应力—应变曲线，如图 4.7 所示。

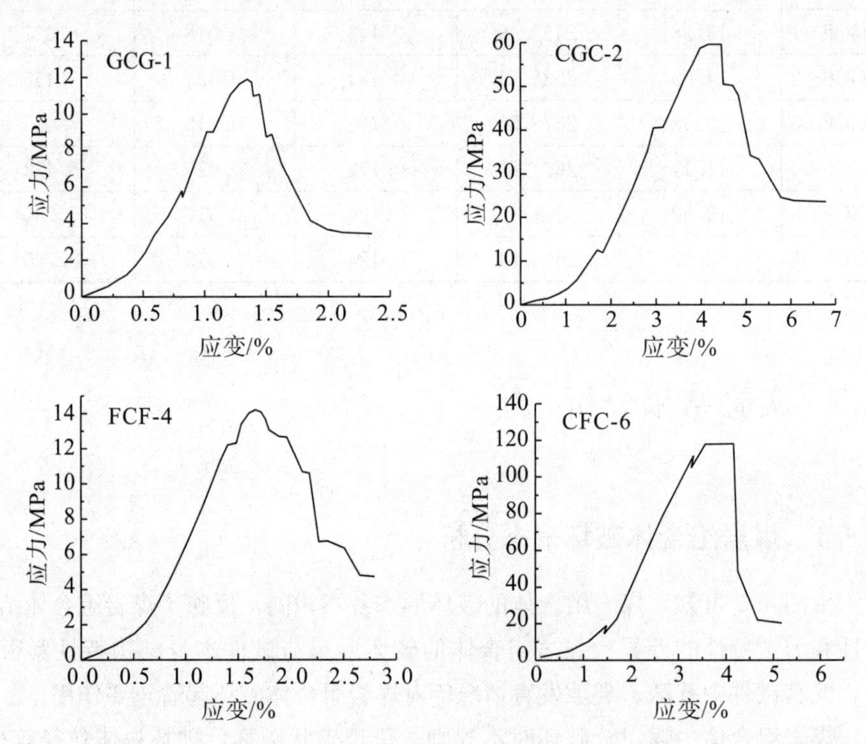

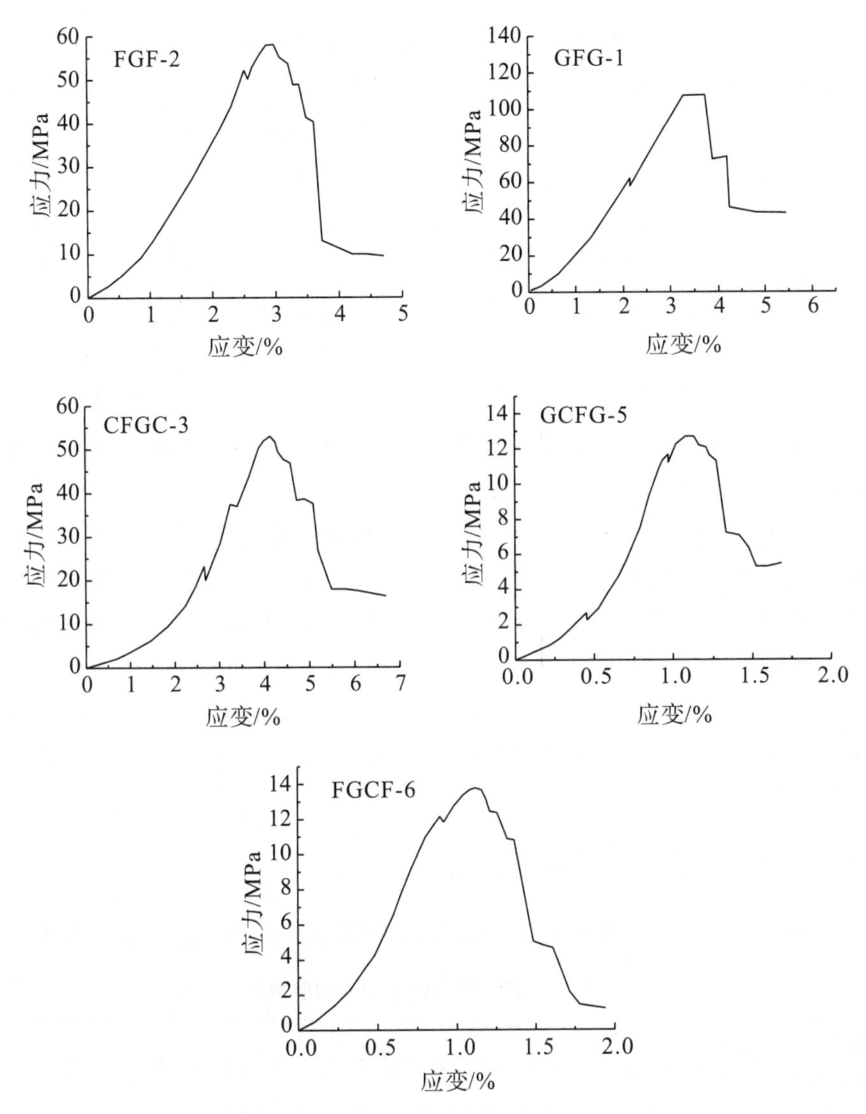

图 4.7　具有代表性的煤岩组合体应力—应变曲线

压密阶段：煤质地较软，孔隙、裂隙较多，致密性差；细砂岩最硬，孔隙、裂隙较少，致密性好。因此，有煤参与的组合体（GCG、CGC、FCF、CFC、CFGC、GCFG、FGCF）的应力—应变曲线压密阶段显著，煤中孔隙、裂隙不断闭合，而粗砂岩、细砂岩中也存在极少量裂隙的闭合，但表现不明显。GFG、FGF 组合体也存在压密阶段，但较前述组合体不明显，这是因为粗砂岩、细砂岩中孔隙和裂隙较少、致密性较高，在单轴压缩试验时，受到试验机纵向的压力，只有极少量的裂纹、裂隙发生闭合。

弹性阶段：随着试件不断压缩，积聚能量也越来越多，因此，试件在弹性阶段储存大量的弹性能。煤组分破坏的组合体（GCG、FCF、GCFG、FGCF）弹性阶段最短，这是因为煤的抗压强度较低。粗砂岩组分破坏的组合体（CGC、FGF、CFGC）的弹性阶段时间较长，都积聚了较多能量。细砂岩组分破坏的组合体（CFC、GFG）的弹性阶段时间最长。

塑性阶段：煤组分破坏的组合体（GCG、FCF、GCFG、FGCF）在塑性阶段表现较为明显，甚至出现波动，应力—应变曲线表现为短暂下降后又升高，这是试件局部失稳导致的，主要是煤中裂隙的扩展。粗砂岩组分破坏的组合体（CGC、FGF、CFGC）的塑性阶段较短，粗砂岩的塑性特征较煤不明显。细砂岩组分破坏的组合体（CFC、GFG）不存在塑性阶段，达到一定值后，随着应变增加，应力保持不变。

峰后破坏阶段：煤和粗砂岩试件的弹性模量比细砂岩试件小，抗压强度比细砂岩低，煤组分破坏的组合体（GCG、FCF、GCFG、FGCF）和粗砂岩组分破坏的组合体（CGC、FGF、CFGC）的能量逐渐释放，释放速度较细砂岩缓慢。细砂岩组分破坏的组合体（CFC、GFG）能量释放速度较快，破坏较突然，应力—应变曲线表现为阶梯状下降。由应力—应变曲线可以看出释放速度的快慢关系：CFC、GFG > CGC、FGF、CFGC > GCG、FCF、GCFG、FGCF。

4.5.3 煤岩组合体力学参数分析

为减小实验误差，对表 4.11～表 4.19 中实验数据取均值，见表 4.20。

表 4.20 煤岩组合体各参数均值数据

煤岩组合体	抗压强度/MPa	弹性模量/MPa	峰前能量/kJ	峰后能量/kJ	冲击能量指数
GCG	13.80	1669.47	0.140	0.027	5.252
CGC	57.46	1369.90	11.391	1.666	6.837
FCF	13.67	1617.22	0.132	0.018	7.538
CFC	125.59	1251.36	96.234	11.118	8.656
FGF	59.03	2797.83	4.003	1.271	3.148
GFG	127.32	2797.00	75.114	20.982	3.580
CFGC	55.36	1965.22	13.920	2.047	6.800
GCFG	13.32	2274.67	0.148	0.025	5.836

续表4.20

煤岩组合体	抗压强度/MPa	弹性模量/MPa	峰前能量/kJ	峰后能量/kJ	冲击能量指数
FGCF	13.63	2525.44	0.145	0.019	7.750

为对比煤岩组合体与煤岩单体的抗压强度，绘制抗压强度对比图，如图4.8所示。

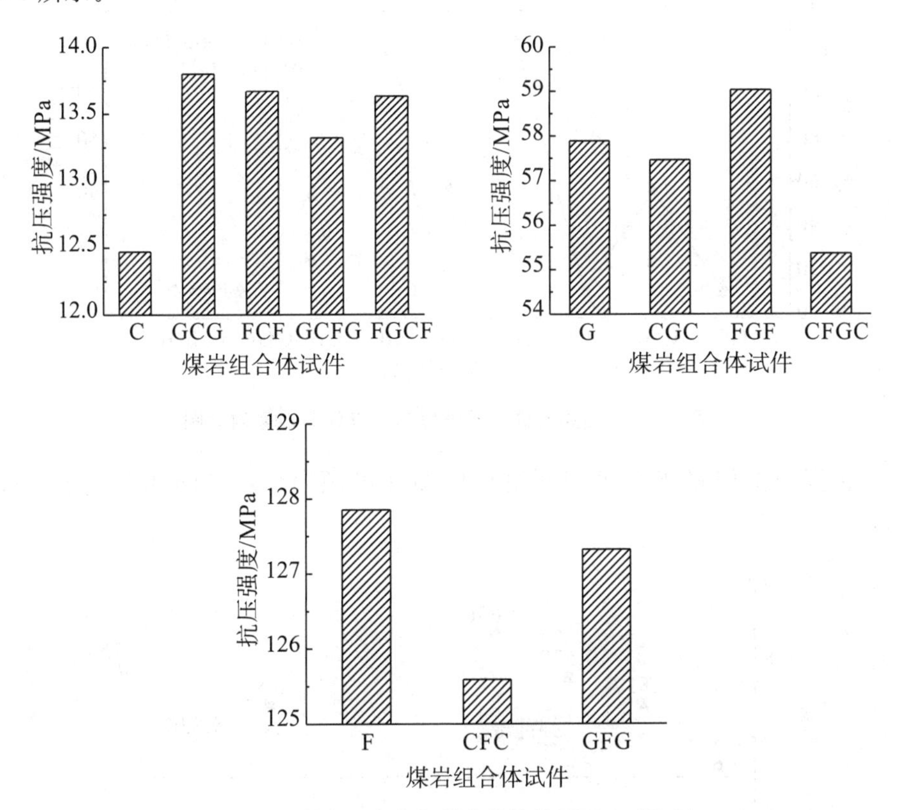

图 4.8　煤岩组合体与煤岩单体抗压强度对比图

由图 4.8 可知，GCG、FCF、GCFG、FGCF 组合体的抗压强度分别为13.80MPa、13.67MPa、13.32MPa、13.63MPa，与煤的抗压强度接近。CGC、FGF、CFGC 组合体的抗压强度分别为 57.46MPa、59.03MPa、55.36MPa，与粗砂岩试件的抗压强度接近。CFC、GFG 组合体的抗压强度分别为 125.59MPa、127.32MPa，接近细砂岩的抗压强度。

经上述分析可知：煤岩组合体的抗压强度基本与组合体中破坏组分的抗压强度一致，上、下组分可视为存在变形但不发生破坏的垫层。与煤岩单体相比，虽然抗压强度相差不大，但应变变化较大，这是因为上、下组分虽然没有破坏，但在力的作用下发生弹性变形，导致煤岩组合体总体应变量变大。

为表征抗压强度与峰前积聚能量的关系，绘制图4.9，由图可知，峰前积聚能量折线与抗压强度折线基本一致，随着抗压强度变化而变化，抗压强度小的煤岩组合体峰前积聚能量也较少，抗压强度大的煤岩组合体峰前积聚能量也较大。

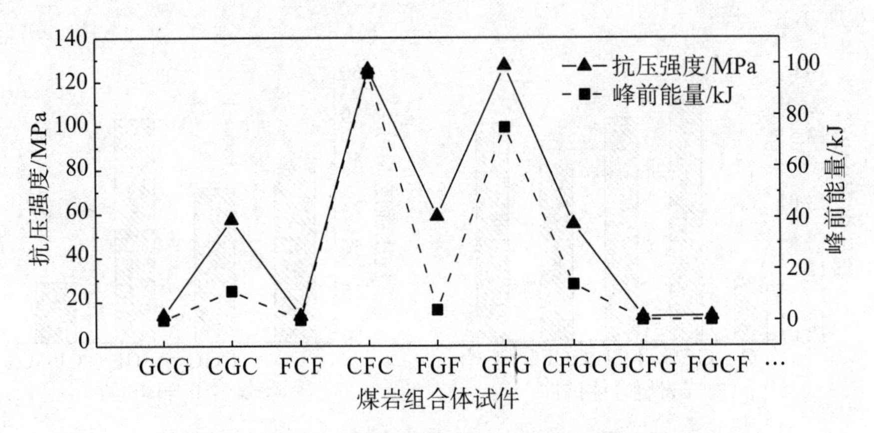

图4.9 煤岩组合体抗压强度与峰前积聚能量对比图

根据冲击能量指数可判断组合体的冲击倾向性，如图4.10、表4.21所示。

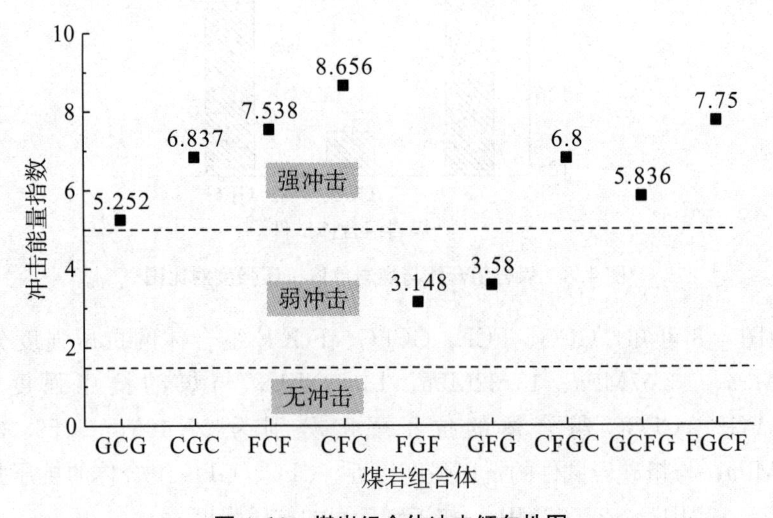

图4.10 煤岩组合体冲击倾向性图

表 4.21　煤岩组合体的冲击倾向性

煤岩组合体	冲击能量指数 K_E	判断标准	冲击倾向性
GCG	5.252	$K_E \geqslant 5.0$	强
CGC	6.837	$K_E \geqslant 5.0$	强
FCF	7.538	$K_E \geqslant 5.0$	强
CFC	8.656	$K_E \geqslant 5.0$	强
FGF	3.148	$1.5 \leqslant K_E < 5.0$	弱
GFG	3.580	$1.5 \leqslant K_E < 5.0$	弱
CFGC	6.800	$K_E \geqslant 5.0$	强
GCFG	5.836	$K_E \geqslant 5.0$	强
FGCF	7.750	$K_E \geqslant 5.0$	强

由表可知，GCG、CGC、FCF、CFC、CFGC、GCFG、FGCF 组合体为强冲击倾向性，GFG、FGF 组合体为弱冲击倾向性。由此可知，有煤参与的煤岩组合体为强冲击倾向性，无煤参与的煤岩组合体为弱冲击倾向性。煤对于煤岩组合体冲击破坏起到决定性的作用，冲击地压的发生与否主要决定于煤的自身属性。矿体在冲击地压发生过程中起主导作用，外界系统（顶板、底板围岩情况）对冲击地压灾害起促进与加剧作用。

二元组合体中，煤与细砂岩组合体（FCF、CFC）冲击倾向性比煤与粗砂岩组合体（GCG、CGC）强，说明组合体各组分之间硬度差别越大，组合体的冲击倾向性越强。CGC 组合体的冲击倾向性比 GCG 组合体更强，CFC 组合体的冲击倾向性比 FCF 组合体更强，这是因为 CGC、CFC 组合体中煤组分所占比重更大，能积聚更多的弹性能，试件达到抗压极限时，积聚的弹性能迅速释放形成冲击。积聚的弹性能越多，释放速度越快，冲击倾向性越强。

三元组合体均为强冲击倾向性，多种软硬不一的煤岩层相间互层时，容易引发冲击灾害。工程实际中，该类条件较为常见，更应引起重视。

4.6　组合体力学模型与能量积聚规律

4.6.1　组合体力学模型与能量分布计算

20 世纪末，钱鸣高院士、缪协兴教授在砌体梁理论研究的基础上提出了关键层理论，认为在岩体活动中起主要控制作用的岩层为关键层。本书所研究的能量积聚规律为在矿山压力作用下煤系地层尚未开始采掘活动前的积聚规律。

根据力在物体间具有均匀传导性的原理可知：作用在组合体上、下组分与中间组分的力是相等的（图 4.11），由此可得：

$$F_{上} = \sigma_{上} \times S_{上} \tag{4.1}$$

$$F_{中} = \sigma_{中} \times S_{中} \tag{4.2}$$

$$F_{下} = \sigma_{下} \times S_{下} \tag{4.3}$$

$$F_{上} = F_{中} = F_{下} \tag{4.4}$$

联立式（4.1）、式（4.2）、式（4.3）、式（4.4）可得：

$$\sigma_{上} \times S_{上} = \sigma_{中} \times S_{中} = \sigma_{下} \times S_{下} \tag{4.5}$$

式中　$\sigma_{上}$，$\sigma_{中}$，$\sigma_{下}$——上、中、下组分承受的应力；

$S_{上}$，$S_{中}$，$S_{下}$——上、中、下组分的接触面积；

$F_{上}$，$F_{中}$，$F_{下}$——作用在上、中、下组分的力。

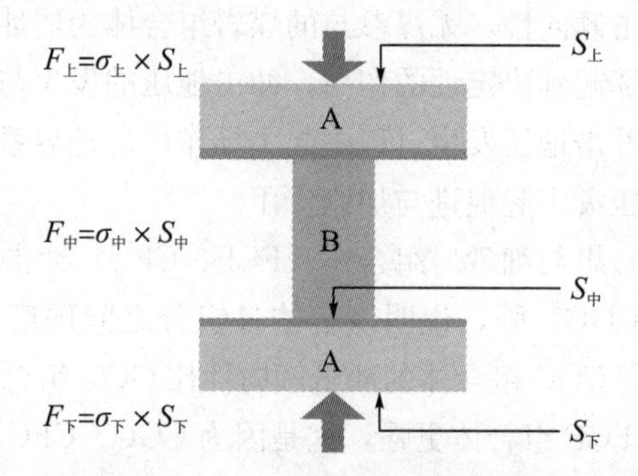

图 4.11　二元组合体受力分析

经上述分析可得中间组分的应力，再根据中间组分单轴压缩时的应力—应变曲线，利用 Origin 软件可得到该应力下的面积，即中间组分在该应力条件下积聚的能量，记为 $S(OA\varepsilon_1)$，则

$$S(OA\varepsilon_1) = \int_0^{\varepsilon_1} \sigma \mathrm{d}\varepsilon \tag{4.6}$$

二元组合体总能量 $S(OB\varepsilon_2)$ 为

$$S(OB\varepsilon_2) = \int_0^{\varepsilon_2} \sigma \mathrm{d}\varepsilon \tag{4.7}$$

二元组合体上、下组分积聚的能量 E 等于组合体总能量 $S(OB\varepsilon_2)$ 减去中

间组分积聚的能量 $S(OA\varepsilon_1)$，如图 4.12、图 4.13 所示，表示为

$$E = S(OB\varepsilon_2) - S(OA\varepsilon_1) \tag{4.8}$$

$$E = \int_0^{\varepsilon_2} \sigma \mathrm{d}\varepsilon - \int_0^{\varepsilon_1} \sigma \mathrm{d}\varepsilon \tag{4.9}$$

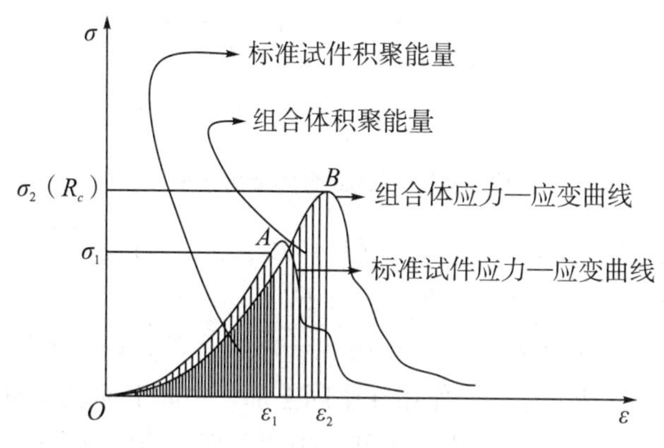

图 4.12　二元组合体能量分析图

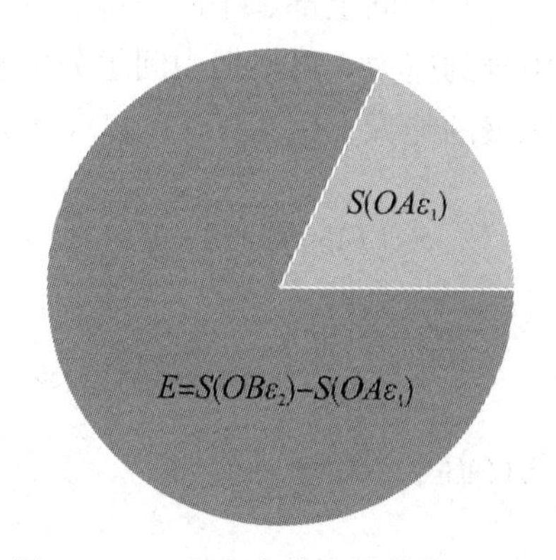

图 4.13　二元组合体能量计算示意图

以 FCF 组合体为例计算二元组合体能量分布情况。FCF 组合体总能量为 0.132kJ，组合体的峰值应力为 13.67MPa，由式（4.5）可得 C 组分所受应力为 13.67MPa，根据 C 组分的应力—应变曲线，可得该应力下积聚的能量 0.118kJ，又因 FCF 组合体总能量为 0.132kJ，所以积聚在 F 组分上的能量为 0.132kJ−0.118kJ=0.014kJ。因此，积聚在 C 组分上的能量百分比为 0.118kJ÷0.132kJ×100%≈89.4%，积聚在 F 组分上的能量百分比为 0.014kJ÷0.132kJ×100%≈10.6%。

三元组合体受力分析如图 4.14 所示。

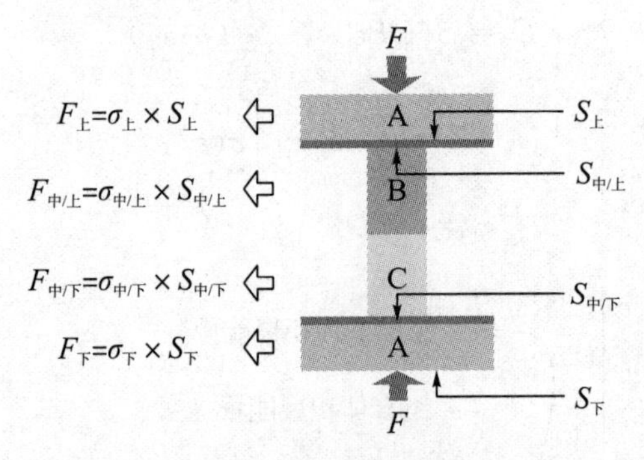

图 4.14　三元组合体受力分析

式 (4.4)、式 (4.5) 可写成式 (4.10)、式 (4.11)：

$$F_上 = F_{中\backslash上} = F_{中\backslash下} = F_下 \tag{4.10}$$

$$\sigma_上 \times S_上 = \sigma_{中\backslash上} \times S_{中\backslash上} = \sigma_{中\backslash下} \times S_{中\backslash下}\sigma_下 \times S_下 \tag{4.11}$$

式中　$F_{中\backslash上}$，$F_{中\backslash下}$——作用在中间上部、中间下部组分的力；

$\sigma_{中\backslash上}$，$\sigma_{中\backslash下}$——中间上部、中间下部组分的应力；

$S_{中\backslash上}$，$S_{中\backslash下}$——中间上部、中间下部组分的接触面积。

经上述分析得中间组分的应力，再根据中间组分单轴压缩时的应力—应变曲线，可得到该应力下积聚的能量，记为 $S(OA\varepsilon_4)$，$S(OC\varepsilon_5)$，则

$$S(OA\varepsilon_4) = \int_0^{\varepsilon_4} \sigma \mathrm{d}\varepsilon \tag{4.12}$$

$$S(OC\varepsilon_5) = \int_0^{\varepsilon_5} \sigma \mathrm{d}\varepsilon \tag{4.13}$$

三元组合体总能量 $S(OB\varepsilon_3)$ 为

$$S(OB\varepsilon_3) = \int_0^{\varepsilon_3} \sigma \mathrm{d}\varepsilon \tag{4.14}$$

三元组合体上、下组分积聚的能量 E 等于总能量 $S(OB\varepsilon_3)$ 减去中间组分积聚的能量 $S(OA\varepsilon_4)$、$S(OC\varepsilon_5)$，如图 4.15、图 4.16 所示，表示为

$$E = S(OB\varepsilon_3) - S(OA\varepsilon_4) - S(OC\varepsilon_5) \tag{4.15}$$

$$E = \int_0^{\varepsilon_3} \sigma \mathrm{d}\varepsilon - \int_0^{\varepsilon_4} \sigma \mathrm{d}\varepsilon - \int_0^{\varepsilon_5} \sigma \mathrm{d}\varepsilon \tag{4.16}$$

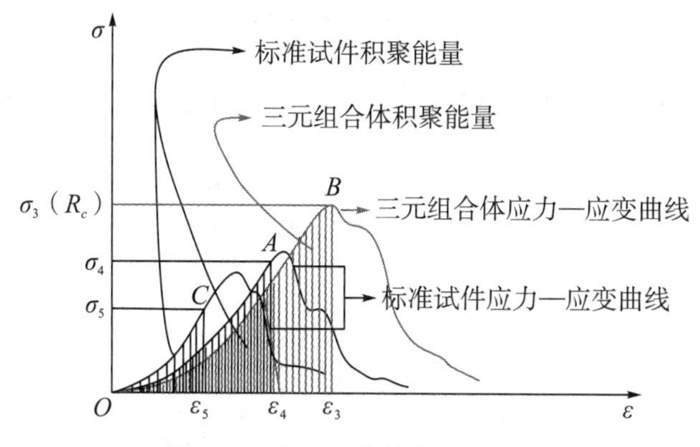

图 4.15　三元组合体能量分析图

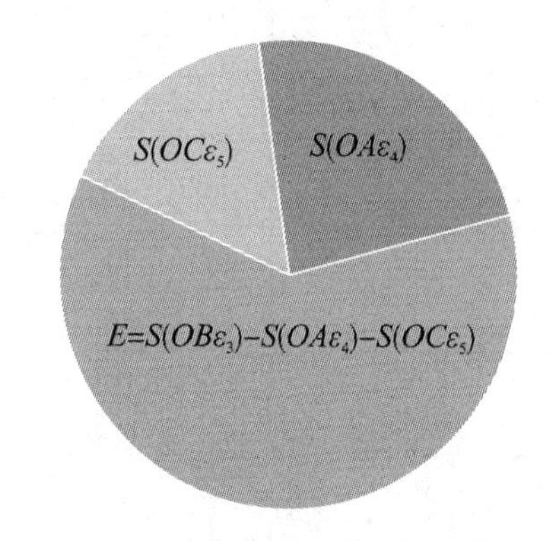

图 4.16　三元组合体能量计算示意图

以 FGCF 组合体为例计算三元组合体能量分布情况。FGCF 组合体峰值应力为 13.63MPa，由式（4.11）可得 C、G 组分所受应力均为 13.67MPa，根据预先获得的 C、G 组分应力—应变曲线，可得该应力下积聚的能量。积聚在 C 组分上的能量为 0.118kJ，积聚在 G 组分上的能量为 0.019kJ，又因组合体总能量为 0.145kJ，由式（4.16）可得积聚在 F 中的能量为 0.008kJ。因此，积聚在 C 组分上的能量占比为 0.118kJ÷0.145kJ×100%≈81.4%，积聚在 G 组分上的能量占比为 0.019kJ÷0.145kJ×100%≈13.1%，积聚在 F 组分上的能量占比为 0.008kJ÷0.145kJ×100%≈5.5%。

4.6.2　能量积聚规律分析

基于上述分析，可得所有煤岩组合体的能量积聚情况，见表 4.22。

表 4.22　煤岩组合体能量积聚情况

煤岩组合体	抗压强度/MPa	积聚总能量/kJ	各组分积聚能量（占比）	积聚能量对比
GCG	13.80	0.140	C：0.118（84.3%）	C>G
			G：0.022（15.7%）	
CGC	57.46	11.391	C：8.883（78.0%）	C>G
			G：2.508（22.0%）	
FCF	13.67	0.132	C：0.118（89.4%）	C>F
			F：0.014（10.6%）	
CFC	125.59	96.234	C：79.089（82.3%）	C>F
			F：17.145（17.7%）	
FGF	59.03	4.003	G：2.809（70.2%）	G>F
			F：1.194（29.8%）	
GFG	127.32	75.114	G：57.127（76.1%）	G>F
			F：17.987（23.9%）	
CFGC	55.36	13.920	C：10.702（76.9%）	C>G>F
			G：2.342（16.8%）	
			F：0.876（6.3%）	
GCFG	13.32	0.148	C：0.118（79.7%）	C>G>F
			G：0.020（13.5%）	
			F：0.010（6.8%）	
FGCF	13.63	0.145	C：0.118（81.4%）	C>G>F
			G：0.019（13.1%）	
			F：0.008（5.5%）	

为描述煤岩组合体各组分能量积聚情况，绘制能量积聚饼状图，深灰色表示细砂岩组分积聚能量，浅灰色表示粗砂岩组分积聚能量，灰色表示煤组分积聚能量，如图 4.17 所示。

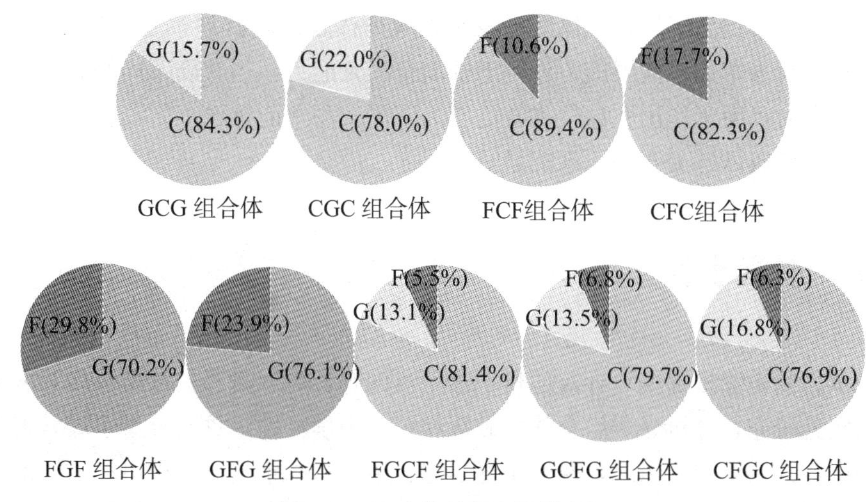

图 4.17　组合体能量积聚饼形图

(1) 二元组合体能量积聚分析：GCG、CGC 组合体中，积聚在煤组分上的能量分别为 0.118kJ、8.883kJ，占比 84.3%、78.0%，积聚在粗砂岩组分上的能量仅占 15.7%、22.0%。FCF、CFC 组合体中，积聚在煤组分上的能量分别为 0.118kJ、79.089kJ，占比 89.4%、82.3%，积聚在细砂岩组分上的能量仅占 10.6%、17.7%。FGF、GFG 组合体中，积聚在粗砂岩组分上的能量分别为 2.809kJ、57.127kJ，占比 70.2%、76.1%，积聚在细砂岩组分上的能量占 29.8%、23.9%。

由此可知，二元组合体中，有煤参与的组合体峰前积聚能量主要积聚在煤上，粗砂岩和细砂岩构成的组合体峰前积聚能量主要积聚在粗砂岩上。二元组合体失稳破坏前的能量主要来源于弹性模量较小的软弱组分，软弱岩层是能量积聚的主要岩层。

(2) 分析三元组合体能量积聚情况，FGCF、GCFG、CFGC 组合体中，积聚在煤上的能量分别为 0.118kJ、0.118kJ、10.702kJ，占比 81.4%、79.7%、76.9%，积聚在粗砂岩组分上的能量占 13.1%、13.5%、16.8%，积聚在细砂岩组分上的能量占 5.5%、6.8%、6.3%。根据三元组合体各组分能量积聚情况可以得出：煤积聚能量最多，粗砂岩次之，细砂岩最少。由此表明，软弱岩层是能量积聚的主要载体，是引发冲击地压的能量关键岩层。

综上所述，当软硬不同的岩层相间互层时，弹性模量小的软弱岩层更容易积聚能量，是引发冲击地压能量的主要载体，对冲击地压的发生起关键作用，而坚硬岩层或层区仅起承载和夹持作用，储存能量较少。这一能量积聚规律恰恰与煤岩单体相反，煤岩单体的能量积聚规律体现的是试件本身的储能极限，反映的是煤岩单体在极限应力作用下的能量积聚能力，当软硬不同的煤岩单体共同组合时，由于作用在试件本身的应力不同，积聚能量也不同，相同应力的作用下，软弱试件更容易积聚能量。

4.7 本章小结

本章基于能量理论，针对能量积聚层位问题，对二元、三元组合体开展了单轴实验研究，分析煤岩组合体的破坏特征、力学特性，重点分析了煤岩组合体各组分的能量积聚情况，探究了煤岩组合体能量积聚规律，得出如下结论：

(1) 煤岩组合体中煤组分破坏时，呈现碎状不规则破坏，破坏块体粒径较小，数目较多。煤岩组合体中粗砂岩组分破坏时，破坏块体粒径较煤大，数目较少，破坏裂纹与试件轴向基本平行，属于张拉破坏类型。煤岩组合体中细砂岩组分破坏呈现“Y”型破坏，破坏块体粒径最大，数目最少，裂纹较少，但贯穿整个试件，对试件的失稳破坏起着决定性作用。

(2) 压密阶段：GCG、CGC、FCF、CFC、CFGC、GCFG、FGCF 组合体压密阶段显著，GFG、FGF 组合体压密阶段不明显。弹性阶段：GCG、FCF、GCFG、FGCF 组合体弹性阶段经历时间最短，CGC、FGF、CFGC 组合体弹性阶段经历时间较长，CFC、GFG 组合体弹性阶段经历时间最长，积聚能量最多。塑性阶段：GCG、FCF、GCFG、FGCF 组合体塑性阶段较为明显，CGC、FGF、CFGC 组合体塑性阶段不明显，CFC、GFG 组合体无塑性阶段。峰后破坏阶段：GCG、FCF、GCFG、FGCF、CGC、FGF、CFGC 组合体破坏缓慢，CFC、GFG 组合体破坏迅速。

(3) 煤岩组合体的抗压强度与组合体中破坏组分的抗压强度接近，上、下组分可视为存在变形但不发生破坏的垫层。峰前积聚能量折线与抗压强度折线基本一致，随着抗压强度变化而变化。煤岩组合体各组分间硬度差别越大，组合体的冲击倾向性越强。

(4) 当软硬不同的岩层相间互层时，弹性模量小的软弱岩层更容易积聚能量，是引发冲击地压能量的主要载体，对冲击地压的发生起着决定性作用，而坚硬岩层或由多个坚硬岩层构成的层区仅起承载和夹持作用，储存能量较少，对冲击地压的发生起加剧与促进作用。

第5章　煤岩性质与比例对煤岩组合体力学特性和能量积聚的影响

冲击地压是由于坚硬顶板—煤体—底板所构成的复杂煤岩结构能量聚集与耗散失去动态平衡而诱发的突变事件。大量工程实践表明，煤系地层是由多种不同性质的岩层相间互层构成的，岩层性质、厚度、比例对煤岩系统整体的力学特性产生较大影响。冲击地压不仅仅发生在厚煤层开采中，中厚煤层开采与薄煤层开采也时有发生。同等厚度的煤层开采时，由于顶底板的岩性、厚度不同，也会导致冲击地压发生。工程实际中，常由于煤层厚度不同、顶板和底板岩性不同、顶板和底板厚度不同发生许多矿井冲击事件。由此来看，煤层厚度、顶板和底板岩性、煤岩比例均对冲击地压具有重要影响。研究煤岩性质与比例对煤岩组合体力学特性和能量积聚的影响，有助于全面了解此类冲击地压失稳机理，同时，也为从根本上防治冲击地压提供理论支撑。

许多学者针对煤岩组合体开展了煤岩高度比、煤岩强度比、裂纹、界面夹角、围压等因素对煤岩组合体力学特性、声发射和微震信号规律、微观结构、冲击倾向性影响的研究。何江等基于桃山矿薄煤层矿压显现特点，研究了煤岩高度比对组合体抗压强度、冲击能量指数的影响。李晓璐运用 FLAC 数值模拟软件，研究了煤岩高度比、界面夹角、岩性对试件冲击倾向性的影响。谭云亮等针对地质构造区域煤层开采容易发生冲击地压的情况，建立了煤岩组合体力学模型，研究了煤厚变化对超前支承压力分布特征和能量演化规律的影响，揭示了煤厚变异区煤层开采冲击地压发生的力学机制。王晓南等通过试验研究发现，组合试样冲击破坏时的声发射和微震信号强度随试样单轴抗压强度、冲击倾向性以及其顶板与煤层的高度比值的增加而增强。付斌等通过对不同岩石组成的煤岩体在不同煤岩高度比和不同组成倾角条件下的数值模拟，探讨不同因素对煤岩体冲击倾向性的影响。常悦等利用三轴渗流测试系统，模拟不同厚度的顶板、煤层和底板条件，进行了不同煤岩高度比条件下煤岩组合体的力学特性与渗流规律的试验研究。薛俊华等通过改变顶板刚度和煤岩高度比参数进行模拟，分析不同煤岩组合模式对冲击倾向性的影响。赵善坤等采用 $RFPA^{2D}$

模拟软件开展不同高度比和不同顶板强度、厚度、均质性及接触面角度下组合煤岩体的冲击倾向性数值试验。韩光等利用颗粒流模拟了七种煤层倾角、八种煤层采深对煤（岩）体开采诱发的冲击地压过程。付斌等研究了不同围压和不同组合倾角条件下的泥岩煤组合体、粉砂岩煤组合体及石灰岩煤组合体力学特性和声发射特征。郭东明等对四种不同倾角煤岩组合体进行了试验和数值模拟研究，分析了煤岩组合体中煤、岩不同倾角交界面对煤岩组合体整体变形破坏的影响。

上述研究取得大量的成果，但存在以下不足：①部分研究仅运用数值模拟手段，缺少真实的实验数据支撑；②部分研究虽然运用了实验手段，但实验组数较少，普遍适用性差；③许多学者把能量视为一个整体，对峰前积聚能量和峰后能量开展了研究，忽略了煤岩系统的分层结构，没有考虑能量分布不均的问题。

据此，本章选取煤岩性质和比例这两个因素，运用实验研究和数值模拟手段，研究煤岩性质与比例对煤岩组合体破坏机制和力学特性的影响，着重探索不同煤岩性质与比例下的能量积聚规律，从能量积聚层位的角度揭示冲击地压发生机理，对于冲击地压的防治具有重要意义。

5.1 实验内容与目的

(1) 预先对煤试件（五种试件尺寸分别为 φ[①]$=50$mm，$d=25$mm；$\varphi=50$mm，$d=33$mm；$\varphi=50$mm，$d=50$mm；$\varphi=50$mm，$d=67$mm；$\varphi=50$mm，$d=75$mm）进行单轴压缩实验，获取煤试件的基础数据，为煤岩组合体中能量分布提供基础数据。

(2) 研究岩性（FC、GC、FCG）与煤岩高度比（1∶3、1∶2、1∶1、2∶1、3∶1）对二元组合体、三元组合体破坏特征、力学特性、冲击倾向性的影响，分析煤岩组合体的失稳破坏机制。

(3) 分析岩性相同、煤岩高度比不同的试件能量积聚情况，探索煤岩高度比对能量积聚的影响，发现能量积聚规律。

(4) 分析岩性不同、煤岩高度比相同的试件能量积聚情况，探索煤岩性质对能量积聚的影响，发现能量积聚规律。

---

① φ 表示直径。

5.2　煤岩组合体模型的构建

煤岩系统在矿山压力作用下积聚大量弹性能，某种条件下，这些能量突然释放，引起冲击。据此，构建了不同比例的煤岩组合体模型，如图 5.1、图 5.2 所示。

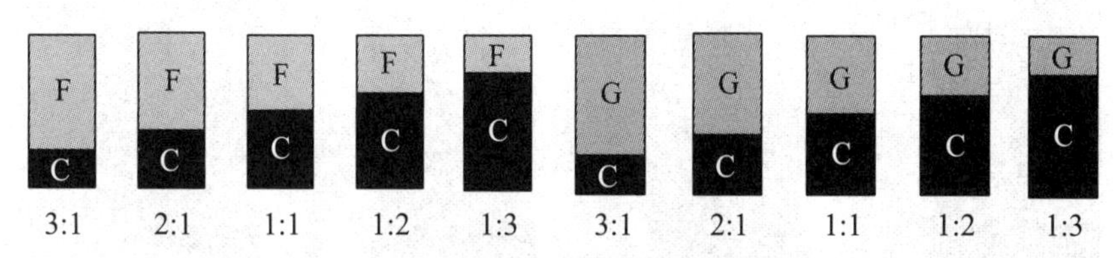

图 5.1　不同煤岩比例的二元组合体模型

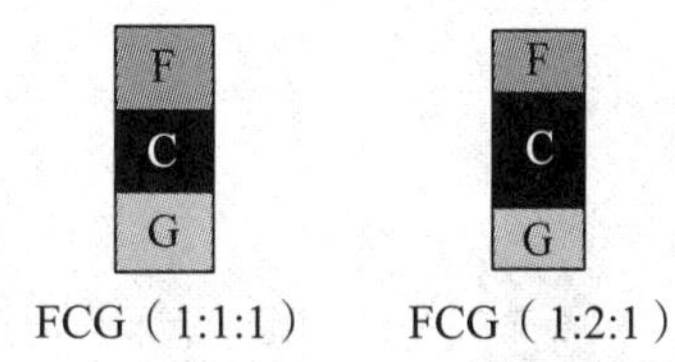

图 5.2　不同煤岩比例的三元组合体模型

煤岩组合体的制作要求如下：

（1）煤岩组合体中的细砂岩、粗砂岩、煤均取自于同一岩层，保证试件的赋存环境、力学性质具有一致性。

（2）煤岩组合体是尺寸为 $\varphi=50$mm，$d=100$mm 标准试件。

（3）为降低实验误差，每种试件加工 5 个，做 5 次实验，各参数取平均值。

（4）为尽可能保持工程实际原始叠加互层状态，试件组分之间直接接触。

5.3　试样选取与试件制备

实验选取峻德煤矿 17 层煤及顶、底板中粗砂岩和细砂岩，与第 3 章相同。经现场取样、实验室加工，制备符合要求的煤岩组合体，如图 5.3 所示，试件尺寸实测值见表 5.1～表 5.12。

图 5.3 典型的煤岩组合体

表 5.1 FC（3∶1）组合体尺寸

试件名称	组分 1（F）				组分 2（C）				尺寸/mm
	R_c/MPa	φ/mm	d/mm	占比	R_c/MPa	φ/mm	d/mm	占比	
FC−1	127.85	50	24.0	0.242	12.47	50	75.0	0.758	99.0
FC−2	127.85	50	24.5	0.247	12.47	50	74.5	0.753	99.0
FC−3	127.85	50	25.0	0.251	12.47	50	74.5	0.749	99.5
FC−4	127.85	50	25.0	0.249	12.47	50	75.5	0.751	100.5
FC−5	127.85	50	25.5	0.254	12.47	50	75.0	0.746	100.5

表 5.2 FC（2∶1）组合体尺寸

试件名称	组分 1（F）				组分 2（C）				尺寸/mm
	R_c/MPa	φ/mm	d/mm	占比	R_c/MPa	φ/mm	d/mm	占比	
FC−1	127.85	50	66.0	0.663	12.47	50	33.5	0.337	99.5

续表5.2

试件名称	组分 1（F）				组分 2（C）				尺寸/mm
	R_c/MPa	φ/mm	d/mm	占比	R_c/MPa	φ/mm	d/mm	占比	
FC—2	127.85	50	66.5	0.662	12.47	50	34.0	0.338	100.5
FC—3	127.85	50	66.0	0.667	12.47	50	33.0	0.333	99.0
FC—4	127.85	50	67.0	0.667	12.47	50	33.5	0.333	100.5
FC—5	127.85	50	66.0	0.653	12.47	50	35.0	0.347	101.0

表 5.3　FC（1∶1）**组合体尺寸**

试件名称	组分 1（F）				组分 2（C）				尺寸/mm
	R_c/MPa	φ/mm	d/mm	占比	R_c/MPa	φ/mm	d/mm	占比	
FC—1	127.85	50	51.0	0.505	12.47	50	50.0	0.495	101.0
FC—2	127.85	50	50.5	0.506	12.47	50	49.0	0.494	99.5
FC—3	127.85	50	51.0	0.505	12.47	50	51.0	0.495	101.0
FC—4	127.85	50	50.0	0.505	12.47	50	49.0	0.495	99.0
FC—5	127.85	50	49.0	0.495	12.47	50	50.0	0.505	99.0

表 5.4　FC（1∶2）**组合体尺寸**

试件名称	组分 1（F）				组分 2（C）				尺寸/mm
	R_c/MPa	φ/mm	d/mm	占比	R_c/MPa	φ/mm	d/mm	占比	
FC—1	127.85	50	33.0	0.333	12.47	50	66.0	0.667	99.0
FC—2	127.85	50	34.0	0.335	12.47	50	67.5	0.665	101.5
FC—3	127.85	50	32.0	0.328	12.47	50	65.5	0.672	97.5
FC—4	127.85	50	33.0	0.330	12.47	50	67.0	0.670	100.0
FC—5	127.85	50	34.0	0.343	12.47	50	65.0	0.657	99.0

表 5.5　FC（1∶3）**组合体尺寸**

试件名称	组分 1（F）				组分 2（C）				尺寸/mm
	R_c/MPa	φ/mm	d/mm	占比	R_c/MPa	φ/mm	d/mm	占比	
FC—1	127.85	50	26.0	0.256	12.47	50	75.5	0.744	101.5
FC—2	127.85	50	25.5	0.251	12.47	50	76.0	0.749	101.5
FC—3	127.85	50	24.0	0.245	12.47	50	74.0	0.755	98.0

续表5.5

试件名称	组分 1（F）				组分 2（C）				尺寸/mm
	R_c/MPa	φ/mm	d/mm	占比	R_c/MPa	φ/mm	d/mm	占比	
FC−4	127.85	50	26.0	0.260	12.47	50	74.0	0.740	100.0
FC−5	127.85	50	25.5	0.254	12.47	50	75.0	0.746	100.5

表 5.6　GC（3∶1）组合体尺寸

试件名称	组分 1（G）				组分 2（C）				尺寸/mm
	R_c/MPa	φ/mm	d/mm	占比	R_c/MPa	φ/mm	d/mm	占比	
GC−1	57.89	50	74.0	0.744	12.47	50	25.5	0.256	99.5
GC−2	57.89	50	76.0	0.745	12.47	50	26.0	0.255	102.0
GC−3	57.89	50	75.5	0.755	12.47	50	24.5	0.245	100.0
GC−4	57.89	50	76.0	0.760	12.47	50	24.0	0.240	100.0
GC−5	57.89	50	74.0	0.747	12.47	50	25.0	0.253	99.0

表 5.7　GC（2∶1）组合体尺寸

试件名称	组分 1（G）				组分 2（C）				尺寸/mm
	R_c/MPa	φ/mm	d/mm	占比	R_c/MPa	φ/mm	d/mm	占比	
GC−1	57.89	50	66.5	0.668	12.47	50	33.0	0.332	99.5
GC−2	57.89	50	67.0	0.657	12.47	50	35.0	0.343	102
GC−3	57.89	50	68.0	0.663	12.47	50	34.5	0.337	102.5
GC−4	57.89	50	65.0	0.657	12.47	50	34.0	0.343	99.0
GC−5	57.89	50	66.5	0.668	12.47	50	33.0	0.332	99.5

表 5.8　GC（1∶1）组合体尺寸

试件名称	组分 1（G）				组分 2（C）				尺寸/mm
	R_c/MPa	φ/mm	d/mm	占比	R_c/MPa	φ/mm	d/mm	占比	
GC−1	57.89	50	49.0	0.488	12.47	50	51.5	0.512	100.5
GC−2	57.89	50	48.0	0.485	12.47	50	51.0	0.515	99.0
GC−3	57.89	50	50.0	0.495	12.47	50	51.0	0.505	101.0
GC−4	57.89	50	51.0	0.513	12.47	50	48.5	0.487	99.5
GC−5	57.89	50	50.0	0.500	12.47	50	50.0	0.500	100.0

表 5.9　GC（1∶2）组合体尺寸

试件名称	组分 1（G）				组分 2（C）				尺寸/mm
	R_c/MPa	φ/mm	d/mm	占比	R_c/MPa	φ/mm	d/mm	占比	
GC—1	57.89	50	32.0	0.323	12.47	50	67.0	0.678	99.0
GC—2	57.89	50	34.0	0.342	12.47	50	65.5	0.658	99.5
GC—3	57.89	50	35.0	0.347	12.47	50	66.0	0.653	101.0
GC—4	57.89	50	34.0	0.333	12.47	50	68.0	0.667	102.0
GC—5	57.89	50	33.5	0.333	12.47	50	67.0	0.667	100.5

表 5.10　GC（1∶3）组合体尺寸

试件名称	组分 1（G）				组分 2（C）				尺寸/mm
	R_c/MPa	φ/mm	d/mm	占比	R_c/MPa	φ/mm	d/mm	占比	
GC—1	57.89	50	24.0	0.242	12.47	50	75.0	0.758	99.0
GC—2	57.89	50	23.0	0.230	12.47	50	77.0	0.770	100.0
GC—3	57.89	50	25.0	0.255	12.47	50	73.0	0.745	98.0
GC—4	57.89	50	26.0	0.252	12.47	50	77.0	0.748	103.0
GC—5	57.89	50	25.5	0.251	12.47	50	76.0	0.749	101.5

表 5.11　FCG（1∶1∶1）组合体尺寸

试件名称	组分 1（F）R_c=127.85MPa，φ=50mm		组分 2（C）R_c=12.47MPa，φ=50mm		组分 3（G）R_c=57.89MPa，φ=50mm		尺寸/mm
	d/mm	占比	d/mm	占比	d/mm	占比	
FCG—1	32	0.327	33	0.337	33	0.337	98
FCG—2	33	0.327	34	0.337	34	0.337	101
FCG—3	32	0.327	33	0.337	33	0.337	98
FCG—4	34	0.340	34	0.340	32	0.320	100
FCG—5	33	0.327	35	0.347	33	0.327	101

表 5.12 FCG（1∶2∶1）组合体

试件名称	组分 1（F）R_c=127.85MPa，φ=50mm		组分 2（C）R_c=12.47MPa，φ=50mm		组分 3（G）R_c=57.89MPa，φ=50mm		尺寸/mm
	d/mm	占比	d/mm	占比	d/mm	占比	
FCG-1	24	0.245	50	0.510	24	0.245	98
FCG-2	25	0.243	52	0.505	26	0.252	103
FCG-3	26	0.255	51	0.500	25	0.245	102
FCG-4	27	0.267	49	0.485	25	0.248	101
FCG-5	24	0.245	48	0.490	26	0.265	98

5.4 实验系统与实验方案

5.4.1 实验系统

本次采用与第 3 章相同的实验设备 TAW-2000kN 微机控制电液伺服岩石三轴试验系统，该系统是目前受国内认可的岩石力学试验装备。本次实验中采用该设备对煤岩组合体试件进行全过程破坏实验研究，得到应力—应变曲线，并通过曲线计算相应能量、冲击能量指数等参数。

5.4.2 实验方案

实验以不同煤岩性质与比例的煤岩组合体为研究对象，煤岩比例为 3∶1、2∶1、1∶1、1∶2、1∶3，煤岩组合体类型主要为 FC、GC、FCG。实验采用 0.005mm/s 位移加载方式，具体实验方案见表 5.13。

表 5.13　煤岩组合体实验方案

<table>
<tr><th>煤岩组合体类型</th><th>煤岩比例</th><th>岩性（名称）</th><th>夹角/°</th><th>加载速率/（mm·s^{-1}）</th><th>试件个数/个</th></tr>
<tr><td rowspan="5">二元组合体</td><td>3∶1</td><td rowspan="5">FC、GC</td><td rowspan="5">0</td><td rowspan="5">0.005</td><td rowspan="5">5</td></tr>
<tr><td>2∶1</td></tr>
<tr><td>1∶1</td></tr>
<tr><td>1∶2</td></tr>
<tr><td>1∶3</td></tr>
<tr><td rowspan="2">三元组合体</td><td>1∶1∶1</td><td rowspan="2">FCG</td><td rowspan="2">0</td><td rowspan="2">0.005</td><td rowspan="2">5</td></tr>
<tr><td>1∶2∶1</td></tr>
</table>

5.5　实验结果及分析

参照实验方案，对 FC、GC、FCG 组合体进行单轴压缩实验，获得组合体破坏形态（图 5.4）、应力—应变曲线（图 5.5）及抗压强度、弹性模量等参数（表 5.14～表 5.25），由应力—应变曲线可得组合体峰前积聚能量、峰后能量、冲击能量指数。

5.5.1　煤岩性质与比例对试件破坏形态的影响

由图 5.4 可知，煤岩组合体均为煤组分破坏，这是因为煤的强度比粗砂岩和细砂岩小，随着不断加载，煤最先破坏，并延续到实验结束。其中，FC（3∶1）、GC（3∶1）组合体试件中煤完全破碎，碎屑较多，碎屑比例较大，这是因为煤尺寸小，裂纹萌生、贯通容易。因此，破坏类型属于“碎状”完全破坏。随着煤岩高度比逐渐增加，碎屑数量和比例逐渐减小，其中，FC（1∶1）、GC（1∶1）、FCG（1∶2∶1）组合体试件最为明显，破坏后块体较大，且数目较多。主要为纵向破坏形式，裂纹与试件纵向夹角为 0°～30°，破坏类型属于“Y”型半完全破坏。随着煤岩高度比逐渐增加，碎块粒径增大，块体数目增多，破坏过程主要为局部失稳破坏，引发整体失稳。其中，FC（1∶3）、GC（1∶3）组合体试件最为明显，压头一端首先破坏，这是由于界面处的摩擦效应，因此，破坏形式为“局部式”不完全破坏。

随着煤岩高度比逐渐增加，破坏状态分为“碎状”完全破坏、“Y”型半完全破坏、“局部式”不完全破坏。随着煤组分比例逐渐增加，破坏区域逐渐缩小，破坏区域由整体破坏向半整体破坏、局部区域破坏逐渐过渡。破坏程度也由完全破坏向半完全破坏、不完全破坏转变。

图 5.4　煤岩组合体破坏形态

5.5.2　煤岩性质与比例对应力—应变曲线特征的影响

由图 5.5 可知，煤岩组合体的应力—应变曲线形态与煤组分比例有直接关系。压密阶段：煤组分比例越小，压密阶段越不明显。这是因为煤的体积越小，孔隙、裂隙数目越少，经历压密阶段的时间越短。弹性阶段：煤组分比例越小，弹性阶段越多，体积越小的煤比体积大的煤稳定，不易破坏。塑性阶段：煤的体积越大，塑性变形越多，塑性阶段越明显。峰值点：煤组分占比小的试件峰值应力略高，组分中含有坚硬细砂岩的试件峰值应力更高。峰后阶段：峰后阶段开始时，试件均表现为稳定破坏，经历短时间的稳定破坏后产生失稳破坏，很多试件经历二次失稳。

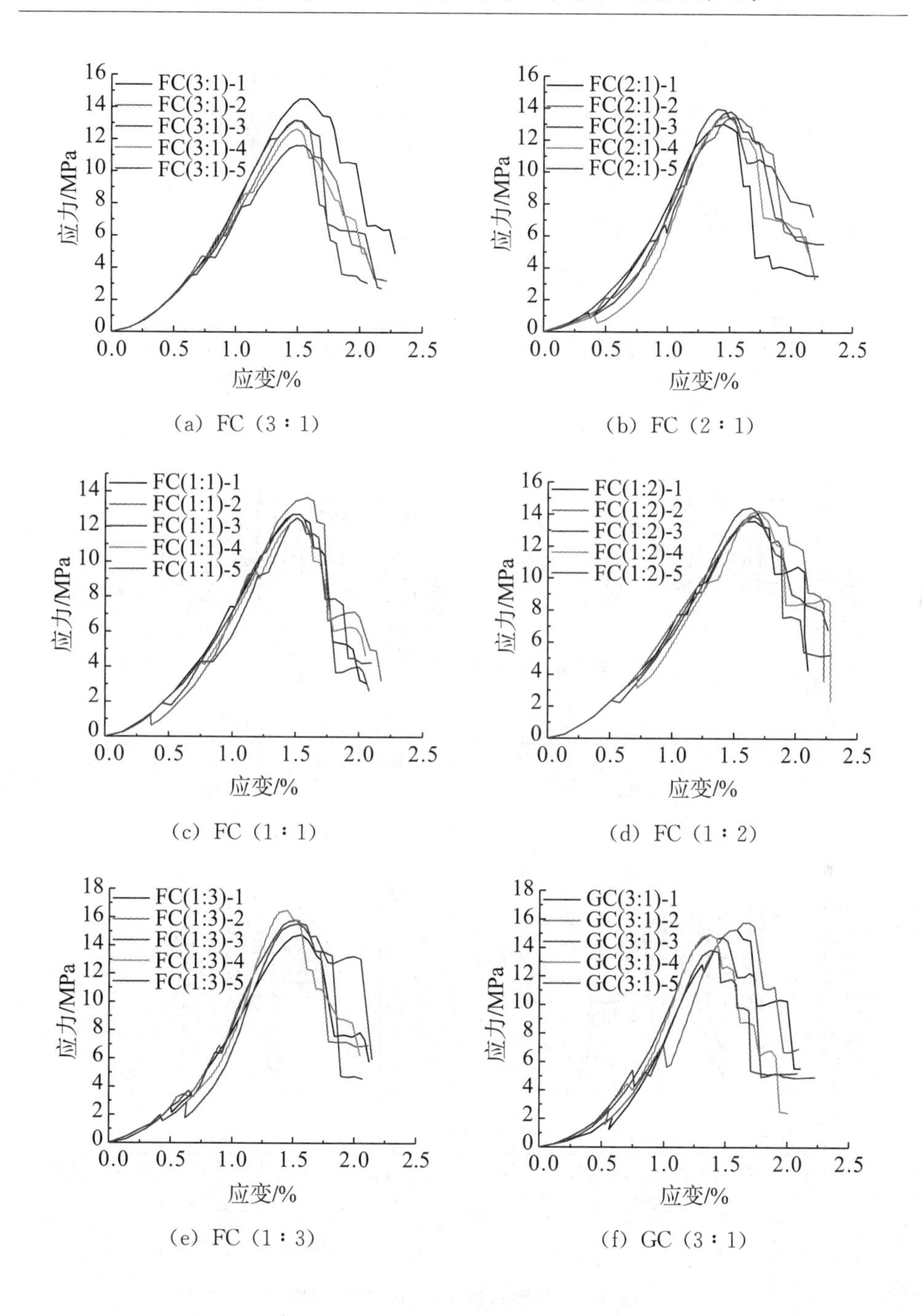
FC(3:1)-1
FC(3:1)-2
FC(3:1)-3
FC(3:1)-4
FC(3:1)-5
应力/MPa
应变/%
(a) FC (3∶1)
FC(2:1)-1
FC(2:1)-2
FC(2:1)-3
FC(2:1)-4
FC(2:1)-5
(b) FC (2∶1)
FC(1:1)-1
FC(1:1)-2
FC(1:1)-3
FC(1:1)-4
FC(1:1)-5
(c) FC (1∶1)
FC(1:2)-1
FC(1:2)-2
FC(1:2)-3
FC(1:2)-4
FC(1:2)-5
(d) FC (1∶2)
FC(1:3)-1
FC(1:3)-2
FC(1:3)-3
FC(1:3)-4
FC(1:3)-5
(e) FC (1∶3)
GC(3:1)-1
GC(3:1)-2
GC(3:1)-3
GC(3:1)-4
GC(3:1)-5
(f) GC (3∶1)

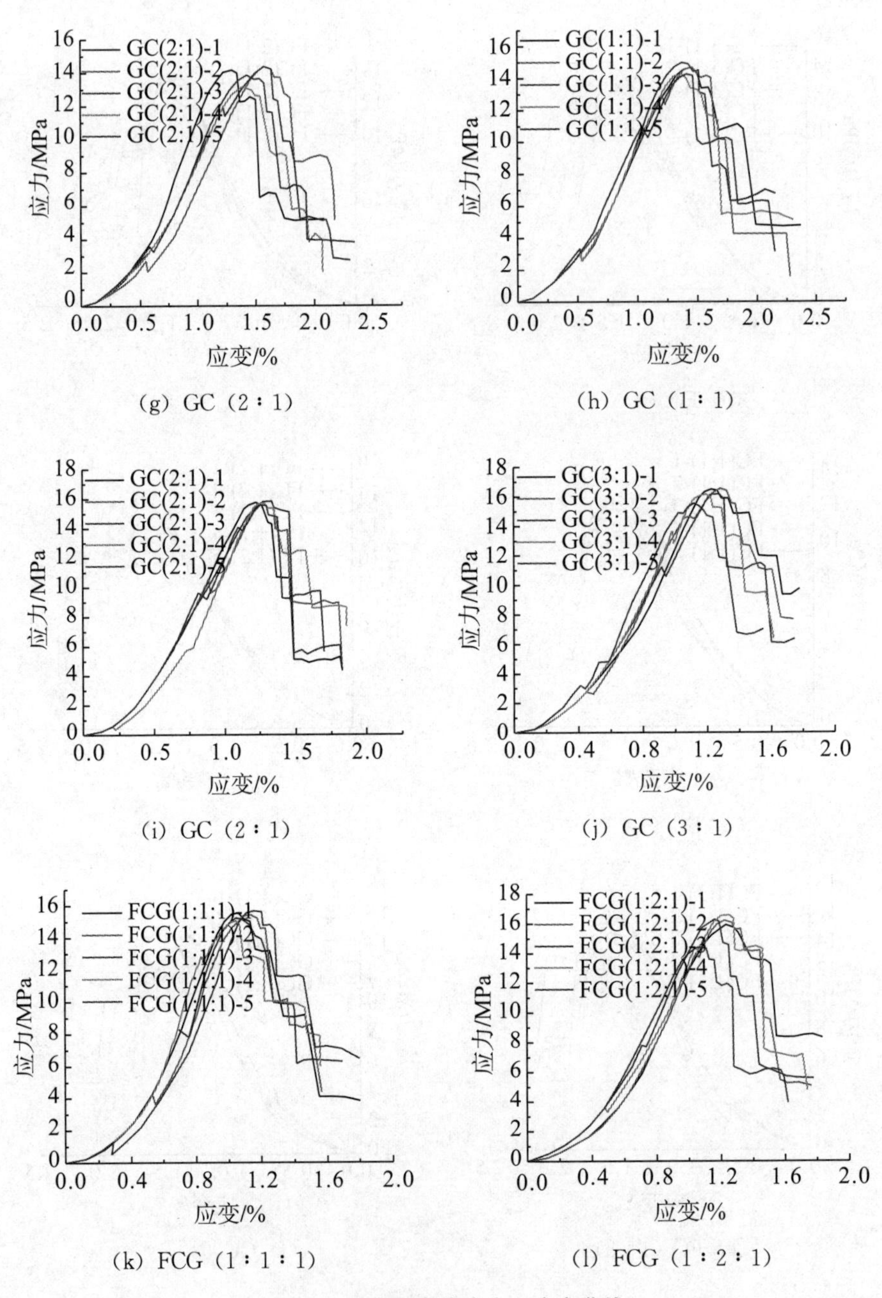

(g) GC (2∶1)　(h) GC (1∶1)

(i) GC (2∶1)　(j) GC (3∶1)

(k) FCG (1∶1∶1)　(l) FCG (1∶2∶1)

图 5.5　煤岩组合体应力—应变曲线

5.5.3　煤岩性质与比例和力学参数的关系

表 5.14~表 5.25 为煤岩组合体的实验数据。

表 5.14　FC（3：1）组合体实验数据

编号	抗压强度/MPa	弹性模量/MPa	峰前能量/kJ	峰后能量/kJ	冲击能量指数
FC（3：1）－1	14.67	1695	0.048	0.008	6.000
FC（3：1）－2	14.94	1593	0.051	0.007	7.286
FC（3：1）－3	15.63	1785	0.052	0.007	7.429
FC（3：1）－4	14.85	1659	0.043	0.008	5.375
FC（3：1）－5	15.30	1834	0.054	0.011	4.909

表 5.15　FC（2：1）组合体实验数据

编号	抗压强度/MPa	弹性模量/MPa	峰前能量/kJ	峰后能量/kJ	冲击能量指数
FC（2：1）－1	13.42	1588	0.059	0.014	4.214
FC（2：1）－2	14.28	1658	0.062	0.012	5.167
FC（2：1）－3	14.88	1556	0.061	0.011	5.545
FC（2：1）－4	15.20	1689	0.054	0.01	5.400
FC（2：1）－5	14.56	1648	0.059	0.008	7.375

表 5.16　FC（1：1）组合体实验数据

编号	抗压强度/MPa	弹性模量/MPa	峰前能量/kJ	峰后能量/kJ	冲击能量指数
FC（1：1）－1	13.89	1480	0.080	0.015	5.333
FC（1：1）－2	14.01	1495	0.075	0.012	6.250
FC（1：1）－3	13.85	1511	0.079	0.014	5.643
FC（1：1）－4	14.23	1545	0.088	0.015	5.867
FC（1：1）－5	14.11	1453	0.073	0.017	4.294

表 5.17　FC（1：2）组合体实验数据

编号	抗压强度/MPa	弹性模量/MPa	峰前能量/kJ	峰后能量/kJ	冲击能量指数
FC（1：2）－1	13.48	1249	0.093	0.014	6.643
FC（1：2）－2	14.05	1357	0.085	0.013	6.538
FC（1：2）－3	13.65	1348	0.095	0.017	5.588
FC（1：2）－4	13.39	1209	0.090	0.016	5.625
FC（1：2）－5	13.49	1321	0.098	0.017	5.765

表 5.18 FC（1∶3）组合体实验数据

编号	抗压强度/MPa	弹性模量/MPa	峰前能量/kJ	峰后能量/kJ	冲击能量指数
FC（1∶3）－1	13.18	1089	0.094	0.015	6.267
FC（1∶3）－2	13.45	1054	0.088	0.018	4.889
FC（1∶3）－3	13.09	1145	0.098	0.016	6.125
FC（1∶3）－4	13.43	1348	0.101	0.016	6.313
FC（1∶3）－5	13.25	1089	0.095	0.018	5.278

表 5.19 GC（3∶1）组合体实验数据

编号	抗压强度/MPa	弹性模量/MPa	峰前能量/kJ	峰后能量/kJ	冲击能量指数
GC（3∶1）－1	14.85	1685	0.058	0.009	6.444
GC（3∶1）－2	14.99	1695	0.065	0.010	6.500
GC（3∶1）－3	15.08	1712	0.048	0.012	4.000
GC（3∶1）－4	15.1	1703	0.049	0.013	3.769
GC（3∶1）－5	15.15	1683	0.055	0.008	6.875

表 5.20 GC（2∶1）组合体实验数据

编号	抗压强度/MPa	弹性模量/MPa	峰前能量/kJ	峰后能量/kJ	冲击能量指数
GC（2∶1）－1	14.23	1592	0.062	0.012	5.167
GC（2∶1）－2	14.31	1584	0.068	0.014	4.857
GC（2∶1）－3	14.27	1620	0.055	0.010	5.500
GC（2∶1）－4	14.58	1624	0.068	0.011	6.182
GC（2∶1）－5	14.15	1608	0.062	0.014	4.429

表 5.21 GC（1∶1）组合体实验数据

编号	抗压强度/MPa	弹性模量/MPa	峰前能量/kJ	峰后能量/kJ	冲击能量指数
GC（1∶1）－1	13.78	1462	0.078	0.011	7.090
GC（1∶1）－2	13.69	1465	0.09	0.014	6.429
GC（1∶1）－3	14.05	1504	0.09	0.017	5.294
GC（1∶1）－4	13.68	1389	0.075	0.017	4.412
GC（1∶1）－5	13.65	1422	0.082	0.016	5.125

表 5.22　GC（1：2）**组合体实验数据**

编号	抗压强度/MPa	弹性模量/MPa	峰前能量/kJ	峰后能量/kJ	冲击能量指数
GC（1：2）－1	13.26	1254	0.102	0.016	6.375
GC（1：2）－2	13.41	1234	0.100	0.018	5.556
GC（1：2）－3	13.36	1307	0.098	0.017	5.765
GC（1：2）－4	13.29	1185	0.104	0.017	6.118
GC（1：2）－5	13.08	1159	0.101	0.018	5.611

表 5.23　GC（1：3）**组合体实验数据**

编号	抗压强度/MPa	弹性模量/MPa	峰前能量/kJ	峰后能量/kJ	冲击能量指数
GC（1：3）－1	12.89	1085	0.089	0.019	4.684
GC（1：3）－2	13.04	1079	0.101	0.015	6.733
GC（1：3）－3	13.08	1102	0.098	0.018	5.444
GC（1：3）－4	12.89	1099	0.108	0.018	6.000
GC（1：3）－5	13.05	1075	0.106	0.017	6.235

表 5.24　FCG（1：1：1）**组合体实验数据**

编号	抗压强度/MPa	弹性模量/MPa	峰前能量/kJ	峰后能量/kJ	冲击能量指数
FCG（1：1：1）－1	14.42	1612	0.062	0.014	4.429
FCG（1：1：1）－2	14.28	1620	0.059	0.012	4.917
FCG（1：1：1）－3	14.37	1608	0.065	0.009	7.222
FCG（1：1：1）－4	14.28	1611	0.058	0.013	4.462
FCG（1：1：1）－5	14.32	1608	0.066	0.012	5.500

表 5.25　FCG（1：2：1）**组合体实验数据**

编号	抗压强度/MPa	弹性模量/MPa	峰前能量/kJ	峰后能量/kJ	冲击能量指数
FCG（1：2：1）－1	13.89	1478	0.078	0.013	6.000
FCG（1：2：1）－2	14.02	1502	0.085	0.015	5.667
FCG（1：2：1）－3	13.96	1495	0.090	0.017	5.294
FCG（1：2：1）－4	14.1	1458	0.068	0.012	5.667
FCG（1：2：1）－5	13.78	1469	0.075	0.011	6.818

为研究煤岩组合体能量分布情况，对 $\varphi=50$mm，$d=25$mm；$\varphi=50$mm，$d=33$mm；$\varphi=50$mm，$d=50$mm；$\varphi=50$mm，$d=67$mm；$\varphi=50$mm，$d=75$mm 五种煤样做单轴压缩实验，选取代表性的应力—应变曲线（图 5.6）和实验获取的参数（表 5.26）。

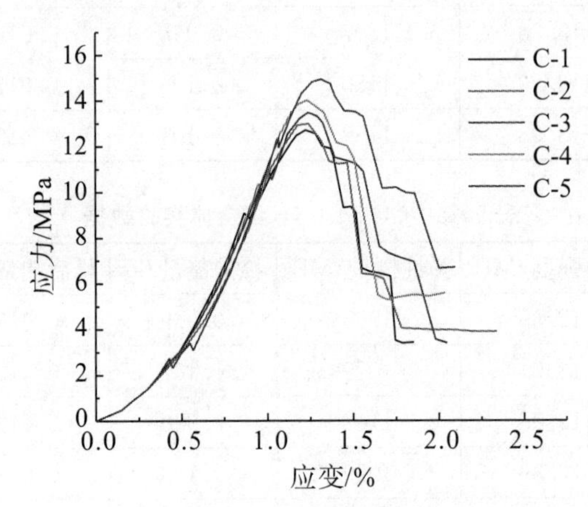

图 5.6　不同尺寸的煤试件应力—应变曲线

表 5.26　不同尺寸的煤试件各参数平均值

编号	试件尺寸	抗压强度/MPa	弹性模量/MPa	峰前能量/kJ	峰后能量/kJ	冲击能量指数
C−1	$\varphi=50$mm，$d=75$mm	12.71	1023	0.090	0.015	5.83
C−2	$\varphi=50$mm，$d=67$mm	12.99	1143	0.081	0.014	5.72
C−3	$\varphi=50$mm，$d=50$mm	13.47	1388	0.062	0.010	5.91
C−4	$\varphi=50$mm，$d=33$mm	14.00	1535	0.041	0.007	6.04
C−5	$\varphi=50$mm，$d=25$mm	14.94	1635	0.030	0.005	6.51

由表 5.26 可知，C−1 试件抗压强度最小，为 12.71MPa；C−5 试件抗压强度最大，为 14.94MPa。抗压强度随着试件尺寸逐渐减小而增大，增幅不大。弹性模量随着尺寸减小而增大。峰前积聚能量随尺寸的减小而减小，体积越小，煤的储能极限越小。不同尺寸的煤试件均为强冲击倾向性。

为减小实验误差，对不同煤岩性质与比例的煤岩组合体的实验数据求平均值，见表 5.27。

表 5.27　不同煤岩性质与比例的煤岩组合体各参数平均值

编号	抗压强度/MPa	弹性模量/MPa	峰前能量/kJ	峰后能量/kJ	冲击能量指数
FC（3∶1）	15.08	1713	0.050	0.008	6.049
GC（3∶1）	15.03	1696	0.055	0.010	5.289
FC（2∶1）	14.47	1628	0.059	0.011	5.364
GC（2∶1）	14.30	1606	0.063	0.012	5.164
FC（1∶1）	14.02	1497	0.079	0.015	5.411
GC（1∶1）	13.77	1448	0.083	0.015	5.533
FC（1∶2）	13.61	1297	0.092	0.015	5.987
GC（1∶2）	13.28	1228	0.101	0.017	5.872
FC（1∶3）	13.28	1145	0.095	0.017	5.735
GC（1∶3）	12.99	1088	0.100	0.017	5.770
FCG（1∶1∶1）	14.33	1612	0.062	0.012	5.167
FCG（1∶2∶1）	13.95	1480	0.079	0.014	5.824

为方便对比分析，参照试件抗压强度数据，绘制试件抗压强度图（图 5.7）。由图 5.7 可知，FC（3∶1）、FC（2∶1）、FC（1∶1）、FC（1∶2）、FC（1∶3）组合体的抗压强度逐渐减小，GC（3∶1）、GC（2∶1）、GC（1∶1）、GC（1∶2）、GC（1∶3）组合体的抗压强度逐渐减小，由此可知，煤岩组合体的抗压强度随着煤岩高度比增加而减小。煤组分在煤岩组合体的抗压强度中起主要作用。

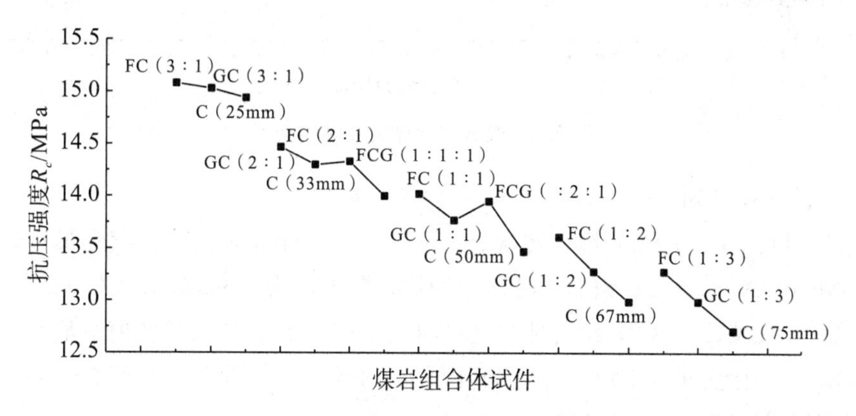

图 5.7　煤岩组合体的抗压强度

相同比例的煤岩组合体抗压强度，FC 组合体比 GC 组合体大。

FCG（1∶1∶1)组合体的抗压强度在FC（2∶1）组合体与GC（2∶1）组合体之间，FCG（1∶2∶1）组合体的抗压强度在FC（1∶1）组合体与GC（1∶1）组合体之间。由此可知，同比例的煤岩组合体，含坚硬岩石组分的试件，其抗压强度要比含软弱岩石组分的试件大，煤岩组合体中组分硬度越大，试件抗压强度也越大。

FC（3∶1)、GC（3∶1）组合体的抗压强度比C（25mm）大，FC（2∶1)、GC（2∶1)、FCG（1∶1∶1）组合体的抗压强度比C（33mm）大，FC（1∶1)、GC（1∶1)、FCG（1∶2∶1）组合体的抗压强度比C（50mm）大，FC（1∶2)、GC（1∶2）组合体的抗压强度比C（67mm）大，FC（1∶3)、GC（1∶3）组合体的抗压强度比C（75mm）大。由此表明，煤岩组合体的抗压强度与组合体中同尺寸的纯煤试件相比，抗压强度增大，但是增幅较小，与煤的抗压强度相差不大。因此，煤岩组合体中的岩石组分对试件的抗压强度有一定影响，但不起决定作用。

为方便对比分析，参照煤岩组合体的弹性模量数据，绘制了煤岩组合体弹性模量图（图5.8)。

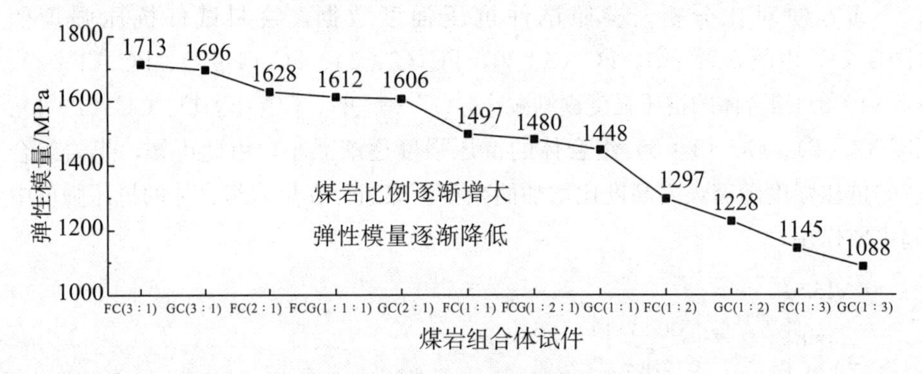

图5.8　煤岩组合体的弹性模量

由图5.8可知，FC（3∶1）的弹性模量最大，为1713MPa；FC（2∶1)、FC（1∶1)、FC（1∶2）组合体次之；FC（1∶3）组合体的弹性模量最小，为1145MPa。GC（3∶1）组合体的弹性模量最大，为1696MPa；GC（2∶1)、GC（1∶1)、GC（1∶2）组合体次之；GC（1∶3）组合体的弹性模量最小，为1088MPa。由此表明，随着煤岩高度比增加，弹性模量逐渐降低。组合体的弹性模量与煤岩高度比呈反比关系。

对于相同比例、不同煤岩性质的煤岩组合体，FC（3∶1）组合体的弹性模量比GC（3∶1）组合体大，FC（1∶3）组合体的弹性模量比GC（1∶3）

组合体大。由此表明，煤岩组合体中的岩石组分对煤岩组合体的弹性模量有一定影响，岩石组分硬度越大，试件的弹性模量越大。

参照试件峰前积聚能量数据，绘制试件峰前积聚能量柱状图（图 5.9）。

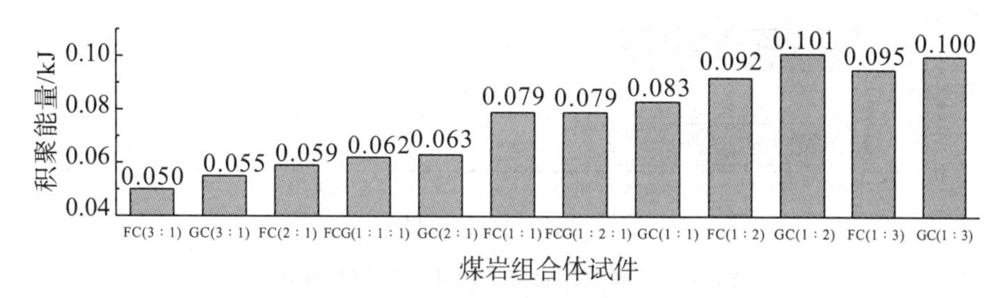

图 5.9　煤岩组合体峰前积聚能量图

由图 5.9 可知：

（1）对于相同煤岩性质、不同比例的煤岩组合体，FC（3∶1）、FC（2∶1）、FC（1∶1）、FC（1∶2）、FC（1∶3）组合体的峰前积聚能量从 0.050kJ 逐渐递增到 0.095kJ，GC（3∶1）、GC（2∶1）、GC（1∶1）、GC（1∶2）组合体的峰前积聚能量从 0.055kJ 逐渐增加至 0.101kJ，而 GC（1∶3）组合体基本没有改变，这可能是由其中煤组分内部裂纹、裂隙发育导致的。总体来说，煤岩组合体的蜂前积聚能量呈现逐渐增加的趋势，FCG（1∶1∶1）组合体的峰前积聚能量比 FCG（1∶2∶1）组合体少。由此表明，随着试件中煤岩高度比增加，组合体峰前积聚能量增多，试件能量积聚与煤岩高度比呈正比关系，煤组分起决定作用。

（2）对于相同比例、不同煤岩性质的煤岩组合体，GC（3∶1）组合体较 FC（3∶1）组合体积聚的能量多，GC（2∶1）组合体较 FC（2∶1）组合体积聚的能量多，GC（1∶1）组合体较 FC（1∶1）组合体积聚的能量多，GC（1∶2)组合体较 FC（1∶2）组合体积聚的能量多，GC（1∶3）组合体较 FC（1∶3）组合体积聚的能量多。由此表明，相同比例、不同煤岩性质的组合体，岩石组分越硬，积聚能量越少。煤岩组合体能量积聚与岩石组分硬度呈反比关系。

5.5.4　煤岩性质与比例对试件冲击倾向性的影响

根据煤岩组合体的冲击能量指数，以及冲击能量指数判定标准，可判断煤岩组合体的冲击倾向性，如图 5.10 所示。

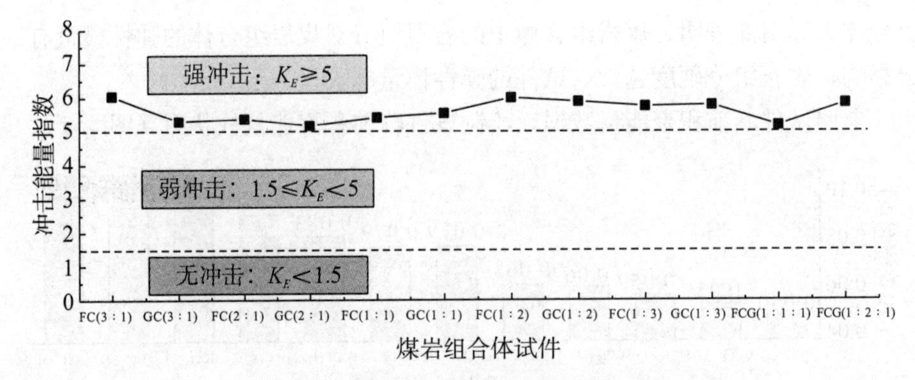

图 5.10　煤岩组合体的冲击能量指数判定

由图 5.10 可知，煤岩组合体的冲击能量指数均大于 5，为强冲击倾向性，但受到煤组分本身力学性质（非硬煤层）的影响，冲击能量指数在 6 附近。工程实际中，存在软煤的煤岩系统也会发生冲击地压，应加以重视。

5.6　顶、底板刚度与煤岩比例对煤岩组合体冲击效应的影响的模拟研究

为验证煤岩性质与比例对煤岩组合体冲击倾向性的实验结果的影响，运用数值模拟手段，模拟不同顶、底板刚度和不同煤岩比例的煤岩组合体的冲击特性，探究顶、底板刚度与煤岩比例对煤岩组合体冲击效应的影响。

5.6.1　RFPA 数值模拟软件

RFPA 数值模拟软件是基于有限元理论与损伤理论开发的程序，能够模拟材料循序渐进的破坏过程，具有可视化特点。该软件能融合实验材料内部结构特点，并通过威布尔分布公式将其组分微元统计分布假设加入数值模拟有限元算法中，对限制性控制后的网格单元进行破坏处理，实现非均质性材料破坏可视化数值模拟。

RFPA 模拟岩石材料破坏过程的基本思路如下：

（1）将岩石材料模型看作由细观微元组成的各向同性的弹脆性介质。

（2）假设组成模型的每个细观微元的力学性质均服从威布尔分布规律，这样便能将岩石材料细观介质力学性能与宏观介质力学性能联系起来。威布尔分布为

$$\varphi(\varepsilon) = \frac{m}{\alpha}\varepsilon^{m-1}\exp\left(-\frac{\varepsilon^m}{\alpha}\right)$$

式中　ε——材料的应变；

α——材料某种力学属性；

m——岩石材料单元的均质度。

(3) RFPA 程序利用线弹性有限元法作为数值模拟的应力应变计算，同时引入合适的相变准则与损伤规律，而微元介质的相变临界点用修正的库仑准则。

(4) 微元介质的力学性质随模拟进行的演化具有不可逆性。

(5) 不管是相变前还是相变后，细观微元均为线弹性体。

(6) 岩石介质裂纹扩展是准静态的，应忽略由快速扩展引发的惯性力影响。

RFPA 数值模拟软件可进行岩石单轴压缩实验、拉伸实验等多种岩石室内实验模拟，可模拟岩石材料外力作用下的应力场、位移场、声发射场等。RFPA 数值模拟软件可获得岩石破坏过程声发射特征，更好地描述了岩石冲击特性。因此，RFPA 数值模拟软件是研究岩石破坏过程较为成熟和准确的模拟软件。

5.6.2　不同顶、底板刚度与煤岩比例的煤岩组合体冲击倾向性数值模拟

本书采用 RFPA 数值模拟软件对不同顶、底板刚度与煤岩比例的煤岩组合体进行单轴压缩实验模拟，分析顶、底板刚度与煤岩比例对煤岩组合体冲击倾向性的影响。

模型试件的顶板、煤层、底板尺寸均为 50mm×50mm；煤岩高度比为 1∶1∶1，单元网格数为 100×300，数值模型如图 5.11 所示。数值模型的材料参数见表 5.28。

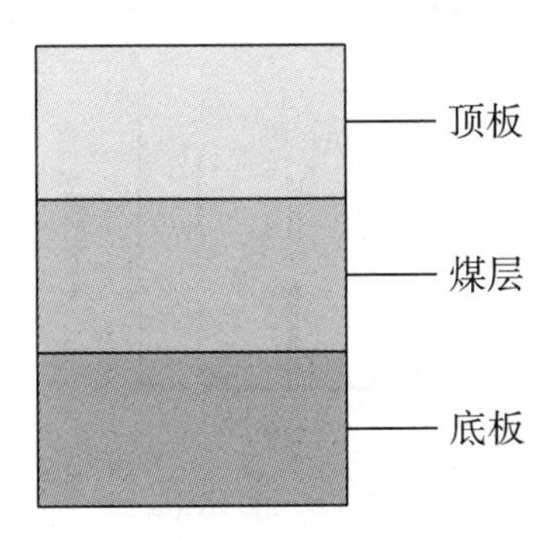

图 5.11　顶板—煤层—底板的数值模型

表 5.28　数值模型的材料参数

岩石材料	均质度	R_c/MPa	E/MPa	μ	φ/°
细砂岩	4	127.85	3712.36	0.25	30
煤	1	12.47	952.38	0.18	27
粗砂岩	4	57.89	2693.95	0.25	30

注：R_c 为抗压强度；E 为弹性模量；μ 为泊松比；φ 为内摩擦角。

计算模型采用平面应变模型，加载方式为位移加载，加载速率为0.005mm/步，初始值为0.005mm，岩石各参数假设符合威布尔分布，岩石破坏准则采用莫尔－库仑强度准则。整个模拟过程，控制其他条件不变，分别模拟不同顶、底板强度与不同煤岩比例下组合体的冲击特性。相变准则控制参数见表5.29。

表 5.29　相变准则控制参数

控制参数	压拉比	残余阈值系数	相变准则	最大拉应变系数	最大压应变系数
参数值	1/10	0.1	莫尔－库仑强度准则	1.5	200

对顶、底板弹性模量为2500MPa、3500MPa、4500MPa的煤岩组合体进行单轴压缩试验模拟，结果如图5.12、图5.13、图5.14所示。

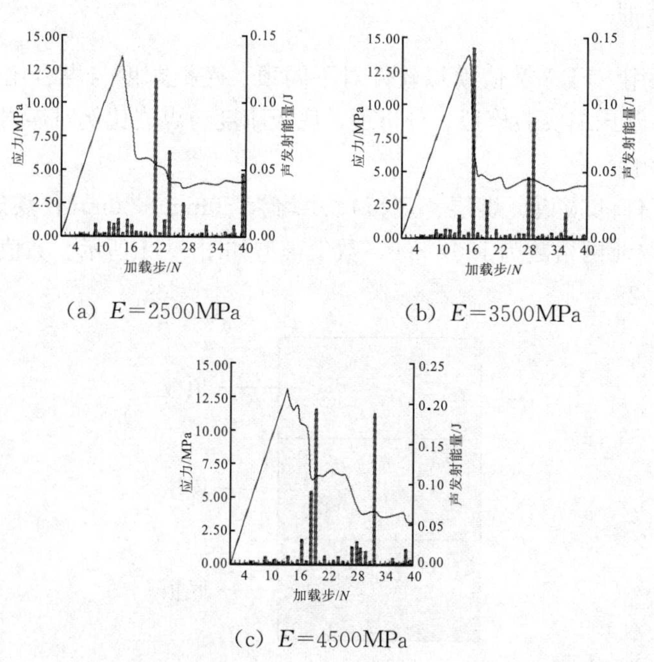

(a) E=2500MPa　(b) E=3500MPa

(c) E=4500MPa

图 5.12　不同弹性模量顶、底板的煤岩组合体应力与声发射能量特征

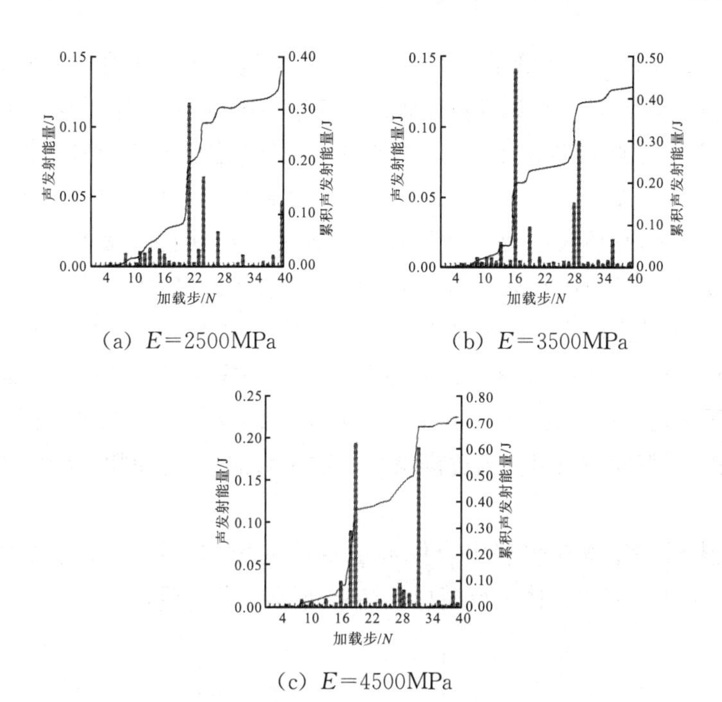

(a) E=2500MPa　(b) E=3500MPa

(c) E=4500MPa

图 5.13　不同弹性模量顶、底板的煤岩组合体声发射能量与累积声发射能量特征

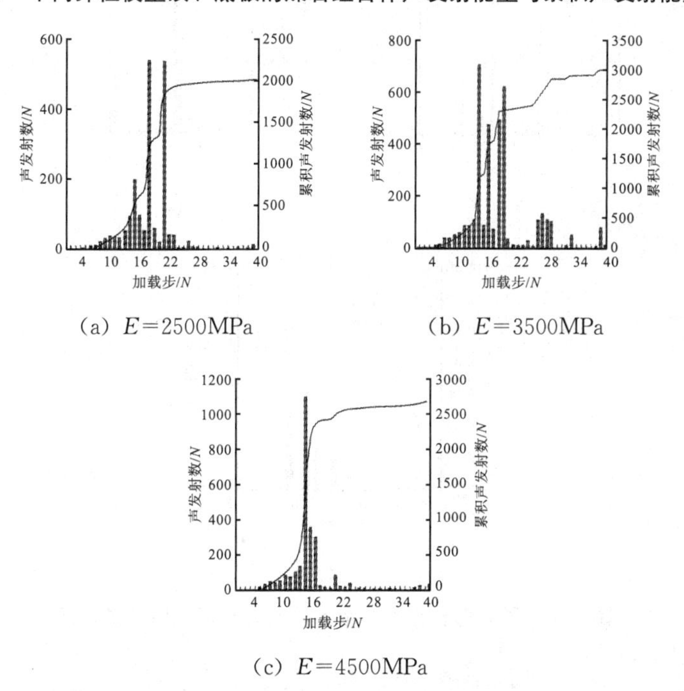

(a) E=2500MPa　(b) E=3500MPa

(c) E=4500MPa

图 5.14　不同弹性模量顶、底板的煤岩组合体声发射数与累积声发射数特征

图 5.12～图 5.14 中展示了不同顶、底板刚度的煤岩组合体的应力与声发射特征。由图可知，三种试件抗压强度在 13.5MPa 附近，接近煤的抗压强度。三种试件声发射能量波动较大，这说明试件超过峰值强度后破坏时具有明显的瞬时效应。从声发射能量来看，顶、底板刚度越大，声发射能量越大，冲击效应越强。煤岩组合体破坏后，声发射能量出现 1～2 个能量极值，表明煤岩组合体并不是循序渐进的破坏，而是呈现阶段式破坏。煤岩组合体的声发射数波动值较大，与试件应力—应变曲线吻合。当顶、底板刚度为 2500MPa 时，声发射数最大值为 550；当顶、底板刚度为 3500MPa 时，声发射数最大值为 700；当顶、底板刚度为 4500MPa 时，声发射数最大值为 1500。随着顶、底板刚度增加，声发射数最大值逐渐增大，这说明顶、底板刚度越大，冲击效应越强。

为探索煤岩比例对煤岩组合体冲击特性的影响，对煤岩比例为 1∶2、1∶1、2∶1 的煤岩组合体进行模拟，结果如图 5.15、图 5.16、图 5.17 所示。

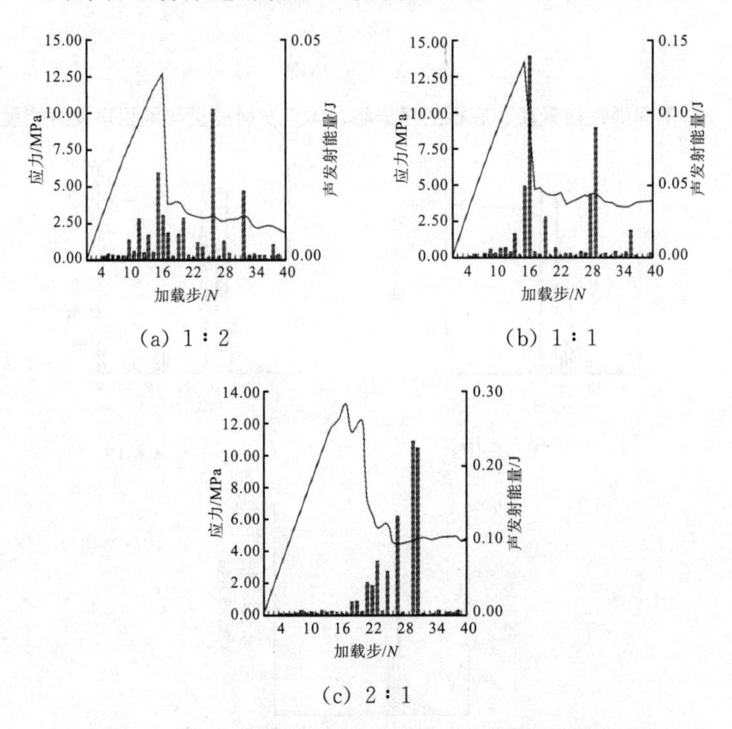

图 5.15 不同煤岩比例的组合体应力与声发射能量特征

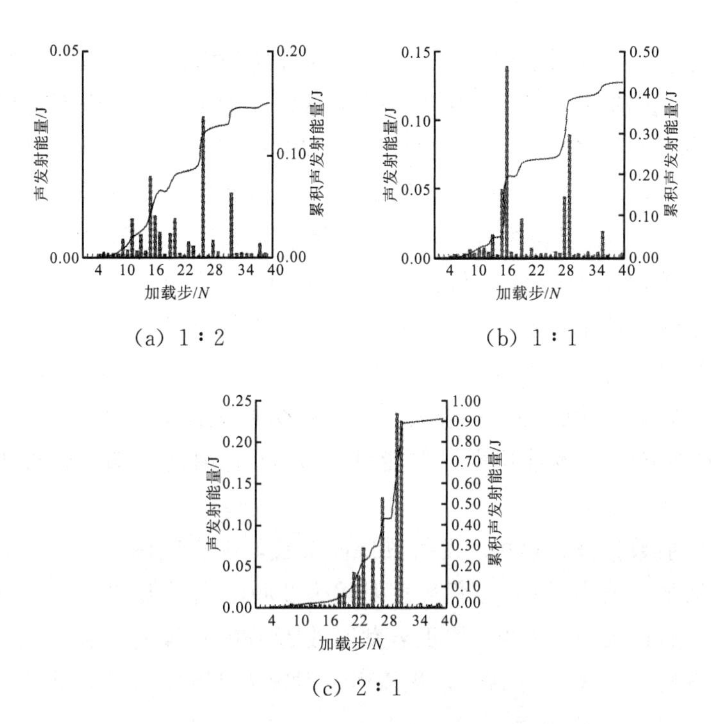

(a) 1∶2　　(b) 1∶1

(c) 2∶1

图 5.16　不同煤岩比例的组合体声发射能量与累积声发射能量特征

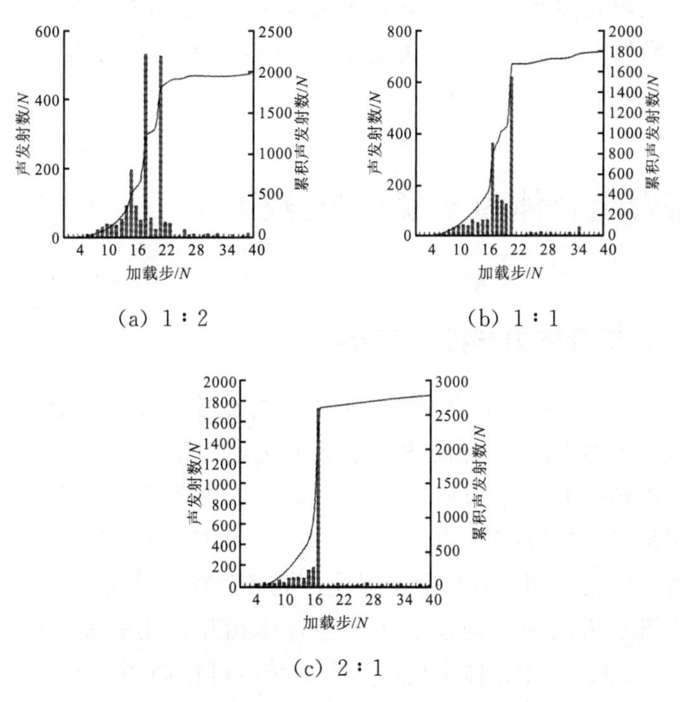

(a) 1∶2　　(b) 1∶1

(c) 2∶1

图 5.17　不同煤岩比例的组合体声发射数与累积声发射数特征

由应力峰值可知，随着煤岩比例增大，峰值应力减小。这是因为煤所占比例越大，煤中裂纹越多，对试件整体失稳影响越大，煤中裂纹导致试件强度降低。

从声发射能量来看，能量波动较大，表明组合体的冲击具有瞬时性的特点。除此之外，煤岩比例为 1∶2 的煤岩组合体声发射能量最大值为 0.035J，煤岩比例为 1∶1 的煤岩组合体声发射能量最大值为 0.14J，煤岩比例为 2∶1 的煤岩组合体声发射能量最大值为 0.225J。由此可知，随着煤岩比例增大，声发射能量最大值不断增大，即煤层越厚，冲击效应越强。

由累积声发射能量来看，煤岩比例为 1∶2 的煤岩组合体累积声发射能量为 0.15J，煤岩比例为 1∶1 的煤岩组合体累积声发射能量为 0.42J，煤岩比例为 2∶1 的煤岩组合体累积声发射能量为 0.93J。由此可知，煤岩比例越大，累积声发射能量越大。

由声发射数特征和累积声发射数特征来看，煤岩比例为 1∶2 的煤岩组合体声发射数最大值为 550，累积声发射数为 2000；煤岩比例为 1∶1 的煤岩组合体声发射数最大值为 620，累积声发射数为 1800；煤岩比例为 2∶1 的煤岩组合体声发射数最大值为 1750，累积声发射数为 2750。这说明煤岩比例越大，冲击效应越强。

针对不同煤岩性质与比例的煤岩组合体开展的数值模拟结果与实验结果具有较高的一致性，反映了相同的冲击规律，较好地验证了冲击规律的合理性和真实性，具有较高的参考价值。

5.7 煤岩组合体力学模型与分析

5.7.1 二元组合体力学模型与分析

20 世纪 50 年代末至 60 年代初，许多专家学者针对采用软性试验机实验时的岩石试件突然失稳和冲击过程的动态变化等关键问题作出假设：待测岩石试件与试验机构成了一个系统，待测岩石试件在轴向压缩条件下，可视为破坏岩石，则试验机可视为破坏岩石的围岩系统，这样可以较好地解释冲击、岩爆等问题的发生机制和孕育过程。据此，笔者为探讨冲击失稳过程中矿体—围岩系统内部相互关系，构建了二元组合体相互作用的理论模型，即如图 5.18（a）所示的二元组合体模型，其力学特性可用如图 5.18（b）所示的载荷—位移曲线表示。

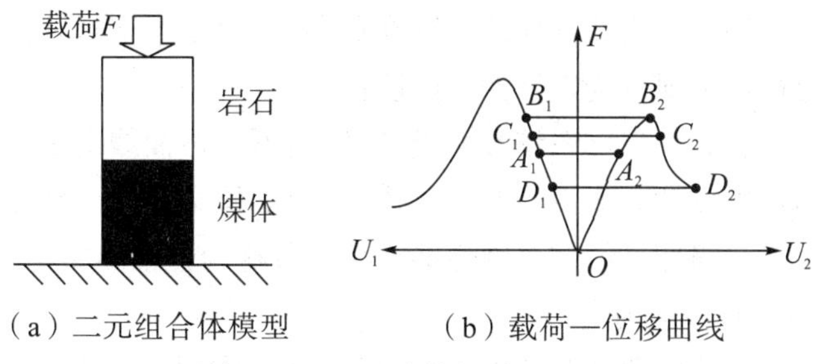

（a）二元组合体模型　　　　（b）载荷—位移曲线

图 5.18　二元组合体相互作用模型

岩石和煤体构成的系统受到载荷 F 的作用，该系统处于力学平衡状态，岩石和煤体的载荷—位移曲线可由下列式子表示：

$$F_1 = f_1(U_1) \tag{5.1}$$

$$F_2 = f_2(U_2) \tag{5.2}$$

式中　U_1——岩石在载荷 F 作用下的位移量；

U_2——煤体在载荷 F 作用下的位移量。

由于是力学平衡系统，因此，力在物体间的传递是均匀的。由此可得：

$$F_1 = F_2 = F \tag{5.3}$$

设 ΔF 为力的增量，由式（5.1）、式（5.2）可得：

$$\Delta F_1 = f_1'(U_1)\cdot\Delta U_1 \tag{5.4}$$

$$\Delta F_2 = f_2'(U_2)\cdot\Delta U_2 \tag{5.5}$$

式中　ΔU_1——岩石在载荷 F 作用下的位移增量；

ΔU_2——煤体在载荷 F 作用下的位移增量。

设岩石—煤体系统总位移增量为 ΔU，则

$$\Delta U = \Delta U_1 + \Delta U_2 = \Delta U_2\left(\frac{\Delta U_1}{\Delta U_2}+1\right) \tag{5.6}$$

联立式（5.4）、式（5.5）、式（5.6）可得：

$$\Delta U_2 = \frac{\Delta U}{\dfrac{\Delta F_1\cdot f_2'(U_2)}{\Delta F_2\cdot f_1'(U_1)}+1} = \frac{\Delta U}{\dfrac{f_2'(U_2)}{f_1'(U_1)}+1} \tag{5.7}$$

取 $\alpha = \lim\Delta U_2/\Delta U$，则

$$\alpha = \lim\Delta U_2/\Delta U = \frac{1}{\dfrac{f_2'(U_2)}{f_1'(U_1)}+1} = \frac{1}{\dfrac{\lambda_2}{\lambda_1}+1} \tag{5.8}$$

式中，$f_1'(U_1)$，$f_2'(U_2)$分别为图 5.18（b）中 A_1B_1、A_2B_2曲线切线斜率，记为 λ_1，λ_2。

参照式（5.7），对岩石—煤体系统在载荷 F 的作用下从稳态到失稳破坏的过程进行分析，主要分为以下四个阶段：

第一阶段：岩石—煤体系统在载荷 F 作用下，在曲线上表现为 O—A 阶段，在此期间，煤体和岩石存在能量耗散和能量积聚，能量积聚大于能量耗散，因此，岩石—煤体系统储存弹性能，该阶段称为弹性储能阶段，式（5.7）中 $f_1'(U_1)$，$f_2'(U_2)$均为定值。

第二阶段：煤体的曲线开始由线性向非线性的转化，由弹性阶段转为非弹性变形阶段（塑性阶段），该阶段煤体出现不可逆变形，伴随着能量耗散和能量积聚。在曲线上表现为 A—B 阶段。此过程中，$f_2'(U_2)$逐渐减小至 0（峰值点）。岩石强度较煤体大，岩石在此阶段仍然处于弹性阶段，有些软弱岩石出现微小变形，因此，$f_1'(U_1)$为定值，基本不变。此阶段岩石处于能量积聚阶段，而煤体虽然受到塑性变形能量耗散的影响，但总体处于能量积聚阶段。综上所述，$f_2'(U_2)/f_1'(U_1)$ 呈现逐渐减小的趋势，则 $\Delta U_2/\Delta U$ 不断增大，在峰值点时，$\Delta U_2/\Delta U=1$。

第三阶段：煤体达到峰值强度后逐渐丧失承载能力，应力逐渐降低，该阶段煤体裂纹发展突然、迅速，破坏突然，裂纹破坏时所需的能量一部分来源于煤体本身所积累的能量，另一部分，由于还处于弹性状态的岩石也积聚了大量能量，对煤体的破坏起到加速和促进的作用。此时，岩石由曲线上的 B_1点释放至 C_1点。当岩石的能量释放速率大于煤体能量吸收速率时，便会发生冲击地压，对应于 C_2点，几何意义解释为岩石的切线斜率 $\lambda_1=f_1'(U_1)$ 与煤体的切线斜率 $\lambda_2=f_2'(U_2)$ 大小相等，符号相反，即 $\lambda_1+\lambda_2=0$，此时，由式（5.7）可知 $\Delta U_2/\Delta U\to\infty$。这就是冲击地压发生机理。冲击地压的发生，是从一个稳定状态转变为另一个新稳定状态的过程。

第四阶段：岩石储存的能量慢慢释放，储量逐渐减小，煤体的破坏活动也不再剧烈，趋于平缓，有极少量的新裂纹数产生，主要表现为裂纹界面之间的摩擦滑移，煤岩系统逐渐达到新的稳定状态。

5.7.2 三元组合体力学模型与分析

5.7.2.1 三元组合体力学模型

地下矿体的开采对原来矿体—围岩系统造成了巨大的扰动，打破了原来的应力平衡状态，系统通过自身改变（破坏、变形等），原岩应力重新分布，应力会向深部转移，逐渐达到新的应力平衡。煤层顶板和底板中的岩层强度比煤体的强度大，比较坚硬，因此，顶、底板对煤体起到夹持作用，煤体中会产生应力集中区，煤体的高应力下积聚大量的弹性能。顶、底板对煤体的夹持作用不断加强，不断接近煤体的强度极限，煤体濒临失稳，极不稳定，此时受到外界的扰动，矿体—围岩系统会瞬间破坏失稳，煤体中积聚的大量能量快速释放，顶、底板中的能量加速了煤体的破裂，导致破碎煤体喷出，造成冲击地压。顶板—煤体—底板系统示意图如图 5.19 所示。

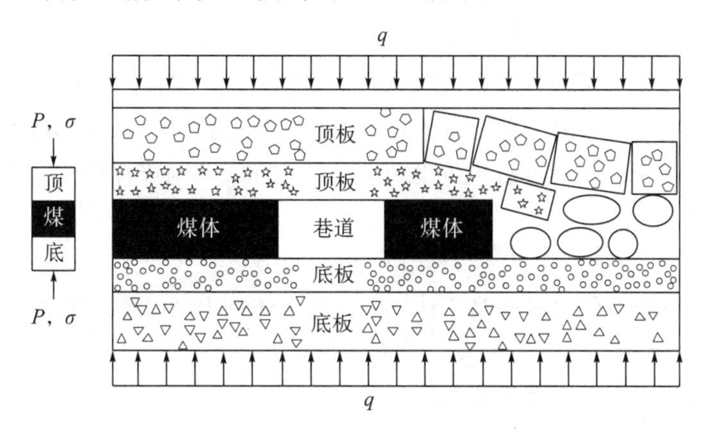

图 5.19　顶板—煤体—底板系统示意图

煤体强度与顶、底板岩层强度相差较大，在矿山压力作用下，煤体不断达到极限强度（破坏载荷），此时，顶、底板的岩体处于弹性阶段，并没有发生破坏。因此，顶、底板的岩层可以简化为弹簧结构体，构建了顶板—煤体—底板三元组合体力学模型，如图 5.20 所示。

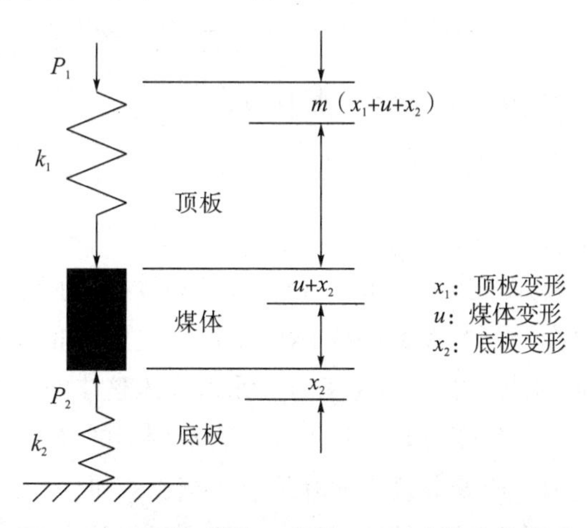

图 5.20　顶板—煤体—底板三元组合体力学模型

设顶板受力为 P_1，顶板的变形量为 x_1，底板受力为 P_2，底板的变形量为 x_2。因为顶、底板可简化为弹簧结构体，因此，P_1 与 x_1、P_2 与 x_2 成正比关系，即

$$\begin{cases} P_1 = k_1 x_1 \\ P_2 = k_2 x_2 \end{cases} \tag{5.9}$$

式中 k_1——顶板的刚度；

k_2——底板的刚度。

煤体的本构关系是具有弱化性质的非线性关系，煤体的这种弱化性质是煤岩系统突然破坏的必要条件，故研究煤体所受载荷和位移之间的相互关系，对煤岩组合体的冲击失稳具有重要意义，引入时间 t，则煤体所受载荷 $P(t)$ 与位移 $u(t)$ 的函数表达式为

$$P(t) = f(u(t)) \tag{5.10}$$

计算时，岩石的自重忽略不计，三元组合体的力学平衡条件为

$$P_1(t) = P_2(t) = P(t) \tag{5.11}$$

计 $m(t)$ 为三元组合体的总位移量，则

$$m(t) = x_1(t) + u(t) + x_2(t) \tag{5.12}$$

载荷条件为煤层开采后随时间变化而升高的围岩静应力，实验时采用刚性压力机通过准静载方式缓慢加载直至系统破坏，忽略残余强度段，则组合体中各部分的位移均随 t 变化，将式（5.9）～式（5.11）代入式（5.12）中，可得：

$$\frac{f(u(t))}{k_1} + u(t) + \frac{f(u(t))}{k_2} = m(t) \tag{5.13}$$

对式（5.13）中的时间 t 求导，整理可得：

$$\dot{u}\left(1 + \frac{k_1 + k_2}{k_1 k_2}\lambda\right) = \dot{m} \tag{5.14}$$

式中 λ——$f'(u(t))$，表示载荷—位移曲线中的切线斜率，即煤体的刚度。

由式（5.14）可知，当 $\lambda > 0$ 时，$\dot{u} < \dot{m}$，说明煤体的变形速率小于三元组合体整体的变形速率，可判断此时煤体处于加载过程中的稳定状态；当 $\lambda = 0$ 时，$\dot{u} = \dot{m}$，说明此时煤体的变形速率与三元组合体整体的变形速率相同，顶、底板在该载荷下不再发生变形，达到了顶、底板变形的极大值，而煤体处于极限强度，对应于应力—应变曲线中的峰值点；当 $\lambda < 0$ 时，$\dot{u} > \dot{m}$，表明煤体的变形速率大于三元组合体整体的变形速率，达到峰值强度后，煤体突然破坏失稳，此阶段，顶、底板的总位移量随着载荷的降低而逐渐减小。当 $\lambda < 0$ 时，

三元组合体真正达到峰值强度，开始失稳破坏，研究此阶段更有意义。

5.7.2.2　三元组合体失稳判别条件

煤体强度较小，岩体强度较大，煤体达到强度极限开始破坏时，岩体正处于弹性阶段，因此，可将岩体看作理想的弹性体，岩体的卸载曲线与加载曲线重合，卸载期间，岩体本身没有能量耗散和损失。顶、底板岩石的刚度依然为 k_1、k_2，当 $\lambda<0$ 时，组合体达到强度载荷后破坏，此时存在稳定破坏和失稳破坏两种形式。

根据煤体两种破坏形式的能量特征分析，如果煤体破坏时裂隙扩张能量消耗率 dE_m 大于顶板和底板卸载时的能量释放率 dE_1、dE_2 之和，则煤体为稳定破坏状态；如果煤体破坏时裂隙扩张能量消耗率 dE_m 等于顶板和底板卸载时的能量释放率 dE_1、dE_2 之和，则煤体介于稳定破坏与失稳破坏之间的临界状态；如果煤体破坏时裂隙扩张能量消耗率 dE_m 小于顶板和底板卸载时的能量释放率 dE_1、dE_2 之和，则煤体为稳定破坏状态，三元组合体破坏形式为失稳破坏。综合上述分析：

$$\begin{cases} dE_m > dE_1 + dE_2 & \text{稳定破坏状态} \\ dE_m = dE_1 + dE_2 & \text{临界状态} \\ dE_m < dE_1 + dE_2 & \text{失稳破坏状态} \end{cases} \tag{5.15}$$

或曲线积分后的形式：

$$\begin{cases} \Delta E_m > \Delta E_1 + \Delta E_2 & \text{稳定破坏状态} \\ \Delta E_m = \Delta E_1 + \Delta E_2 & \text{临界状态} \\ \Delta E_m < \Delta E_1 + \Delta E_2 & \text{失稳破坏状态} \end{cases} \tag{5.16}$$

式中　ΔE_m——煤体破坏过程中煤体消耗的总能量；

ΔE_1——煤体破坏过程中顶板释放的能量；

ΔE_2——煤体破坏过程中底板释放的能量。

设三元组合体峰后某瞬时产生的应力降为 $d\sigma$，式（5.15）两边同除以 $(d\sigma)^2/2$，可变换为煤体峰后刚度和顶、底板刚度形式的表达式，整理得：

$$\begin{cases} 1+\dfrac{1}{k_1}\lambda+\dfrac{1}{k_2}\lambda > 0 & \text{稳定破坏状态} \\ 1+\dfrac{1}{k_1}\lambda+\dfrac{1}{k_2}\lambda = 0 & \text{临界状态} \\ 1+\dfrac{1}{k_1}\lambda+\dfrac{1}{k_2}\lambda < 0 & \text{失稳破坏状态} \end{cases} \tag{5.17}$$

再次对式（5.14）求时间 t 的导数，整理得：

$$\ddot{u}\left(1+\frac{1}{k_1}\lambda+\frac{1}{k_2}\lambda\right)+\frac{k_1+k_2}{k_1k_2}\lambda'\dot{u}^2=\ddot{m} \tag{5.18}$$

其中，$\lambda'<0$，故有

$$\ddot{u}\left(1+\frac{1}{k_1}\lambda+\frac{1}{k_2}\lambda\right)=\ddot{m}-\frac{k_1+k_2}{k_1k_2}\lambda'\dot{u}^2 \tag{5.19}$$

根据式（5.17），稳定破坏时，有

$$1+\frac{1}{k_1}\lambda+\frac{1}{k_2}\lambda>0 \tag{5.20}$$

由式（5.14）可知 $\dot{u}>0$，由于稳定破坏时，煤体处于匀速或减速变形位移过程，即 $\ddot{u}\leqslant 0$，故由式（5.19）得：

$$\ddot{m}-\frac{k_1+k_2}{k_1k_2}\lambda'\dot{u}^2\leqslant 0 \tag{5.21}$$

即

$$\lambda'\geqslant\frac{k_1k_2}{k_1+k_2}\cdot\frac{\ddot{m}}{\dot{u}^2} \tag{5.22}$$

当处于稳定破坏与失稳破坏的临近状态时，有

$$1+\frac{1}{k_1}\lambda+\frac{1}{k_2}\lambda=0 \tag{5.23}$$

即

$$\lambda'=\frac{k_1k_2}{k_1+k_2}\cdot\frac{\ddot{m}}{\dot{u}^2} \tag{5.24}$$

可见，式（5.24）是式（5.22）在煤体位移加速度为 0 时的特例条件，是煤体由减速变形向加速变形转化的拐点。

当失稳破坏时，有

$$1+\frac{1}{k_1}\lambda+\frac{1}{k_2}\lambda<0 \tag{5.25}$$

此时，因煤体变形速度 $\dot{u}$ 和三元组合体总位移速度 $\dot{m}$ 均不可能为负值，故式（5.14）、式（5.18）、式（5.19）不再成立，此时系统不再维持平衡状态，将会产生失稳破坏和能量的突然释放。

因此，在上述分析中，具有稳定破坏性质的煤岩组合体的峰后刚度变化率满足式（5.22），而具有失稳破坏特性的煤岩组合体中煤体的峰后曲线将存在一个刚度变化率满足式（5.16）的拐点，即为系统由稳定破坏状态向失稳破坏状态转变的临界点 S，越过该点后系统将不再维持平衡状态，将产生能量的大量释放和动力显现。

根据前述分析，三元组合体在加卸载过程中的能量释放与耗散、稳定破坏与失稳破坏变化规律可由图 5.21 表示。

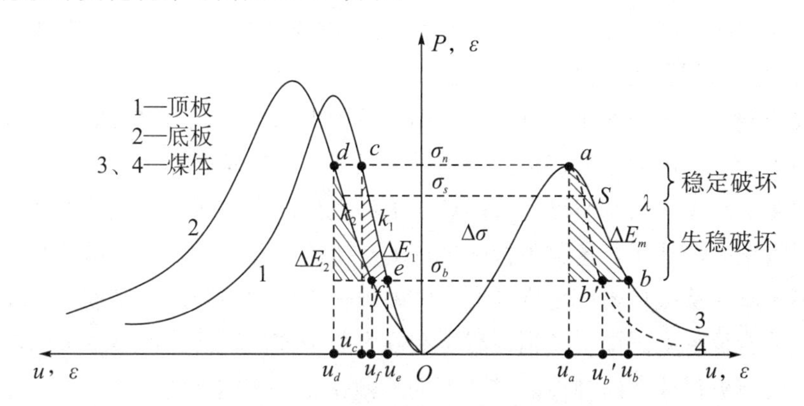

图 5.21　三元组合体受载过程分析图

由图 5.21 可以看出，当煤岩组合体载荷增加到煤体极限应力强度 a 点之前，对应岩体的 Oc 和 Od 线弹性段，系统逐步积聚弹性能，煤岩组合体显然处于稳定阶段。

当载荷超过煤体极限强度时，煤体内部裂隙发育承载能力降低，压力机卸载，对应图中的 aS 段，岩体的卸载曲线沿原加载路线返回，同时卸载过程中释放能量，但由于煤体裂隙扩张能量消耗率 $\mathrm{d}E_m$ 大于顶板和底板卸载时的能量释放率 $\mathrm{d}E_1$、$\mathrm{d}E_2$ 之和，此时三元组合体仍处于稳定破坏状态，其中煤体消耗的能量部分由煤体受载时积聚的弹性能 E_t 或压力机继续加载供给。

当三元组合体中煤体卸载至 S 点时，顶板和底板的能量释放率 $\mathrm{d}E_1$、$\mathrm{d}E_2$ 之和与煤体裂隙扩张的能量消耗率 $\mathrm{d}E_m$ 相当，此时三元组合体处于由稳定破坏状态向失稳破坏状态转变的临界点，之后系统不再维持平衡状态，当进入 Sb 段破坏时，煤体刚度快速降低，即刚度得到强化，三元组合体的能量将在短时间内快速释放，由能量守恒可知，煤体破坏前积聚的部分弹性 E_t 也将释放，故总剩余能量为

$$\Delta E_s = \Delta E_1 + \Delta E_2 + E_t - \Delta E_m \tag{5.26}$$

剩余能量将主要以碎块动能、振动、电磁、热等形式释放。

5.7.2.3　三元组合体破坏状态与煤岩物理属性、结构特征的关系

由式（5.15）给出的三元组合体破坏状态的能量判别条件和式（5.17）给出的刚度判别条件可以看出，三元组合体的失稳条件与其中的煤体、岩体刚度比（能量比）有关，即与煤体及岩体的固有力学属性有关，因此，可通过单独

测试煤样和岩样的方法，评价三元组合体的冲击危险性。

如图 5.21 所示，同等岩石条件下，当某一具有不同峰后刚度的煤样沿载荷—位移曲线路径 4 变化时，将比沿路径 3 的煤样更容易满足失稳破坏的条件，失稳时的剩余能量更多，冲击强度更大。另外，岩石的刚度越小，越容易发生失稳破坏，岩石的刚度越大，越不易发生失稳破坏，当岩石的刚度无限大时，相当于刚性压力机直接加载，则煤体只能发生稳定破坏。

现场实践中，具有坚硬顶板的煤层更易发生冲击矿压，这类冲击地压成为坚硬顶板型冲击地压，这与顶板断裂运动产生的动载有关，而与试验及分析结果并不矛盾。从能量密度角度考虑，坚硬顶板岩层的极限能量密度大于软弱岩层的极限能量密度，即坚硬顶板岩层在发生断裂或滑移时将产生更大的振动能量，坚硬顶板释放弯曲弹性能时产生的动载是诱发矿井冲击矿压的关键因素，因此，具有坚硬顶板是冲击煤层的主要标志之一。

鉴于煤岩组合体的破坏状态与其中煤体及岩体的力学特征有密切关系，且组合体破坏时的能量释放值和消耗值是与岩体、煤体的物理性质及组合结构特征有关的标量，能直接表征煤岩组合体的冲击倾向性，因此，通过对这些力学特征进行研究，可以描述煤岩组合体发生破坏的方式及强度特征。

目前，纯煤的冲击倾向性测定参照 GB/T 25217.2—2010，其中涉及弹性能指数、冲击能指数、动态破坏时间、单向抗压强度等指标，但缺少针对煤岩组合体的冲击倾向性测定标准，这限制了现场冲击危险性评价，也使采用单一煤样或者单一岩样测定冲击倾向性来指导现场工程实际问题具有一定片面性，不能反映工程实际冲击情况。常规试验结果表明，当采用刚性压力机缓慢加载时，纯煤样一般不会发生失稳破坏，但当将其替换为以一定比例黏合的岩、煤组合试样时，其中的煤样可发生失稳破坏，这种现象表明，对于煤岩组合体中的煤样，与之直接接触的岩体的存在相当于等效降低了刚性压力机的刚度，使其具有与普通压力机一样的弹性变形储能和变形恢复释能的性质。

对于某一矿井的煤样、岩样，单纯测试其冲击倾向性固然有必要，但将矿井中实际存在的煤岩组合体结构独立开来分别进行测试评价的做法有失全面性，在反映矿井实际冲击危险性方面还存在一定局限。作为探讨，拟通过单独测试煤样和岩样的方法，并根据前述的三元组合体释放和消耗的能量判别条件，采用释放和消耗的能量之比：

$$\alpha = \frac{\Delta E_1 + \Delta E_2}{\Delta E_m} \tag{5.27}$$

作为煤岩组合条件下的冲击倾向性评价指标，并与按现有纯煤冲击倾向性测定标准得出的结果进行对比，以验证该方法的合理程度。

作为尝试，根据前述煤岩组合体失稳破坏判定条件和现有冲击倾向性测定标准的划分做法，给定下述判断原则：当 $\alpha<0.5$ 时，为无冲击倾向性；当 $0.5\leqslant\alpha<1$ 时，为弱冲击倾向性；当 $\alpha\geqslant1$ 时，为强冲击倾向性。

5.8　煤岩组合体能量积聚规律

试验机对煤岩组合体不断加载，试件中应力重新分布，试件本身不断积聚能量，达到极限载荷后发生破坏，煤岩组合体其他组分储存的能量起到加速破坏的作用。工程实际中，煤岩系统在矿山压力作用下积聚大量弹性能，煤层开采引起应力重新调整，当巷道或工作面积聚的能量达到极限储能时，会引发冲击地压，顶板、底板储存的弹性能对冲击地压起到一定的促进作用，增大了冲击强度。综上所述，冲击地压一定是在能量驱使下发生的，探讨这些能量在煤岩系统中的分布规律，对认清冲击地压发生机制和有效防止冲击具有一定的借鉴意义。

5.8.1　煤岩组合体能量积聚情况

以 FC（1∶1）组合体为例，构建二元组合体力学模型（图 5.22），对组合体进行受力分析与能量分布计算。

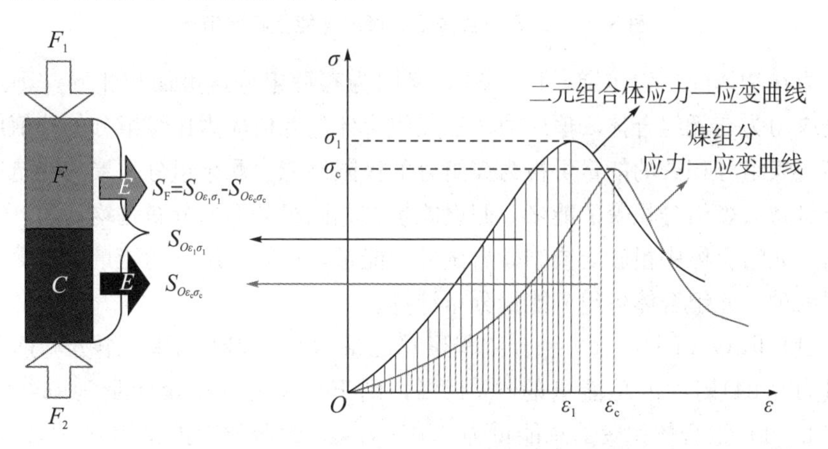

图 5.22　二元组合体受力情况与能量积聚情况

力在物体间均匀传递，$F_1=F_2$，又因为两种组分接触面积相同，界面受力也相等，因此，组分所受应力为二元组合体所受应力。二元组合体中煤组分的积聚能量可通过该组分单轴压缩时的应力—应变曲线获得，则剩余组分积聚的能量等于二元组合体总能量减去煤组分积聚的能量。

由上述分析可得：

$$S_F = S_{O\varepsilon_1\sigma_1} - S_{O\varepsilon_c\sigma_c} \tag{5.28}$$

以FC（3：1）组合体试件为例，FC（3：1）组合体试件峰前积聚能量为0.050kJ，C（25mm）单体试件积聚能量为0.030kJ，占总能量的60%，则剩余F组分积聚的能量为0.050kJ−0.030kJ=0.020kJ，占总能量的40%。

参照二元组合体力学模型与能量分析，可构建三元组合体力学模型，并对三元组合体能量积聚情况进行分析，如图5.23所示。

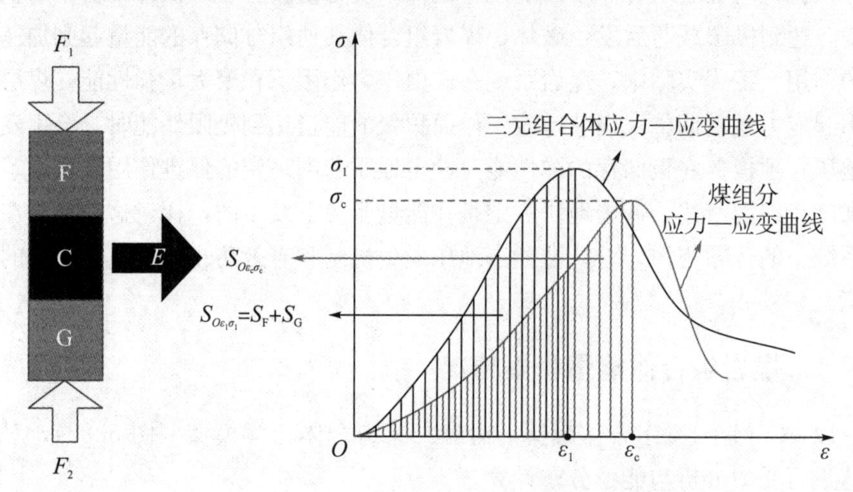

图5.23　三元组合体受力情况与能量积聚情况

力在物体间均匀传递，$F_1=F_2$，又因为三种组分接触面积相同，则组分所受应力为三元组合体峰值应力。三元组合体的峰值应力比煤组分的峰值应力略高，煤组分积聚的能量可视为煤组分的极限储能，剩余组分积聚的能量等于总能量减去煤组分积聚的能量。假设能量在相同组分上的分布是均匀的，需要借助二元组合体中粗砂岩或细砂岩试件的能量，计算某组分的能量，下面详细介绍两种三元组合体各组分能量分布计算。

(1) FCG（1：1：1）组合体积聚总能量为0.062kJ，因C组分峰前积聚能量为0.041kJ，占总能量的66.13%，则F、G组分积聚能量为0.021kJ。FC（2：1）组合体积聚的总能量为0.059kJ，C组分储存能量为0.041kJ，则F组分积聚能量为0.018kJ，而F组分尺寸为$\varphi=50$mm，$d=67$mm，为FCG（1：1：1）中F组分的2倍，则FCG（1：1：1）组合体中F组分积聚的能量等于FC（2：1）组合体中F组分积聚能量的1/2，即0.018kJ/2=0.009kJ，占总能量的 14.52%，则 FCG（1∶1∶1）组合体中 G 组分积聚能量为 0.021kJ−0.009kJ=0.012kJ，占总能量的 19.35%。由上述分析可得，FCG（1∶1∶1）组合体中能量积聚情况由大到小分别为 C、G、F。

（2）FCG（1∶2∶1）组合体峰前积聚能量为 0.079kJ，C 组分峰前积聚能量为 0.062kJ，占总能量的 78.28%，则 F、G 组分积聚能量为 0.079kJ−0.062kJ=0.017kJ。GC（1∶1）组合体积聚总能量为 0.083kJ，C 组分储存能量为 0.062kJ，则 G 组分积聚能量为 0.021kJ，而 G 组分尺寸为 φ=50mm，d=50mm，为 FCG（1∶1∶1）组合体中 G 组分的 2 倍，则 FCG（1∶1∶1）组合体中 G 组分积聚的能量等于 FC（2∶1）组合体中 G 组分积聚能量的1/2，即 0.021kJ/2=0.0105kJ，占总能量的 13.29%，则 FCG（1∶2∶1）组合体中 F 组分积聚能量为 0.017kJ−0.0105kJ=0.0065kJ，占总能量的 8.23%。由上述分析可得，FCG（1∶1∶1）组合体中能量积聚情况由大到小分别为 C、G、F。

根据二元组合体、三元组合体的能量积聚情况分析，可得二元组合体、三元组合体各组分能量积聚情况表，见表 5.30。

表 5.30　煤岩组合体各组分能量积聚情况表

煤岩组合体	组分尺寸	总能量/kJ	组分能量/kJ	占比/%	能量积聚顺序
FC（3∶1）	F：φ=50mm，d=75mm	0.050	0.020	40.00	C>F
	C：φ=50mm，d=25mm		0.030	60.00	
GC（3∶1）	G：φ=50mm，d=75mm	0.055	0.025	45.45	C>G
	C：φ=50mm，d=25mm		0.030	54.55	
FC（2∶1）	F：φ=50mm，d=67mm	0.059	0.018	30.51	C>F
	C：φ=50mm，d=33mm		0.041	69.49	
GC（2∶1）	G：φ=50mm，d=67mm	0.063	0.022	34.92	C>G
	C：φ=50mm，d=33mm		0.041	65.08	
FC（1∶1）	F：φ=50mm，d=50mm	0.079	0.017	21.52	C>F
	C：φ=50mm，d=50mm		0.062	78.48	
GC（1∶1）	G：φ=50mm，d=50mm	0.083	0.021	25.30	C>G
	C：φ=50mm，d=50mm		0.062	74.70	
FC（1∶2）	F：φ=50mm，d=67mm	0.092	0.011	12.15	C>F
	C：φ=50mm，d=33mm		0.081	87.85	
GC（1∶2）	G：φ=50mm，d=67mm	0.101	0.020	19.80	C>G
	C：φ=50mm，d=33mm		0.081	80.20	

续表5.30

煤岩组合体	组分尺寸	总能量/kJ	组分能量/kJ	占比/%	能量积聚顺序
FC（1∶3）	F：φ=50mm，d=25mm	0.095	0.005	5.46	C>F
	C：φ=50mm，d=75mm		0.090	94.54	
GC（1∶3）	G：φ=50mm，d=25mm	0.100	0.010	10.36	C>G
	C：φ=50mm，d=75mm		0.090	89.64	
FCG（1∶1∶1）	F：φ=50mm，d=33mm	0.062	0.009	14.52	C>G>F
	C：φ=50mm，d=33mm		0.041	66.13	
	G：φ=50mm，d=33mm		0.012	19.35	
FCG（1∶2∶1）	F：φ=50mm，d=25mm	0.079	0.0065	8.23	C>G>F
	C：φ=50mm，d=50mm		0.062	78.48	
	G：φ=50mm，d=25mm		0.0105	13.29	

5.8.2 煤岩组合体能量积聚分析

5.8.2.1 煤岩组合体总能量积聚分析

针对不同煤岩性质与比例的煤岩组合体，对比分析其峰前积聚总能量，图5.24、图5.25、图5.26揭示了各种煤岩组合体的能量积聚特征。

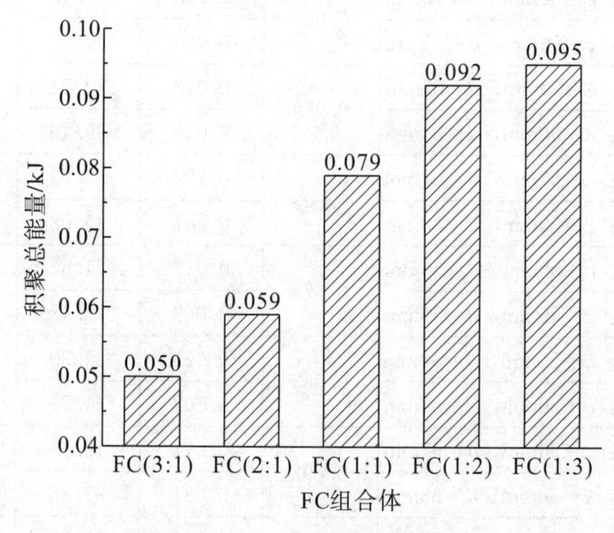

图5.24　FC组合体能量积聚特征

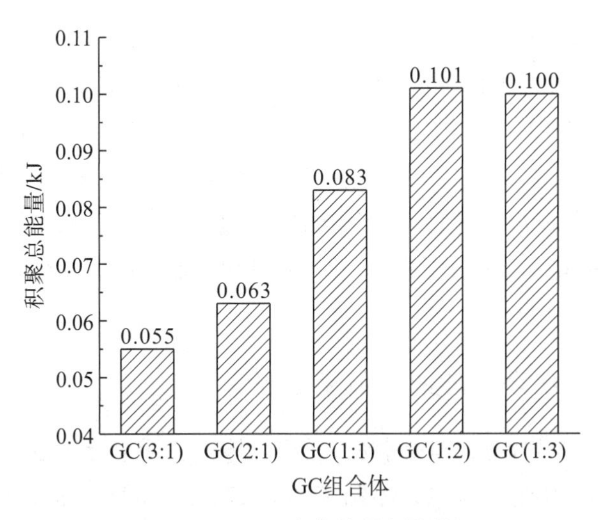

图 5.25　GC 组合体能量积聚特征

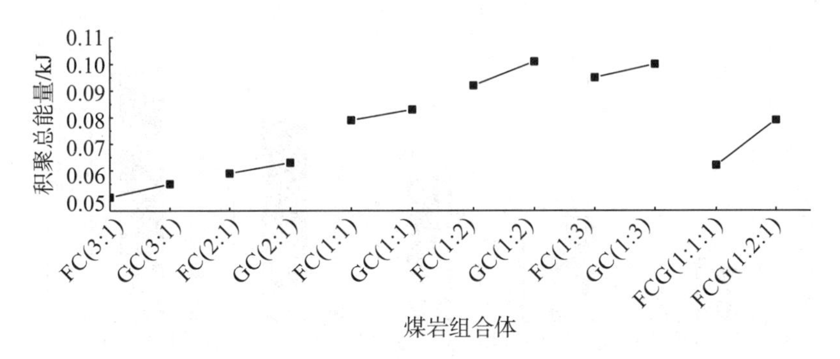

图 5.26　不同煤岩性质的煤岩组合体能量积聚分析

由图 5.24 可知，FC（3∶1）组合体积聚能量最少，为 0.050kJ；FC（1∶3）组合体积聚能量最多，为 0.095kJ。FC 组合体积聚总能量随着煤岩高度比的增加而增加。由图 5.25 可知，GC（1∶2）组合体积聚能量最多，为 0.101kJ；GC（1∶3）试件次之，积聚能量为 0.100kJ；GC（3∶1）组合体积聚能量最少，为 0.055kJ。GC 组合体积聚总能量随着煤岩高度比的增加而增加。由此表明，煤岩组合体积聚总能量受煤岩高度比影响较大，煤是煤岩组合体能量积聚的主导组分，这是因为在煤的抗压强度范围内，相同应力条件下，弹性模量小的软弱煤层比弹性模量大的坚硬岩层积聚更多能量，岩层积聚的能量对组合体整体失稳起加速与促进作用，并不起决定作用。煤组分积聚大量能量主导着试件的失稳破坏。

由图 5.26 可知，FC、GC 组合体积聚能量随着煤组分比例增加而逐渐增加，但在煤组分比例相同的条件下，FC 组合体积聚能量比 GC 组合体积聚能量少，FCG（1∶1∶1）组合体积聚能量为0.062kJ，在FC（2∶1）组合体（0.059kJ）与GC（2∶1）组合体（0.063kJ）之间；FCG（1∶2∶1）组合体积聚能量为0.079kJ，在FC（1∶1）组合体（0.079kJ）与GC（1∶1）组合体（0.083kJ）之间。由此表明，相同比例条件下，组分越硬的煤岩组合体积聚能量越少，同时也可定性分析，相同尺寸的细砂岩组分积聚的能量少于粗砂岩组分积聚的能量。相同应力条件下，能量积聚能力由大到小依次为煤、粗砂岩、细砂岩。

5.8.2.2 煤岩组合体各组分能量积聚分析

为研究不同煤岩性质与比例的二元组合体、三元组合体各组分能量积聚规律，提取表5.30中部分信息，绘制了图5.27、图5.28、图5.29、图5.30等能量分析图。

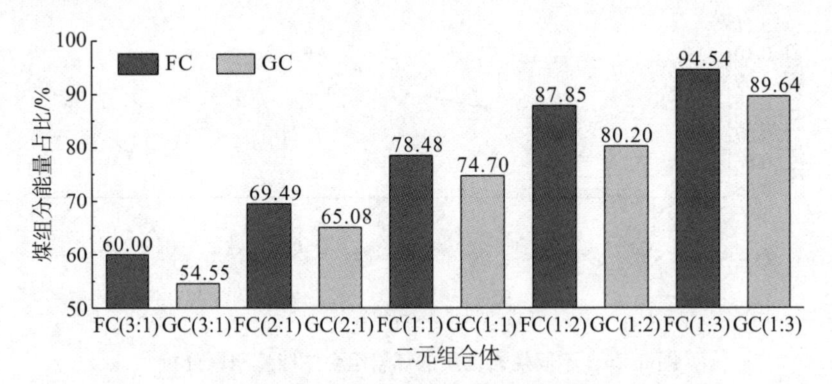

图5.27　二元组合体各组分能量积聚分析

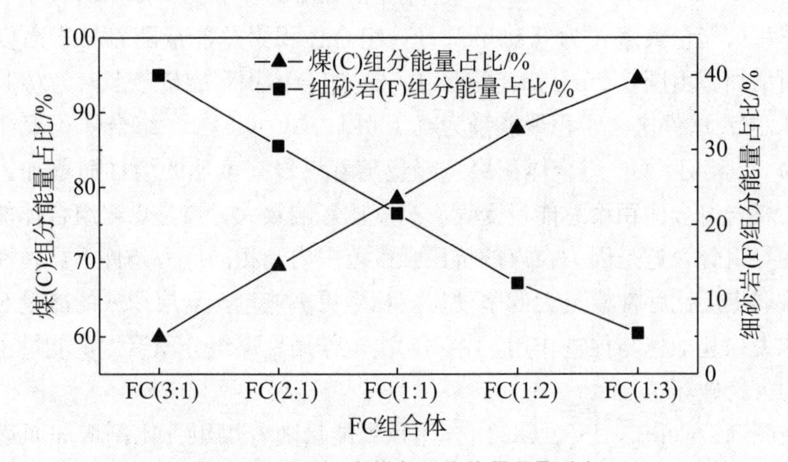

图5.28　FC组合体各组分能量积聚分析

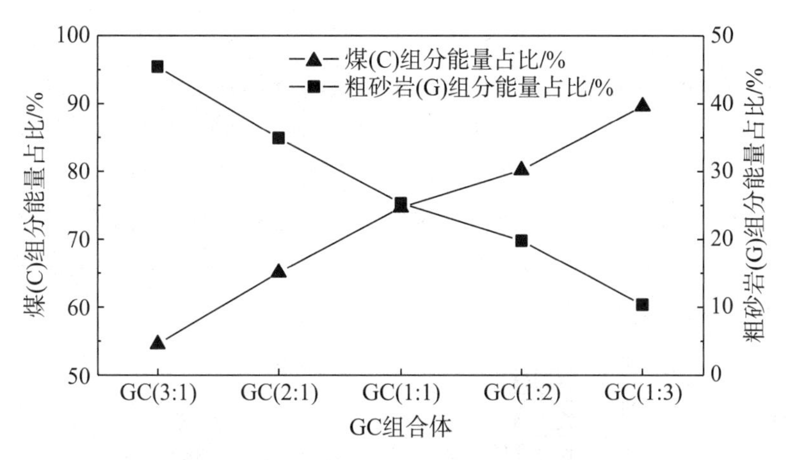

图 5.29　GC **组合体各组分能量积聚分析**

由图 5.27 可知，FC（3∶1）组合体中 C 组分积聚能量占总能量的 60.00%，在所有 FC 组合体中占比最少；而 FC（1∶3）组合体中 C 组分积聚能量占总能量的 94.54%，在所有 FC 组合体中占比最多。由图 5.28 可知，随着 C 组分所占比例增加，C 组分积聚能量占比也增加，而 F 组分积聚能量占比减小。图 5.27 中，GC（3∶1）组合体中 C 组分积聚能量占总能量的 54.55%，在所有 GC 组合体中占比最少；而 GC（1∶3）组合体中 C 组分积聚能量占总能量的 89.64%，在所有 GC 组合体中占比最多。由图 5.29 可知，随着 C 组分所占比例增加，C 组分积聚能量占比也增加，而 G 组分积聚能量占比逐渐减小。

通过图 5.27 可以看出，对于相同比例的 FC 组合体和 GC 组合体，FC 组合体中 C 组分的总能量占比较 GC 组合体中 C 组分的总能量占比大，因为相同比例的 FC 组合体和 GC 组合体中 C 组分尺寸相等，因此，C 组分积聚的能量是同尺寸煤的储能极限，是相等的。由此可以推断，煤岩组合体中，相同尺寸的 F 组分积聚的能量少于 G 组分积聚的能量。三种组分的能量积聚由多到少为 C、G、F。

综合图 5.27、图 5.28、图 5.29 表明，无论是 FC 组合体还是 GC 组合体，无论煤岩组合体的组成比例如何，C 组分占比较其他组分大。这说明二元组合体中，C 组分是能量积聚的主要载体，岩石组分积聚能量占比小。工程实际中，煤岩相间互层，矿山压力作用下，积聚大量能量，煤层是能量积聚的主要载体，主导着冲击地压的发生。

图 5.30 描述了三元组合体 FCG（1∶1∶1）与 FCG（1∶2∶1）的能量积聚情况。FCG（1∶1∶1）组合体的三种组分尺寸相等，C 组分积聚能量占比

为66.13%，G组分积聚能量占比为19.35%，F组分积聚能量占比为14.52%，三种组分能量积聚情况为C>G>F；FCG（1∶2∶1）组合体中C组分积聚能量占比为78.28%，G组分积聚能量占比为13.29%，F组分积聚能量占比为8.23%，三种组分能量积聚情况为C>G>F。两种三元组合体能量积聚由多到少均为C、G、F，这也验证了二元组合体推论的正确性。相同应力条件下，弹性模量小的软弱岩层，能量积聚能力强；弹性模量大的坚硬岩层，能量积聚能力反而弱。

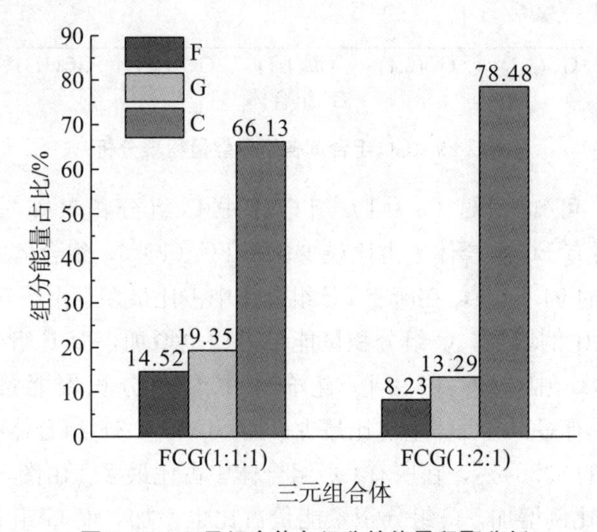

图5.30　三元组合体各组分的能量积聚分析

5.8.2.3　相同尺寸的煤组分在煤岩组合体中的能量积聚分析

煤岩组合体均为标准试件，GC（2∶1）、FCG（1∶1∶1）、FC（2∶1）三种组合体中的煤组分尺寸相等，GC（1∶1）、FCG（1∶2∶1）、FC（1∶1）三种组合体中的煤组分尺寸相等。为探究相同尺寸的煤组分在煤岩组合体中的积聚能量占比情况，作图5.31。

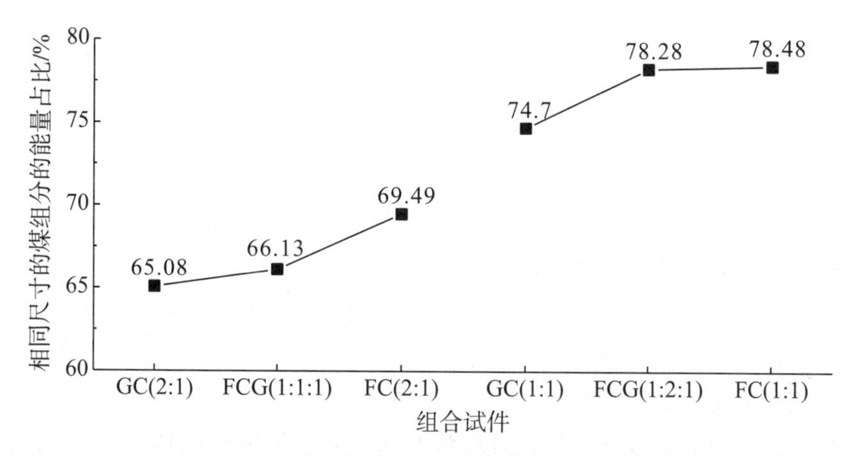

图 5.31　相同尺寸的煤组分在组合体中的能量积聚分析

由图 5.31 可知，GC（2：1）、FCG（1：1：1）、FC（2：1）组合体中煤组分积聚能量占比较 GC（1：1）、FCG（1：2：1）、FC（1：1）组合体小，这是煤组分在煤岩组合体中的尺寸不同造成的。相同尺寸的煤组分的积聚能量占比也不相同，GC（2：1）<FCG（1：1：1）<FC（2：1），GC（1：1）<FCG（1：2：1）<FC（1：1）。由此可知，煤组分的能量积聚能力最大，粗砂岩组分次之，细砂岩组分的能量积聚能力最小。

5.8.2.4　煤岩组合体的能量积聚规律

通过对二元组合体、三元组合体的总积聚能量以及其中各组分的能量积聚情况进行分析，煤岩组合体中峰前积聚的大部分能量都在煤组分上，煤组分是组合体能量积聚的主导组分。因此，煤组分对试件的失稳破坏起着主导作用，而其他组分积聚的能量较少，对试件的失稳破坏仅起促进作用。

通过对比各组分能量积聚情况可以发现，随着煤岩高度比增加，煤组分积聚能量占比逐渐增加，而其他组分相应减小；无论煤岩高度比如何，煤岩组合体中煤组分的积聚能量占比均大于其他组分，粗砂岩组分的积聚能量占比均大于细砂岩组分。由此可见，相同应力条件下，岩（煤）层越软弱，积聚能量越多，岩（煤）层越坚硬，积聚能量越少。

工程实际中，煤系地层是由多层软硬不同的岩层相间互层构成的，矿山压力作用下，煤系地层积聚了大量的弹性能，软弱岩层或层区是能量积聚的主要载体，主导着煤系地层的活动，而坚硬岩层或层区储存能量较少，对软弱岩层或层区起夹持作用。因此，煤系地层中的软弱岩层或层区是冲击地压发生的关键性岩层。

5.9 本章小结

本章对自主构建的不同煤岩性质与比例的煤岩组合体开展了单轴压缩试验，探究了煤岩性质与比例对煤岩组合体力学性质和冲击效应的影响；重点分析了煤岩性质与比例对煤岩组合体能量积聚规律的影响，探索能量积聚层位。另外，构建了二元组合体、三元组合体力学模型，分析了煤岩系统的失稳过程。通过研究得出如下结论：

（1）随着煤岩高度比增加，破坏状态为“碎状”完全破坏、“Y”型半完全破坏、“局部式”不完全破坏；破坏区域由整体破坏到半整体破坏再到局部区域破坏过渡；破坏程度由完全破坏到半完全破坏再到不完全破坏转变。

（2）煤岩组合体的抗压强度随着煤岩高度比的增加而减小，组合体抗压强度与煤组分所占比例呈反比。煤岩组合体中组分硬度越大，组合体的抗压强度越大。随着煤岩高度比增加，弹性模量降低。煤岩组合体的弹性模量与煤岩高度比呈反比。组分中岩石硬度越大，煤岩组合体的弹性模量也越大。

（3）随着煤岩组合体中煤岩高度比增加，其峰前积聚总能量越多，能量积聚与煤岩高度比呈正比。岩石组分越硬，积聚能量越少，煤岩组合体能量积聚与岩石组分硬度呈反比。

（4）运用RFPA数值模拟软件对不同顶、底板刚度的煤岩组合体和不同煤岩比例的煤岩组合体开展数值模拟研究，组分硬度差距越大，冲击效应越强，煤层厚度越大，冲击效应越强，与实验结果一致。

（5）构建二元组合体力学模型，分析了煤岩系统由稳态向失稳转化的四个过程。通过对三元组合体力学模型进行分析，探索了组合体从加载到稳定破坏再到失稳破坏的力学机制，提出了三元组合体破坏过程中顶、底板释放和煤体消耗的能量之比 α 作为煤岩组合条件下的冲击倾向性评价指标。

（6）煤组分的能量占比随着煤岩高度比增加逐渐增加。煤岩组合体中峰前积聚能量主要在煤组分上，煤组分是煤岩组合体能量积聚的主导组分，对组合体的失稳破坏起着主导作用，而其他组分积聚的能量加速了组合体的失稳破坏。

（7）矿山压力的作用下，煤系地层中软弱岩层或层区是能量积聚的主要载体，主导着煤系地层的活动，而坚硬岩层或层区仅储存较少能量，起到夹持煤体的作用，对冲击地压的发生起促进与加剧作用。

第6章　加载速率对煤岩组合体力学特性与能量积聚的影响

地下采掘活动中，煤和岩石是主要材料，其力学行为和破坏机制一直受到学者的关注。煤岩结构复杂，力学特性易受外界因素影响，其中，加载速率对煤岩材料力学特性的影响较为显著，起着至关重要的作用。煤炭开采过程中，工作面推进速度过快也会导致冲击地压的发生。为映射工作面的推进速度，对煤岩组合体开展不同加载速率下的单轴压缩实验。

许多专家针对不同加载速率下煤岩的力学行为和破坏机制，做了大量研究。薛东杰等以同煤集团塔山煤矿煤样，先后设计与开展了单轴拉伸与压缩、常规三轴及采动力学试验，获得了不同加载模式下煤样的力学特征参量和变形破坏特性。潘一山等利用自主研制的电荷感应仪，建立单轴压缩条件下煤岩电荷感应试验系统，研究了煤、花岗岩、砂岩在不同加载速率下的电荷感应规律。苏国韶等利用自主研发的真三轴岩爆试验系统，以红色粗晶花岗岩作为岩石长方体试件，开展了不同加载速率的应变型岩爆室内模拟试验，探讨了不同轴向加载速率下岩爆碎块的耗能特征。曹安业等对砂质泥岩不同加载速率下损伤演化规律与声发射参量特征进行了试验研究。李海涛等选取山西乡宁焦煤煤样开展了多加载速率下的力学试验，发现煤试件强度表现出随加载速率增加先升高后降低的非线性特征，将高加载速率条件下较低强度对应较低冲击可能性作为该非线性特征现场应用的切入点，提出加载速率敏感度和基于监测的加载速率尺度转换方法。苏海健等为考察温度对砂岩加载速率效应的影响规律，对25℃～800℃的六种温度水平的砂岩试样分别进行不同加载速率下的单轴压缩试验，发现随着加载速率的增加，峰值应力和峰值应变都逐渐增加，呈正相关线性关系。随着加载速率增加，试件破坏形式由拉剪破坏逐渐过渡为单一斜剪破坏，破坏程度逐渐剧烈，分形维数逐渐加大。许金余、刘石利用分离式霍普金森压杆，对经历不同高温后的大理石试件开展了不同速率下的冲击试验，探讨了加载速率与峰值应力、应变、弹性模量的关系。李海涛等开展了不同加载速率下煤试件单轴压缩试验，研究发现煤的强度随加载速率的增大而先增加后减小，转折处的加载速率成为临界加载速率。姜耀东等运用 FLAC 模拟软件和 CT 扫描开展了不同加载速率下的岩石单轴模拟实验，探究了加载速率对能量积聚与能量耗散的影响规律。马振乾等开展了不同加载速率和不同围压下煤的单轴和三轴加载实验，研究了加载速率和围压对煤样能量耗散特征的影响规律，探讨了煤样耗散应变能转化速率随加载速率和围压的变化规律。陈琳等通过实时高温、不同加载速率下花岗岩的单轴压缩声发射试验和扫描电镜试验，研究了岩样在温度和加载速率共同作用下的力学性质与分形特征。

上述学者以不同加载速率为出发点，研究了加载速率对煤岩力学特性、破坏特征、失稳机理、能量积聚和耗散特征的影响，取得了丰硕的成果，但存在以下问题：①研究对象仅局限于煤试件或岩石试件，针对煤岩组合体的研究较少，而工程实际中，煤和岩石组成煤岩系统，其力学特性、破坏特征、能量积聚和耗散特征与系统中的组分密不可分，仅对其中单一组分开展研究，具有片面性；②由于研究对象具有单一性，在研究加载速率对能量积聚和耗散特征的影响时，能量看作一个整体，没有考虑能量的分布问题。

基于上述分析，本章以相同比例、不同煤岩性质的煤岩组合体 FC（1∶1）、GC（1∶1）、FCG（1∶2∶1）为研究对象，开展不同加载速率下的单轴压缩实验，分析煤岩组合体不同加载速率下的力学特性与破坏特征，并考虑能量在不同岩层中的积聚能力不同，分析煤岩组合体中各组分的能量积聚情况，探索能量积聚规律，以期为冲击地压的防治提供思路。

6.1 实验内容与目的

（1）针对 $\varphi=50\text{mm}$，$d=50\text{mm}$ 的煤试件，开展五种不同加载速率（0.001mm/s、0.005mm/s、0.01mm/s、0.05mm/s、0.1mm/s）下的单轴压缩实验，对煤试件的破坏特征、力学特性、冲击倾向性以及能量积聚特征简要分析，为煤岩组合体的时间能量分布计算提供基础资料。

（2）针对 FC（1∶1）、GC（1∶1）、FCG（1∶2∶1）三种组合体，开展五种不同加载速率下的单轴压缩实验，探索煤岩组合体的破坏特征、力学特性、失稳机制与加载速率的关系。

（3）分析煤岩组合体各组分能量分布情况，确定能量积聚岩块，并探索加载速率对各组分能量积聚的影响。

6.2　煤岩组合体的构建与试样选取和试件制备

6.2.1　煤岩组合体的构建

为严格控制单一变量，实验中的煤岩组合体的比例必须一致，二元组合体的比例为 1∶1，三元组合体的比例 1∶2∶1，煤岩组合体种类为 FC、GC、FCG，图 6.1 为煤岩组合体示意图。

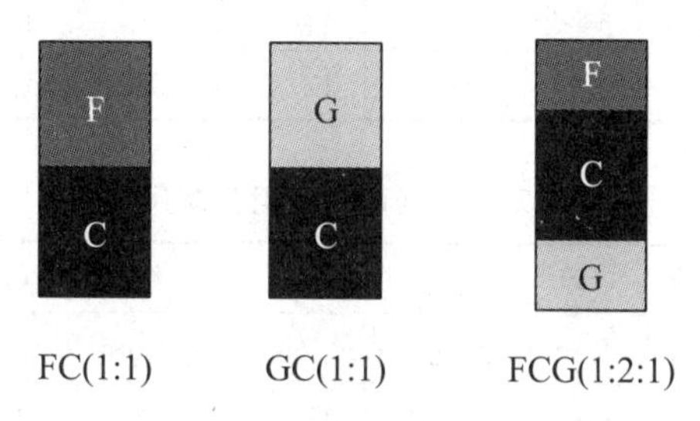

图 6.1　煤岩组合体示意图

对于煤岩组合体的实验要求如下：

（1）煤岩组合体中细砂岩、粗砂岩、煤均具有同源性，保证煤岩组合体的赋存环境、力学性质一致。

（2）煤岩组合体的总尺寸为 $\varphi=50$mm，$d=100$mm。

（3）为尽可能保持工程实际原始叠加互层状态，组分间直接接触，避免使用黏合剂，因为黏合剂的固有属性、用量、黏合作用会对煤岩组合体的性质产生重要影响。

（4）为降低实验误差，每种煤岩组合体加工 5 个，对 5 个组合体试件做单轴压缩实验，各参数取平均值。

6.2.2　试样选取和试件制备

实验所需材料均取自峻德煤矿 17 层煤及顶、底板中粗砂岩和细砂岩，工程背景情况见第 3 章。试样需符合以下条件：①为保证煤岩试样的同源性，煤岩试样必须来自井下同一位置；②为保证试样具有较高的均质度，不能夹含其他岩石成分；③为保证试样具有较好的完整性，选取无裂纹、裂隙或少裂纹、裂隙的试样。试件的制备和加工见 3.1 节。经取芯、切割、打磨之后，获得符合要求的煤岩组合体。

煤岩组合体尺寸实际测量值见表 6.1～表 6.3。典型的煤岩组合体照片如图 6.2 所示。

表 6.1 FC（1∶1）组合体尺寸

试件名称	组分 1（F）				组分 2（C）				总尺寸/mm
	R_c/MPa	φ/mm	d/mm	占比/%	R_c/MPa	φ/mm	d/mm	占比/%	
FC−1	127.85	50	51.0	0.50	12.47	50	51.0	0.50	102
FC−2	127.85	50	50.0	0.51	12.47	50	49.0	0.49	99
FC−3	127.85	50	52.0	0.52	12.47	50	48.0	0.48	100
FC−4	127.85	50	48.0	0.48	12.47	50	52.0	0.52	100
FC−5	127.85	50	49.0	0.49	12.47	50	50.0	0.51	99

表 6.2 GC（1∶1）组合体尺寸

试件名称	组分 1（G）				组分 2（C）				总尺寸/mm
	R_c/MPa	φ/mm	d/mm	占比/%	R_c/MPa	φ/mm	d/mm	占比/%	
GC−1	57.89	50	48.0	0.49	12.47	50	50.0	0.51	98
GC−2	57.89	50	47.0	0.47	12.47	50	52.0	0.53	99
GC−3	57.89	50	50.0	0.50	12.47	50	51.0	0.50	101
GC−4	57.89	50	52.0	0.52	12.47	50	48.0	0.48	100
GC−5	57.89	50	51.0	0.52	12.47	50	47.0	0.48	98

表 6.3 FCG（1∶2∶1）组合体尺寸

试件名称	组分 1（F）R_c=127.85MPa，φ=50mm		组分 2（C）R_c=12.47MPa，φ=50mm		组分 3（G）R_c=57.89MPa，φ=50mm		总尺寸/mm
	d/mm	占比/%	d/mm	占比/%	d/mm	占比/%	
FCG−1	24.0	0.24	51.0	0.51	25.0	0.25	100
FCG−2	23.0	0.23	52.0	0.51	26.0	0.26	101
FCG−3	25.0	0.25	50.0	0.50	25.0	0.25	100
FCG−4	27.0	0.27	48.0	0.48	24.0	0.24	99
FCG−5	26.0	0.26	49.0	0.49	25.0	0.25	100

图 6.2　典型的煤岩组合体

6.3　实验系统与方案

实验采用与第 3 章相同的实验设备 TAW－2000kN 微机控制电液伺服岩石三轴试验系统，对煤岩组合体进行不同加载速率的单轴压缩实验，获得全应力—应变曲线，通过曲线计算各种参数。

加载速率选择 0.001mm/s、0.005mm/s、0.01mm/s、0.05mm/s、0.1mm/s，煤岩组合体选择 FC（1∶1）、GC（1∶1）、FCG（1∶2∶1），实验过程围压为 0MPa，组分界面夹角为 0°。实验方案见表 6.4。

表 6.4　实验方案

煤岩组合体	界面夹角/°	加载方式	加载速率/（$mm \cdot s^{-1}$）	试件个数/个
FC（1∶1）	0	位移加载	0.001、0.005、0.01、0.05、0.1	5
GC（1∶1）	0	位移加载	0.001、0.005、0.01、0.05、0.1	5
FCG（1∶2∶1）	0	位移加载	0.001、0.005、0.01、0.05、0.1	5

第 5 章实验中已经在 0.005mm/s 的加载速率下为对 FC（1∶1）、GC（1∶1）、FCG（1∶2∶1）三种煤岩组合体做了单轴压缩实验，且每种组合体做了五组实验。因此，本章三种煤岩组合体在 0.005mm/s 的加载速率下的加载实验参考第 5 章。

6.4　加载速率对煤岩组合体破坏特征的影响

图 6.3 为不同煤岩组合体在不同加载速率下的典型破坏形态。

(a) FC（1∶1）

(b) GC（1∶1）

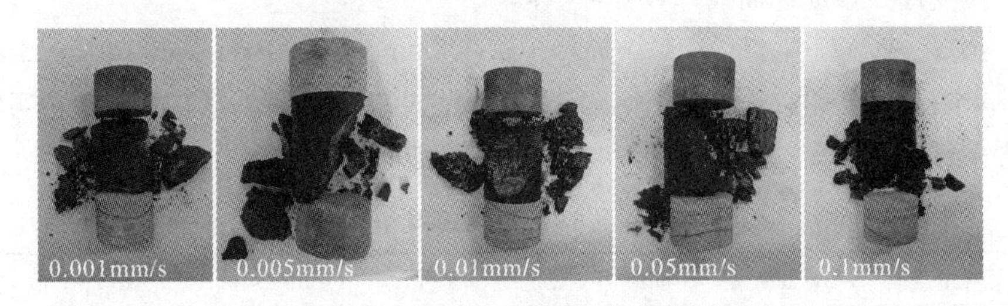

(c) FCG（1∶2∶1）

图 6.3　煤岩组合体在不同加载速率下的典型破坏形态

由图 6.3 可知，从破坏颗粒大小来看，0.001mm/s 的加载速率下，破碎煤块粒径较小，出现了较多煤粉，煤粉和粒径较小的破碎煤块比重较大，这是因为较低的加载速率使煤组分萌生更多的裂纹、裂隙，且扩展和贯通更加充分，在试验机的作用下，破裂界面之间相互摩擦，产生较多粉末和较小颗粒，该加载速率下的破坏属于完全破坏。0.1mm/s 的加载速率下破碎煤块粒径最大，形状不规则，粒径较小的破碎煤块比重较少，从破坏形态来看，高加载速率下为不完全破坏，偏向脆性破坏形式。煤岩组合体在高加载速率下，裂纹、裂隙萌生数量较少，扩展和贯通不完全，主要沿着煤中已有裂纹迅速扩展、贯通，从而出现局部破坏，引发整体失稳。

由以上分析可知，加载速率对煤岩组合体的破坏机制产生较大影响。低加载速率下，煤岩组合体完全破坏，裂纹、裂隙发育充分，试件峰前积聚能量大多以裂纹、裂隙的贯通、发展以及薄弱结构面摩擦的形式缓慢耗散，破坏形式属于塑性破坏。高加载速率下，煤岩组合体破坏不完全，裂纹、裂隙较少，发育不完全，其破坏主要是由局部破坏引发整体失稳，峰前积聚能量主要以冲击方式快速释放，破坏形式属于脆性破坏。加载速率对煤岩组合体破坏特征的影响主要表现在六个方面：裂隙发育程度、破碎块体粒径、破碎块体数量、能量释放速度、破坏形式、失稳机制，见表 6.5。

表 6.5　加载速率对煤岩组合体破坏特征的影响

参数	低加载速率	高加载速率
裂隙发育程度	完全发育	不完全发育
破碎块体粒径	块体粒径小，有煤粉出现	块体粒径大
破碎块体数量	数量多	数量少
能量释放速度	缓慢	迅速
破坏形式	塑性破坏	脆性破坏
失稳机制	大面积破坏	局部关键破坏，引发整体失稳

6.5　不同加载速率下煤岩组合体破碎块体的分形特征

6.5.1　分形几何理论的引入

分形（Fractal）一词起源于拉丁文中的 fraclus（断裂）和 fractional（碎片的，分数的），具有不规则、支离破碎等意义。传统几何学中描述的事物都是整数维的，即维数 0、1、2 和 3，它们分别对应点、线、面和体。20 世纪 70 年代，法国数学家曼德尔勃罗特（B. B. Mandelbrot）认为，采用整数维是不能准确描述自然界中的大部分事物的，因此，提出了维数可以为分数的概念，即分形几何，这直接颠覆了人们对于自然界的传统认知。分形理论是在“分形”概念的基础上发展的一门非线性学科，它以不规则几何形态为研究对象，并能定量地描述自然界中不规则的事物、现象和行为。与传统几何学相比，分形几何具有以下明显特点：①从整体来看，分形几何图形具有处处不规则性；②在一定尺度上，几何图形的不规则性具有相似性。实际上，分形的这一自相似性质只在特定的区域中存在，超出这个区域就不能用分维进行测量了，这也就是分形的可标度性。

分形理论可有效描述自然界中许多外表不规律事物的内在规律性，在生物、物理、化学、天文、经济、岩土工程、计算机图形等诸多领域展现出独特的应用前景。1991年，谢和平院士成功地将分形几何与损伤力学相结合，开创了岩石分形理论研究的新领域。

组合体失稳破坏后的破碎块体的分形特征需借助分形理论，定量表达破碎块体的特征。本节借助分形几何理论对不同加载速率下的试件破碎块度开展研究，分析不同加载速率下煤岩组合体的破坏特征。

加载速率对煤岩组合体破碎块体的数量和质量分布特征有重要影响。破碎块体数量、质量分布特征反映了试件内部裂纹、裂隙的发展演化特征，同时也反映了试件破坏过程中能量的耗散和释放特征。因此，研究破碎块体数量和质量特征随块体尺寸的变化规律，对深入揭示试件的破坏特征与破坏机理具有一定理论和指导意义；研究不同加载速率对破碎块体分形特征的影响，可进一步为研究煤岩组合体冲击机制提供参考依据，对地下工程安全施工具有重要意义。

6.5.2 破碎块体的筛分

煤岩组合体在五种加载速率下均是煤组分破坏，因此，只对煤组分进行筛分实验。实验时采用不同孔径的筛子筛分出不同粒径的破碎块体，并用高精度电子秤对不同粒径的破碎块体进行称重。实验所用器材如图6.4所示。

(a) 筛子

(b) 高精度电子秤

图6.4 分形实验器材

煤组分破坏后的破碎块体尺寸类型多，分布范围广，大于4.75mm的破碎块体可用卡尺测量尺寸，小于4.75mm的破碎块体使用传统的卡尺测量难以保证测量精度，需使用孔径不同的网筛对其进行筛选。本实验所用筛子的孔径分别为0.6mm、1.18mm、2.0mm、4.75mm。孔径分类时，由于被碎块体具有不规则性，按照其长轴尺寸进行分类，共有大碎块（>50mm）、较大碎块

(30～50mm)、中等碎块（20～30mm)、较小碎块（10～20mm)、小碎块(4.75～10mm)、粗颗粒（2～4.75mm)、中颗粒（1.18～2mm)、细颗粒(0.6～1.18mm)、微颗粒（<0.6mm）9 种等级。不同等级破碎块体的测量方法见表 6.6。

表 6.6　破碎块体等级与测量方法

编号	等级	粒径范围/mm	测量与称重方法	实验目的
1	大碎块	>50	游标卡尺测量尺寸、高精度电子秤称重	碎块个数、尺寸特征、质量分布
2	较大碎块	30～50		
3	中等碎块	20～30		
4	较小碎块	10～20		
5	小碎块	4.75～10		
6	粗颗粒	2～4.75	不同孔径筛子筛分、高精度电子秤称重	总质量
7	中颗粒	1.18～2		
8	细颗粒	0.6～1.18		
9	微颗粒	<0.6		

6.5.3　破碎块体筛分结果分析

6.5.3.1　破碎块体分类及分布特征

将不同加载速率下的三种煤岩组合体中煤组分的破碎块体按照粒径测量和称重的要求进行筛分整理，筛分结果如图 6.5 所示。

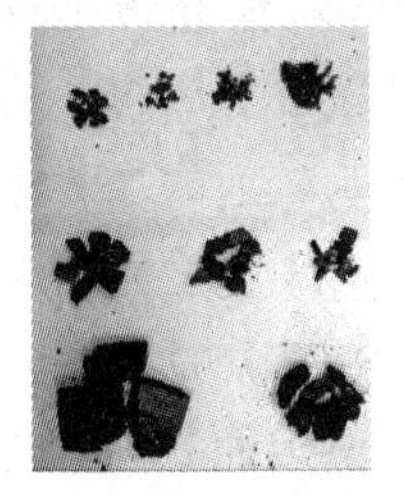

FC(1∶1)-0.001mm/s

FC(1∶1)-0.005mm/s

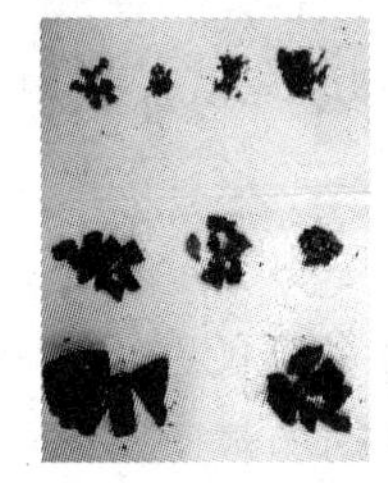

FC(1∶1)-0.01mm/s

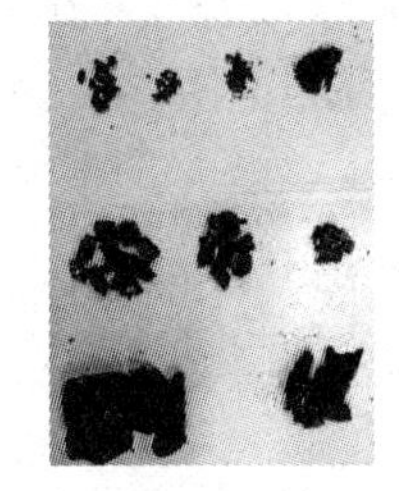

FC(1∶1)-0.05mm/s

FC(1∶1)–0.1mm/s GC(1∶1)–0.001mm/s GC(1∶1)–0.005mm/s GC(1∶1)–0.01mm/s

GC(1∶1)–0.05mm/s GC(1∶1)–0.1mm/s FCG(1∶2∶1)–0.001mm/s FCG(1∶2∶1)–0.005mm/s

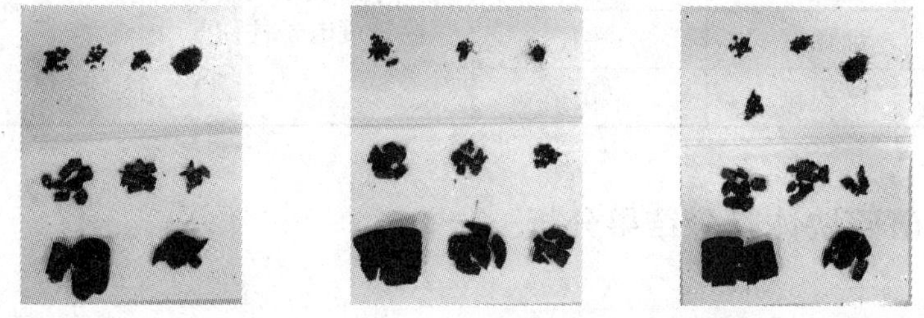

FCG(1∶2∶1)–0.01mm/s FCG(1∶2∶1)–0.05mm/s FCG(1∶2∶1)–0.1mm/s

图 6.5 煤岩组合体破碎块体筛分结果

由图 6.5 可知，破碎块体具有明显的分类特征。FC（1∶1）、GC（1∶1）、FCG（1∶2∶1）组合体在 0.001mm/s 的加载速率下，破碎块体分布比较平均，分布范围广，而在 0.1mm/s 的加载速率下，破碎块体分布不平均。随着加载速率增大，小碎块的数量逐渐减少。出现这一现象是因为较大的加载速率使得煤组分中裂纹、裂隙不完全发育，数量较少，破坏时具有不完全性。而在较低的加载速率下，有足够的时间和充足的能量保证裂纹、裂隙的萌生、发展、贯通。另外，较低的加载速率还可以使试件破坏后具有更多的薄弱面的摩擦，因此，破碎块体分布均匀。宏观来讲，加载速率越小，煤组分越破碎。

6.5.3.2 破碎块体数量分布特征

对不同加载速率下试件的破碎块体数量进行计数，并对离散数据求平均值。因小于 4.75mm 的颗粒计数困难，故选择大于 4.75mm 的五种等级的破碎块体进行计数，计数结果见表 6.7。为便于观察加载速率、破碎块体粒径、破碎块体数量之间的关系，作图 6.6。

表 6.7　煤组分破碎块体数量分布

煤岩组合体	加载速率/(mm·s^{-1})	粒径/mm				
		>50	30～50	20～30	10～20	4.75～10
FC（1∶1）	0.001	3	3	10	33	79
	0.005	2	2	8	30	78
	0.01	2	3	8	28	62
	0.05	2	2	7	18	32
	0.1	1	3	5	10	18
GC（1∶1）	0.001	2	3	14	46	105
	0.005	2	3	13	45	92
	0.01	2	2	12	33	75
	0.05	2	3	10	30	43
	0.1	2	2	8	21	33
FCG（1∶2∶1）	0.001	2	2	13	38	91
	0.005	2	3	11	42	89
	0.01	2	2	11	32	69
	0.05	2	3	9	28	33
	0.1	1	3	6	16	29

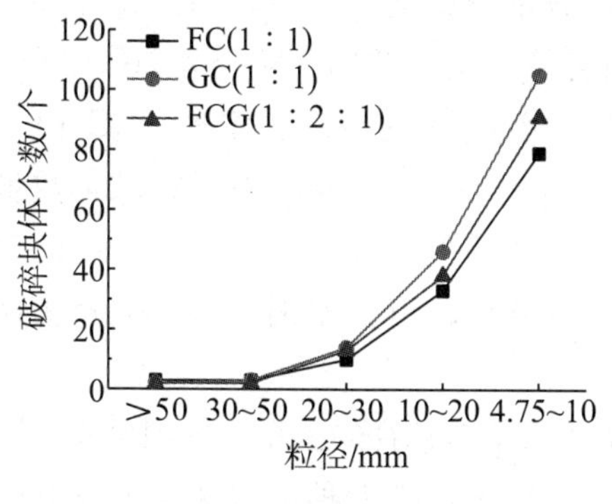

(a) 加载速率 0.001mm/s

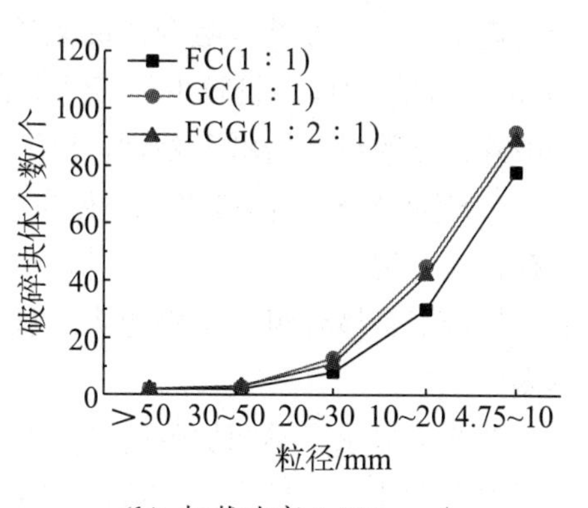

(b) 加载速率 0.005mm/s

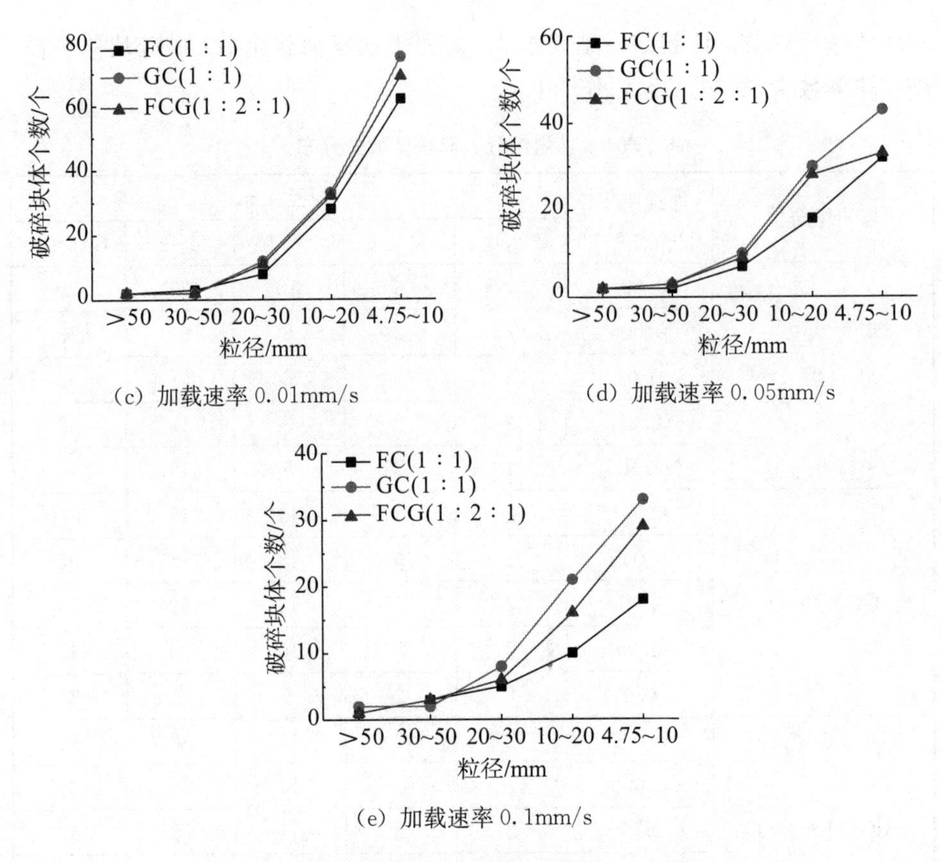

（c）加载速率 0.01mm/s

（d）加载速率 0.05mm/s

（e）加载速率 0.1mm/s

图 6.6 相同加载速率下破碎块体数量与粒径的关系

由图 6.6 可知，从整体来看，粒径越大，破碎块体数量越少。无论在哪种加载速率下，三种煤岩组合体的破碎块体数量分布均一致性较高。粒径大于 30mm 的破碎块体数量较少，三种煤岩组合体无明显差别；粒径为 20～30mm 的破碎块体数量开始出现差别，FC（1∶1）组合体的破碎块体少，GC（1∶1）组合体的破碎块体最多，粒径为 10～20mm、4.75～10mm 的破碎块体数量也存在这种规律，但同等粒径的破碎块体数量的差值具有不均等性。由此表明，煤岩组合体各组分差别越大，破碎块体越少；组分差别越小，破碎块体越多。

图 6.7 显示了不同加载速率下破碎块体数量与粒径的关系。由图可知，同种煤岩组合体，粒径大于 20mm 的破碎块体数量，在五种加载速率下没有明显的特征，数量相差不大。粒径为 10～20mm、4.75～10mm 的破碎块体数量与加载速率的关系为：0.001mm/s 下破碎块体数量>0.005mm/s 下破碎块体数量>0.01mm/s 下破碎块体数量>0.05mm/s 下破碎块体数量>0.1mm/s 下

破碎块体数量。由此表明，随着加载速率增大，破碎块体数量逐渐减少。加载速率的增加有助于减少煤岩组合体的破碎程度。究其原因，较高的加载速率使得煤岩组合体内部裂纹、裂隙来不及萌生与发展，促使煤岩组合体不完全破坏。

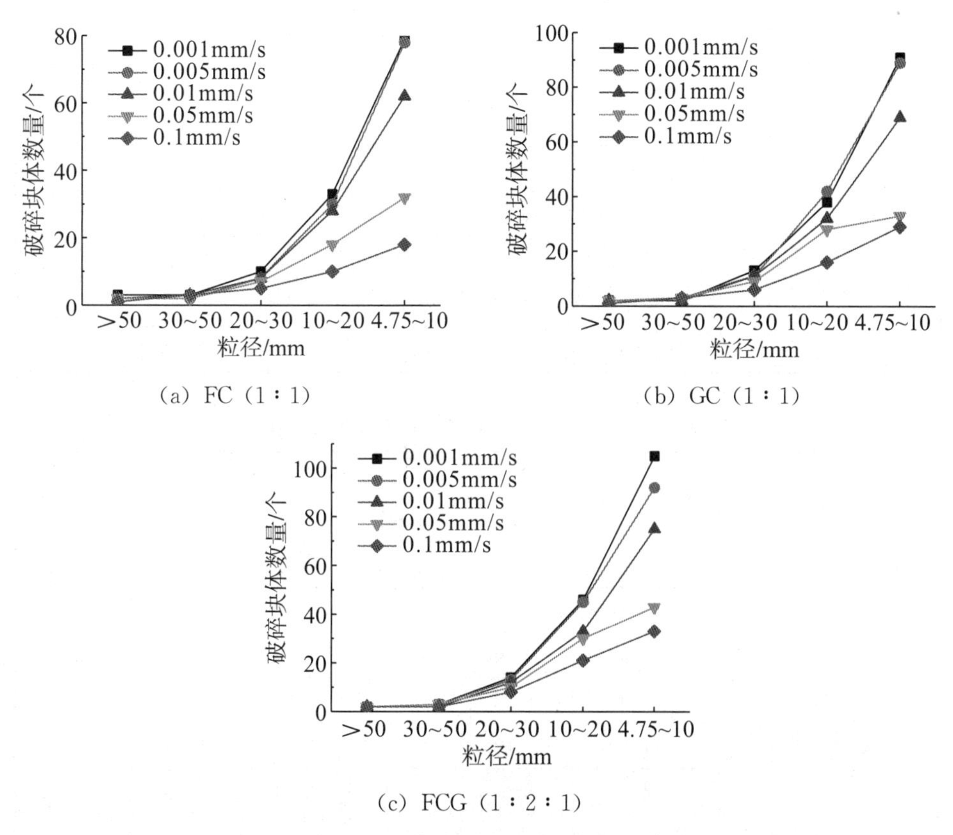

(a) FC (1∶1)　(b) GC (1∶1)

(c) FCG (1∶2∶1)

图 6.7　不同加载速率下破碎块体数量与粒径的关系

6.5.3.3　破碎块体质量特征

对三种煤岩组合体在不同加载速率下的破碎块体，在不同粒径范围内称重，取平均数据，求得不同粒径范围破碎块体质量分数（不同粒径范围内的破碎块体质量与破碎块体总质量的比值），见表 6.8～表 6.10。为了更清晰地描述不同粒径范围的质量分布特征，根据实验数据，作图 6.8。

表 6.8　FC（1∶1）组合体破碎块体质量分数

煤岩组合体	粒径/mm	加载速率/（mm·s^{-1}）				
		0.001	0.005	0.01	0.05	0.1
FC（1∶1）	>50	49.25	56.37	60.02	64.02	67.68
	30~50	18.34	19.24	21	22.54	23.1
	20~30	15.24	13.15	11	8.2	5.81
	10~20	9.24	7.22	5.03	3.06	1.95
	4.75~10	3.92	1.87	0.95	0.75	0.58
	2~4.75	1.87	0.85	0.81	0.63	0.4
	1.18~2	0.98	0.75	0.65	0.42	0.33
	0.6~1.18	0.76	0.34	0.33	0.25	0.13
	<0.6	0.4	0.21	0.21	0.13	0.02

表 6.9　GC（1∶1）组合体破碎块体质量分数

煤岩组合体	粒径/mm	加载速率/（mm·s^{-1}）				
		0.001	0.005	0.01	0.05	0.1
GC（1∶1）	>50	43.25	55.84	59.06	63.87	66.85
	30~50	15.87	17.03	18.81	20.34	21.18
	20~30	14.89	13.2	11.48	9.01	6.3
	10~20	9.08	7.3	5.34	2.18	1.48
	4.75~10	7.12	2.13	1.23	1.14	0.96
	2~4.75	5.1	1.34	1.21	0.85	0.75
	1.18~2	3.05	1.21	1.16	0.88	0.96
	0.6~1.18	1.06	0.99	0.82	0.79	0.77
	<0.6	0.58	0.96	0.89	0.94	0.75

表 6.10　FCG（1∶2∶1）组合体破碎块体质量分数

煤岩组合体	粒径/mm	加载速率/（mm·s^{-1}）				
		0.001	0.005	0.01	0.05	0.1
FCG（1∶2∶1）	＞50	45.26	55.98	59.28	63.54	67.08
	30～50	17.05	18.34	20.08	20.98	22.67
	20～30	15.31	13.45	11.56	9.21	6.01
	10～20	9.2	7.33	5.18	2.85	1.54
	4.75～10	6.34	2.05	1.17	0.88	0.75
	2～4.75	3.81	1	0.95	0.71	0.62
	1.18～2	1.68	0.88	0.81	0.76	0.54
	0.6～1.18	0.86	0.65	0.62	0.54	0.41
	＜0.6	0.49	0.32	0.35	0.53	0.38

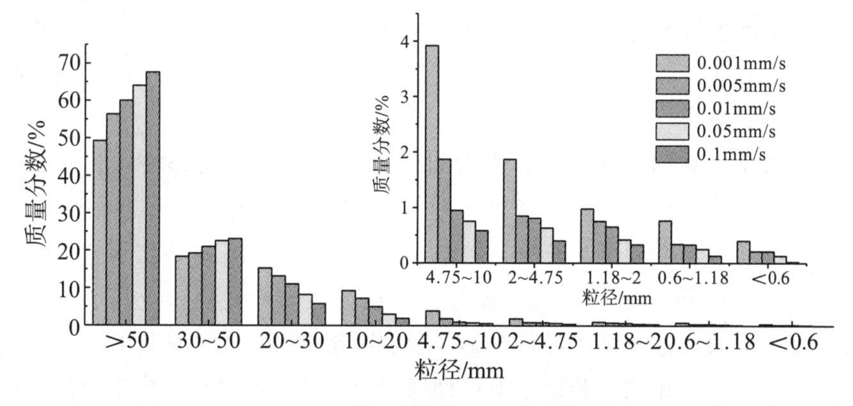

（a）FC（1∶1）

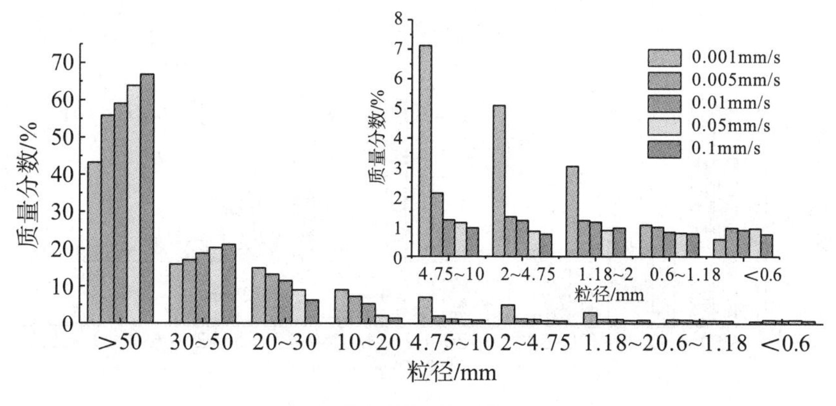

（b）GC（1∶1）

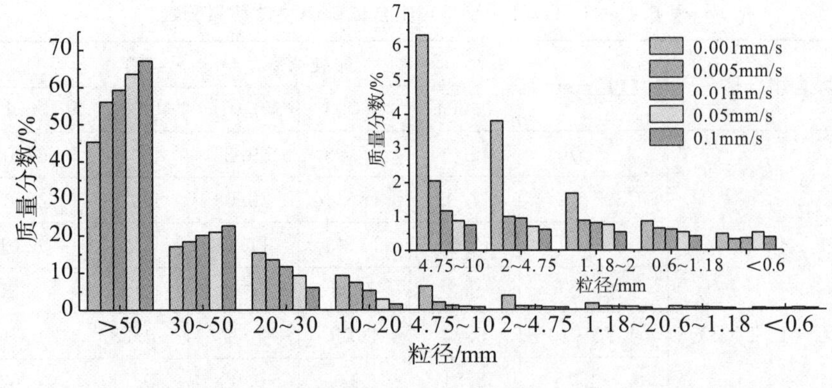

(c) FCG (1∶2∶1)

图 6.8　不同加载速率下破碎块体质量分数与粒径的关系

由图 6.8 可知，综合分析三种煤岩组合体在不同加载速率下破碎块体质量分数与粒径的关系发现，大碎块和较大碎块两种等级的破碎块体质量分数随着加载速率的增加而增加，加载速率越大，破碎块体质量分数越大。除微颗粒等级外，其余等级的破碎块体质量分数随着加载速率的增加而减小，加载速率越大，质量分数越小。

由此可见，高加载速率下，煤岩组合体容易产生较大碎块；低加载速率下，煤岩组合体容易产生较小碎块。这是因为低加载速率使煤岩组合体中裂纹、裂隙的萌生与发展更加充分，加剧了其破碎程度。三种煤岩组合体的微颗粒等级中，只有 FC (1∶1) 组合体符合质量分数与粒径规律，其余两种煤岩组合体起伏不大，这是因为粒径越小，影响因素越多，无序性越大。

图 6.9 显示了相同加载速率下三种煤岩组合体的破碎块体质量分数与粒径的关系。

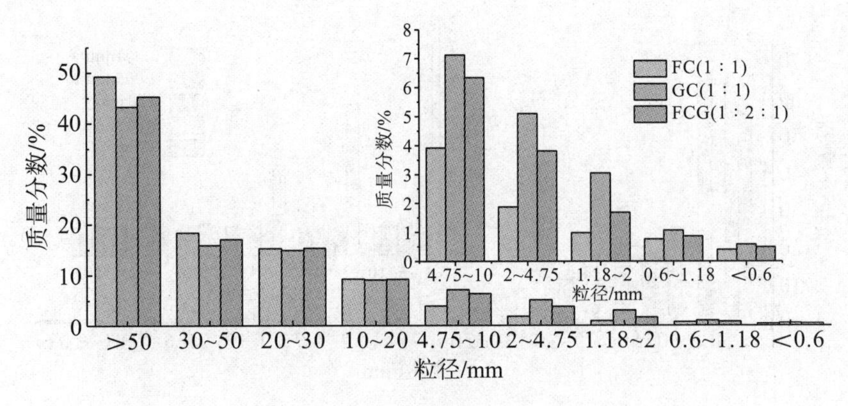

(a) 0.001mm/s

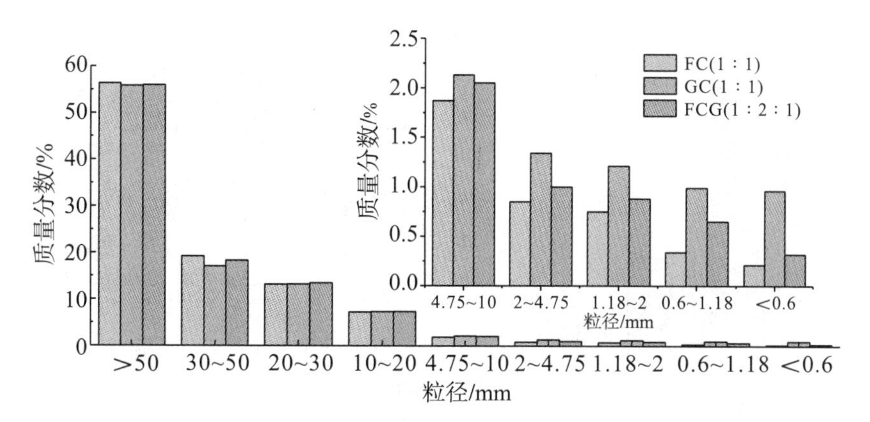

(b) 0.005mm/s

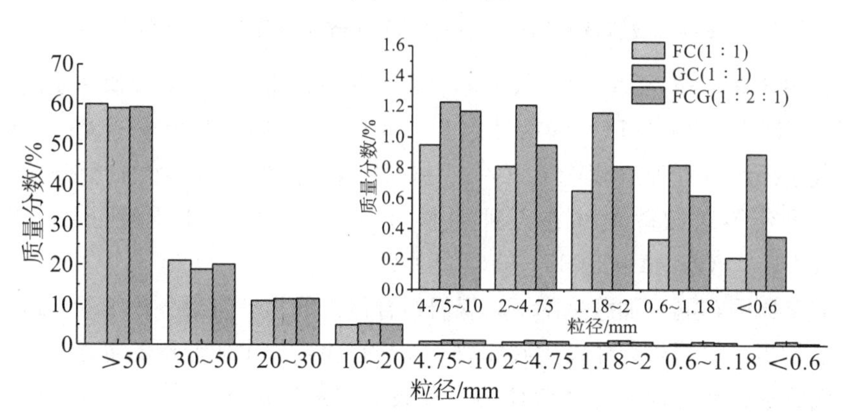

(c) 0.01mm/s

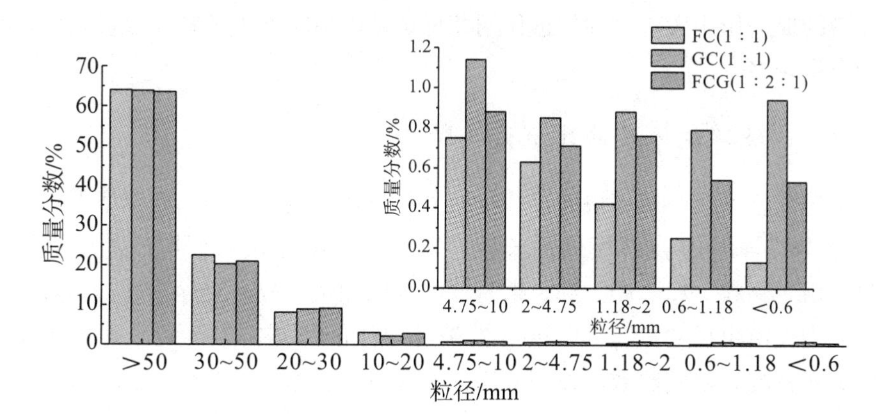

(d) 0.05mm/s

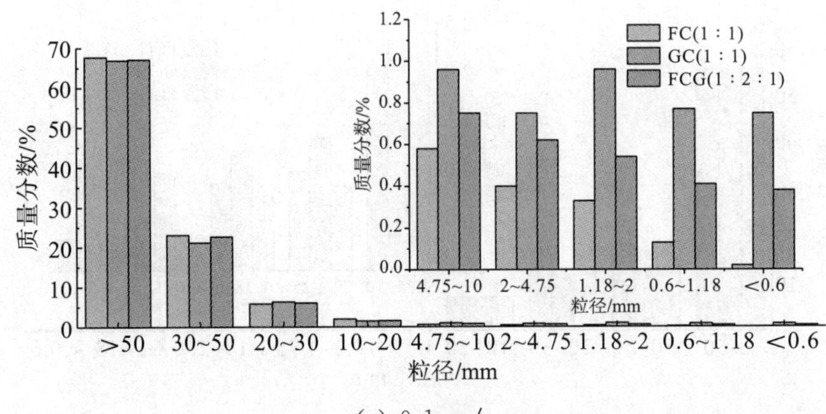

(e) 0.1mm/s

图 6.9 相同加载速率下三种煤岩组合体的破碎块体质量分数与粒径的关系

由图 6.9 可知，大碎块、较大碎块在五种加载速率下，破碎块体质量分数顺序为 FC（1∶1）>FCG（1∶2∶1）>GC（1∶1），但相差不大。中等碎块、较小碎块在五种加载速率下，三种煤岩组合体的破碎块体质量分数相差不大。剩余等级破碎块体在五种加载速率下，破碎块体质量分数顺序为 GC（1∶1)>FCG（1∶2∶1）>FC（1∶1)。

究其原因，同一加载速率下，煤岩组合体中的粗砂岩组分比细砂岩组分积聚的能量多，煤岩组合体发生破坏时，积聚在粗砂岩中的能量随着煤组分的破坏逐渐释放，对煤岩组合体整体的失稳破坏起到促进作用，显然 GC（1∶1）组合体中粗砂岩组分积聚的能量比其余两种煤岩组合体要多，对煤岩组合体整体失稳的促进作用大，这种促进作用使得试件破坏时产生大颗粒数量较少，小颗粒数量较多。

6.5.3.4 破碎块体尺寸比例分布特征

为研究各等级内破碎块体尺寸比例分布特征，测量不同加载速率下三种煤岩组合体各等级内破碎块体的长度、宽度、厚度，并求平均值，结果见表 6.11。由于颗粒（粗、中、细、微）尺寸难以测量，故只对碎块进行测量，因此，表中仅给出尺寸大于 4.75mm 的破碎块体的数据。为得到破碎块体尺寸比例分布特征，对实验数据作图 6.10、图 6.11。

表 6.11　煤岩组合体中破碎块体的尺寸比例分布特征

加载速率/(mm·s^{-1})	粒径/mm	FC（1∶1）			GC（1∶1）			FCG（1∶2∶1）		
		长/宽	长/厚	宽/厚	长/宽	长/厚	宽/厚	长/宽	长/厚	宽/厚
0.001	>50	1.201	1.605	1.336	1.204	1.845	1.532	1.214	1.726	1.422
	30～50	1.324	1.724	1.302	1.314	1.934	1.472	1.324	1.901	1.436
	20～30	1.642	1.908	1.162	1.251	2.018	1.613	1.322	1.968	1.489
	10～20	1.235	1.521	1.231	1.342	1.745	1.300	1.158	1.681	1.452
	4.75～10	1.324	1.468	1.109	1.268	1.632	1.287	1.362	1.548	1.137
0.005	>50	1.308	1.731	1.323	1.405	1.822	1.297	1.254	1.751	1.396
	30～50	1.128	1.845	1.636	1.357	1.902	1.401	1.264	1.884	1.491
	20～30	1.089	2.044	1.877	1.264	2.215	1.752	1.319	2.141	1.623
	10～20	1.288	1.726	1.340	1.308	1.809	1.383	1.089	1.785	1.639
	4.75～10	1.541	1.531	0.994	1.335	1.628	1.219	1.412	1.554	1.101
0.01	>50	1.216	1.866	1.535	1.246	1.998	1.604	1.362	1.903	1.397
	30～50	1.344	1.947	1.449	1.28	2.251	1.759	1.401	2.084	1.488
	20～30	1.405	2.198	1.564	1.304	2.369	1.817	1.333	2.307	1.731
	10～20	1.381	1.812	1.312	1.405	1.908	1.358	1.205	1.895	1.573
	4.75～10	1.264	1.723	1.363	1.502	1.816	1.209	1.332	1.734	1.302
0.05	>50	1.266	1.957	1.546	1.461	2.215	1.516	1.444	2.136	1.479
	30～50	1.184	2.135	1.803	1.382	2.368	1.713	1.251	2.201	1.759
	20～30	1.305	2.336	1.790	1.445	2.614	1.809	1.605	2.438	1.519
	10～20	1.207	2.025	1.678	1.364	2.421	1.775	1.285	2.384	1.855
	4.75～10	1.301	1.816	1.396	1.295	1.907	1.473	1.402	1.854	1.322
0.1	>50	1.054	2.244	2.129	1.312	2.621	1.998	1.225	2.349	1.918
	30～50	1.045	2.588	2.477	1.268	2.834	2.235	1.214	2.738	2.255
	20～30	1.246	2.937	2.357	1.421	3.241	2.281	1.304	3.084	2.365
	10～20	1.315	2.311	1.757	1.365	2.604	1.908	1.455	2.435	1.674
	4.75～10	1.455	2.126	1.461	1.405	2.546	1.812	1.204	2.214	1.839

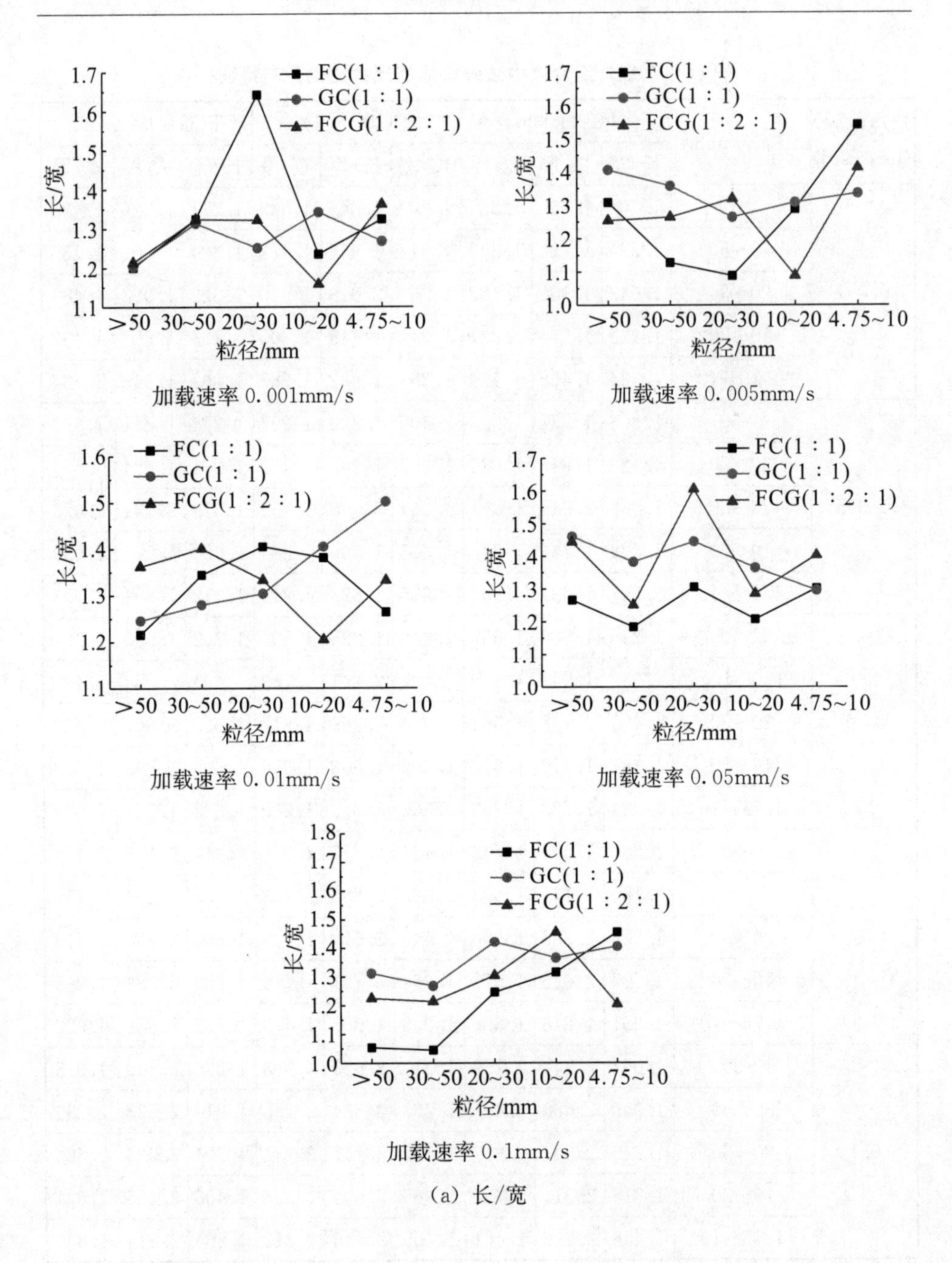

加载速率 0.001mm/s

加载速率 0.005mm/s

加载速率 0.01mm/s

加载速率 0.05mm/s

加载速率 0.1mm/s

(a) 长/宽

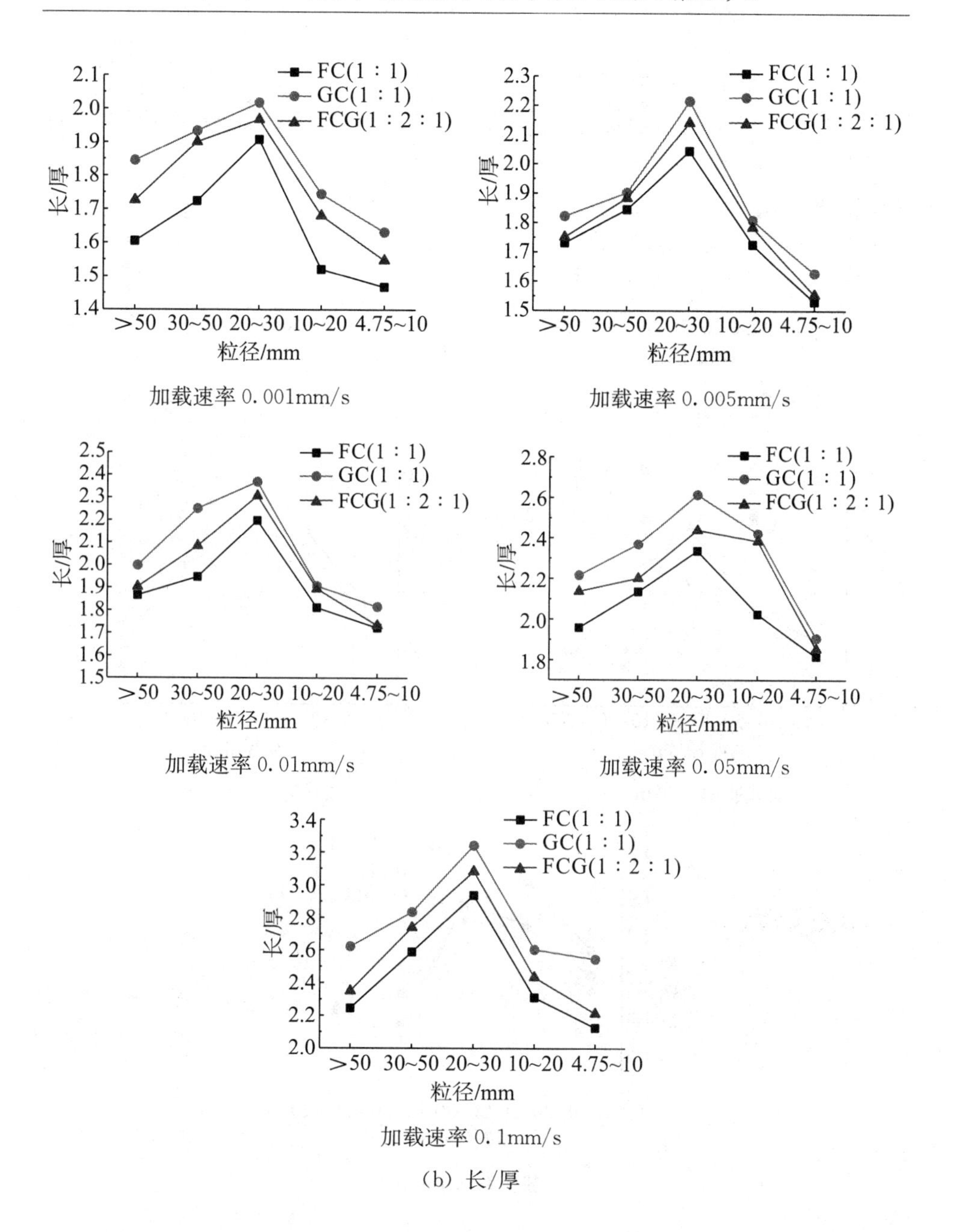

加载速率 0.001mm/s

加载速率 0.005mm/s

加载速率 0.01mm/s

加载速率 0.05mm/s

加载速率 0.1mm/s

(b) 长/厚

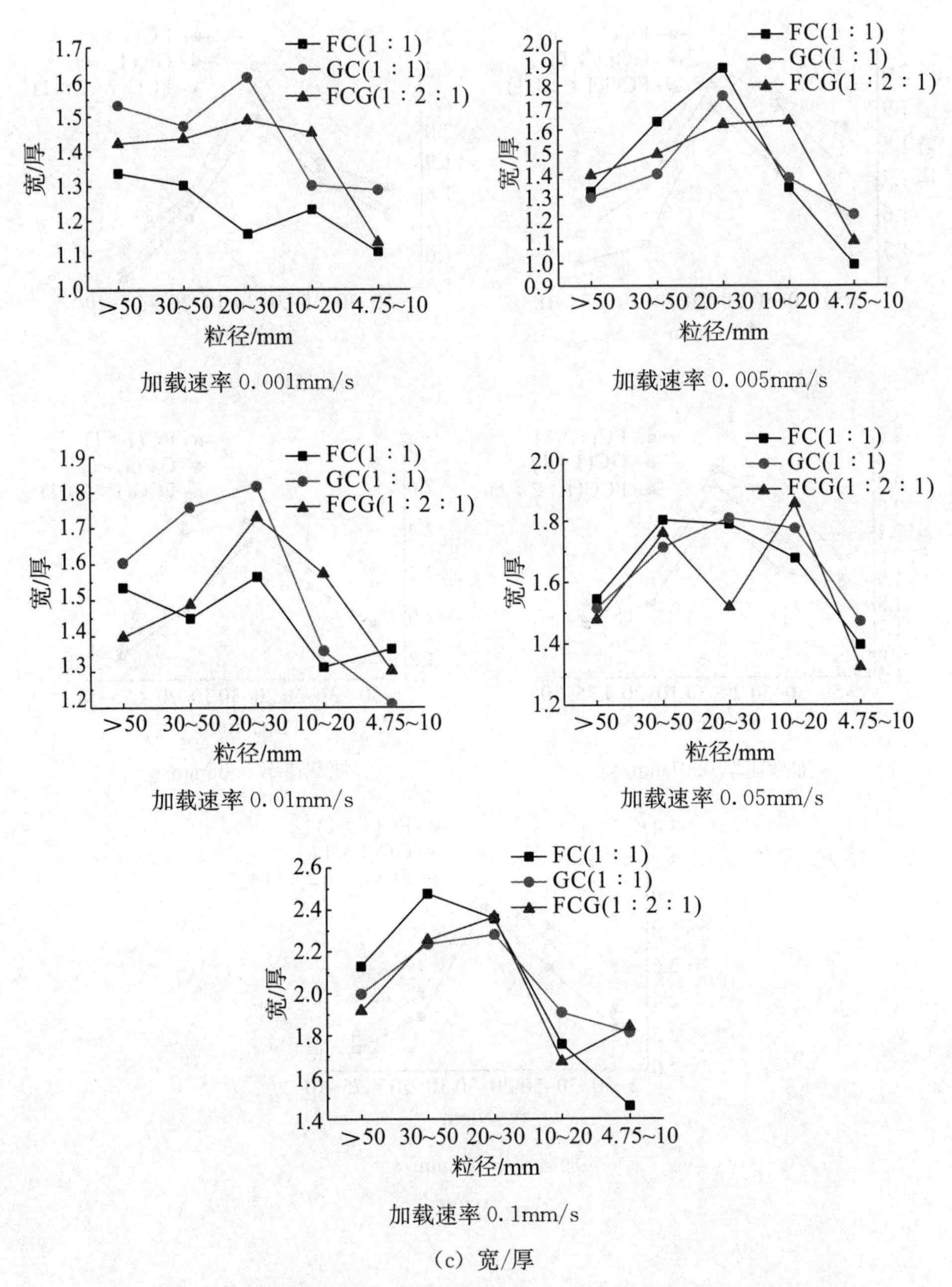

加载速率 0.001mm/s

加载速率 0.005mm/s

加载速率 0.01mm/s

加载速率 0.05mm/s

加载速率 0.1mm/s

(c) 宽/厚

图 6.10 相同加载速率下三种煤岩组合体的破碎块体尺寸比例分布特征

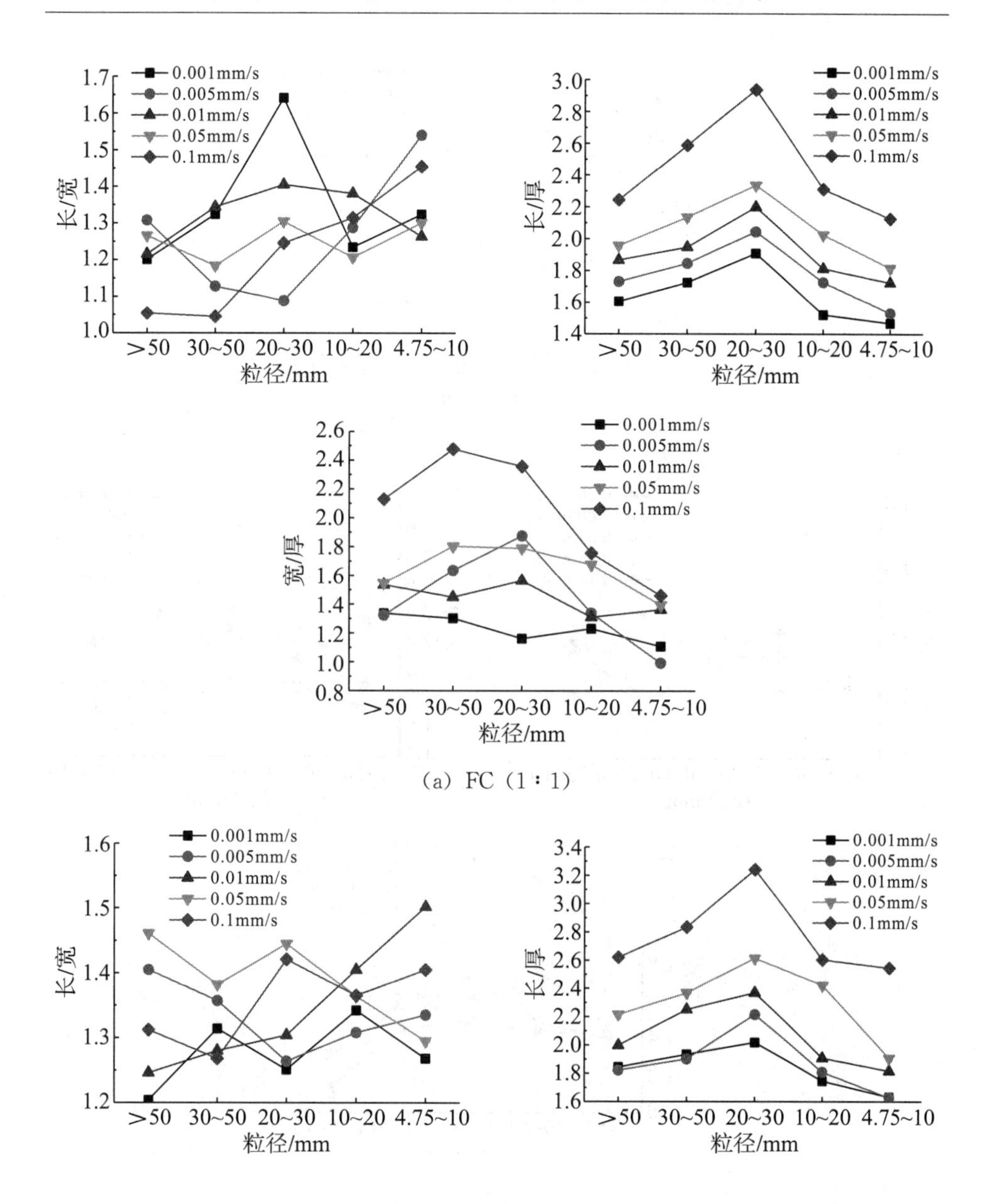
0.001mm/s
0.005mm/s
0.01mm/s
0.05mm/s
0.1mm/s
长/宽
长/厚
宽/厚
粒径/mm
>50
30~50
20~30
10~20
4.75~10

(a) FC（1∶1）

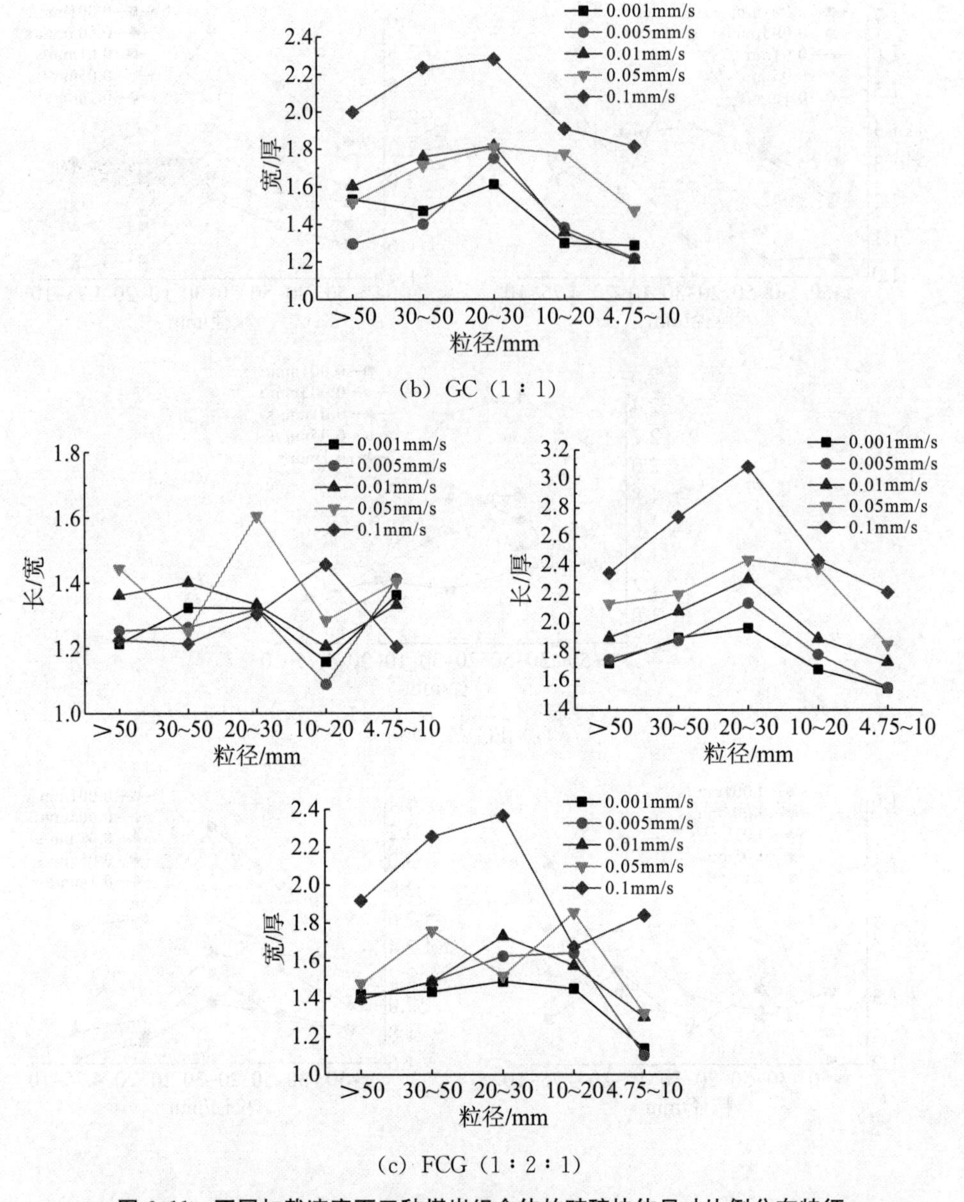

(b) GC（1∶1）

(c) FCG（1∶2∶1）

图 6.11　不同加载速率下三种煤岩组合体的破碎块体尺寸比例分布特征

由图 6.10 可知，煤岩组合体的性质对破碎块体的长/宽影响较小；0.005mm/s、0.1mm/s 的加载速率下煤岩组合体的破碎块体的宽/厚先增大后减小；煤岩组合体的破碎块体的长/厚随着粒径缩小先增大后减小，且同等级内长/厚由大到小为 GC（1∶1）>FCG（1∶2∶1）>FC（1∶1）。由此说明，同一加载速率下，GC（1∶1）组合体破坏后更容易产生长薄型碎片，20～

30mm 等级碎片最为明显，随着破碎块体粒径减小，长/厚减小，破碎块体形态逐渐向方形转化。

由图 6.11 可知，三种煤岩组合体在不同加载速率下破坏后破碎块体的长/宽和宽/厚与粒径的关系无明显规律，加载速率对其基本无影响；三种煤岩组合体的破碎块体的长/厚随着粒径的关系的减小呈现先增加后减小的趋势，相同等级内五种加载速率下破碎块体的长/厚由大到小为 0.1mm/s>0.05mm/s>0.01mm/s>0.005mm/s>0.001mm/s。由此表明，增大加载速率会促生长薄形态的碎块。相同粒径的破碎块体，加载速率越大，长薄碎块越明显；加载速率越小，长薄碎块越不明显。

6.5.4　破碎块体的分形特征分析

分形几何理论中，煤岩组合体的破碎过程的统计自相似性特征主要由分形维数和无标度空间两个参数来描述，其中，分形维数的定义如下：

$$D = -\lim_{\varepsilon \to 0} \frac{\lg N(\varepsilon)}{\lg \varepsilon} \tag{6.1}$$

式中　D——分形维数；

ε——标度；

$N(\varepsilon)$——在标度 ε 的测量值。

在计算破碎块体的分形维数方法上，主要有粒度—数量、粒度—质量两种方法，都是采用等效边长度量粒度，根据特征尺度与累计数量的关系来计算分形维数。

6.5.4.1　粒度—数量分形特征

由于小于 4.75mm 的破碎块体计数困难，因此，仅对大于 4.75mm 的破碎块体进行计数，测量破碎块体的长度（l）、宽度（w）、厚度（h），正方体的等效边长 L_{eq} 可以由下式计算：

$$L_{eq} = \sqrt[3]{l \times w \times h} \tag{6.2}$$

分形维数计算公式为

$$N = N_0 (L_{eq}/L_{eqmax})^{-D} \tag{6.3}$$

式中　N——大于等于等效边长 L_{eq} 的破碎块体数量；

N_0——具有最大特征尺寸 L_{eqmax} 的破碎块体数量；

D——分形维数。

为便于绘图和描述粒度—数量分形特征，对式（6.3）取对数，得：

$$\lg N = D\lg(L_{eqmax}/L_{eq}) - D\lg N_0 \quad (6.4)$$

由式（6.4）可知，$\lg N$—$\lg(L_{eqmax}/L_{eq})$ 的斜率为分形维数。三种煤岩组合体在不同加载速率下的 $\lg N$—$\lg(L_{eqmax}/L_{eq})$ 曲线如图 6.12 所示。

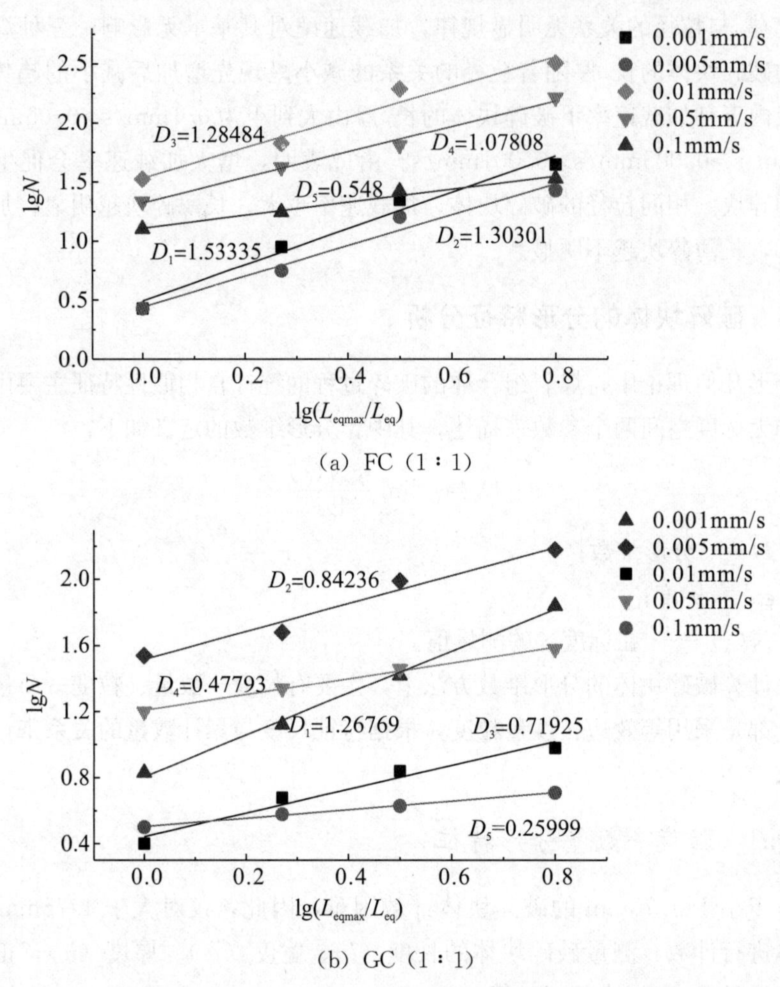

(a) FC（1∶1）

(b) GC（1∶1）

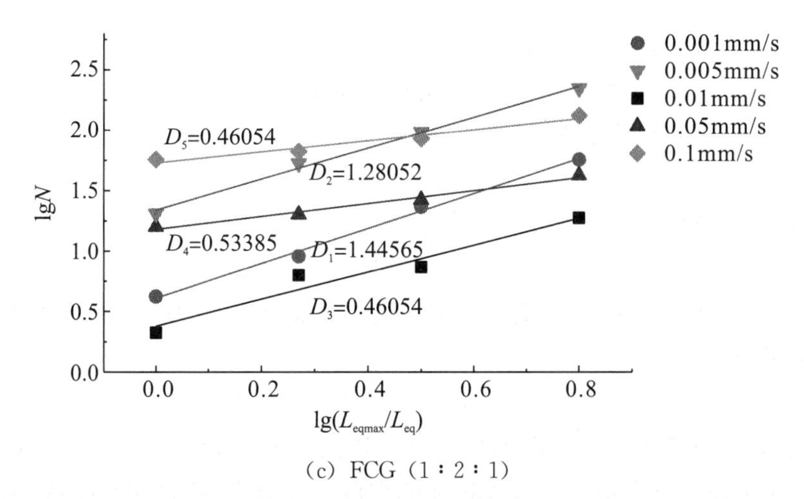

(c) FCG (1∶2∶1)

图 6.12　不同加载速率下煤岩组合体的 $\lg N-\lg(L_{eqmax}/L_{eq})$ **曲线**

根据图 6.12 中三种煤岩组合体的 $\lg N-\lg(L_{eqmax}/L_{eq})$ 曲线可知，分形维数随着加载速率的增大而增大，加载速率越大，冲击倾向性越强，分形维数越大。由图 6.12 可知，三种煤岩组合体的分形维数在 0.25999～1.53335 范围内；由图 6.13 可知，相同加载速率下三种煤岩组合体分形维数的关系为 FC (1∶1)>FCG (1∶2∶1) >GC (1∶1)。

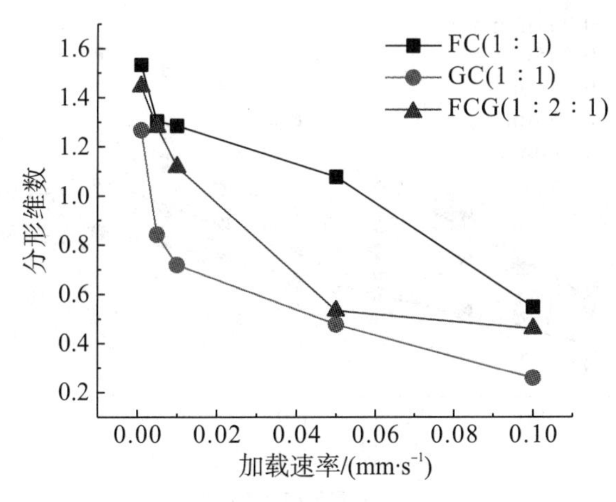

图 6.13　加载速率与粒度—数量分形维数的关系

6.5.4.2　粒度—质量分形特征

破碎块体的粒度—质量分布关系式为

$$\frac{M_{L_{eq}}}{M}=\left(\frac{L_{eq}}{a}\right)^{k} \tag{6.5}$$

式中　M——破碎块体总质量；

$M_{L_{eq}}$——小于等效边长 L_{eq} 的破碎块体质量；

a——破碎块体平均尺寸；

k——指数。

对式（6.5）两边取对数，得：

$$\lg(M_{L_{eq}}/M) = k\lg L_{eq} - k\lg a \tag{6.6}$$

由式（6.6）可知，$\lg(M_{L_{eq}}/M)$ —$\lg L_{eq}$ 曲线的斜率为 k，破碎块体的分形维数可用下式计算：

$$D = 3 - k \tag{6.7}$$

图 6.14 为三种煤岩组合体在不同加载速率下的 $\lg(M_{L_{eq}}/M)$ —$\lg L_{eq}$ 曲线。由图可知，煤岩组合体破碎块体的粒度—质量具有明显的分形特征。图 6.15 描述了加载速率与分形维数的关系。由图可知，煤岩组合体分形维数随加载速率的增大依次为：①FC（1∶1）：2.35、2.16、1.93、1.63、1.48；②GC（1∶1）：2.36、1.99、1.82、1.49、1.34；③FCG（1∶2∶1）：2.34、1.81、1.67、1.65、1.58。煤岩组合体的分形维数均随加载速率的增大而减小。

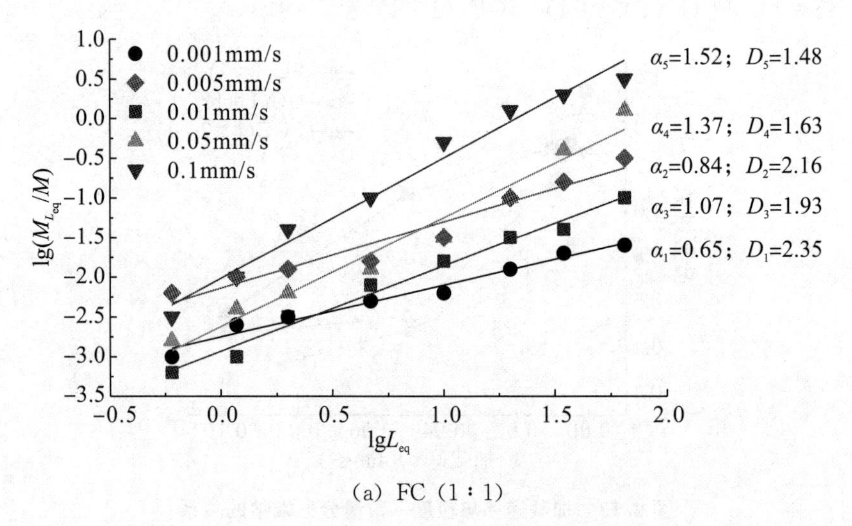

(a) FC（1∶1）

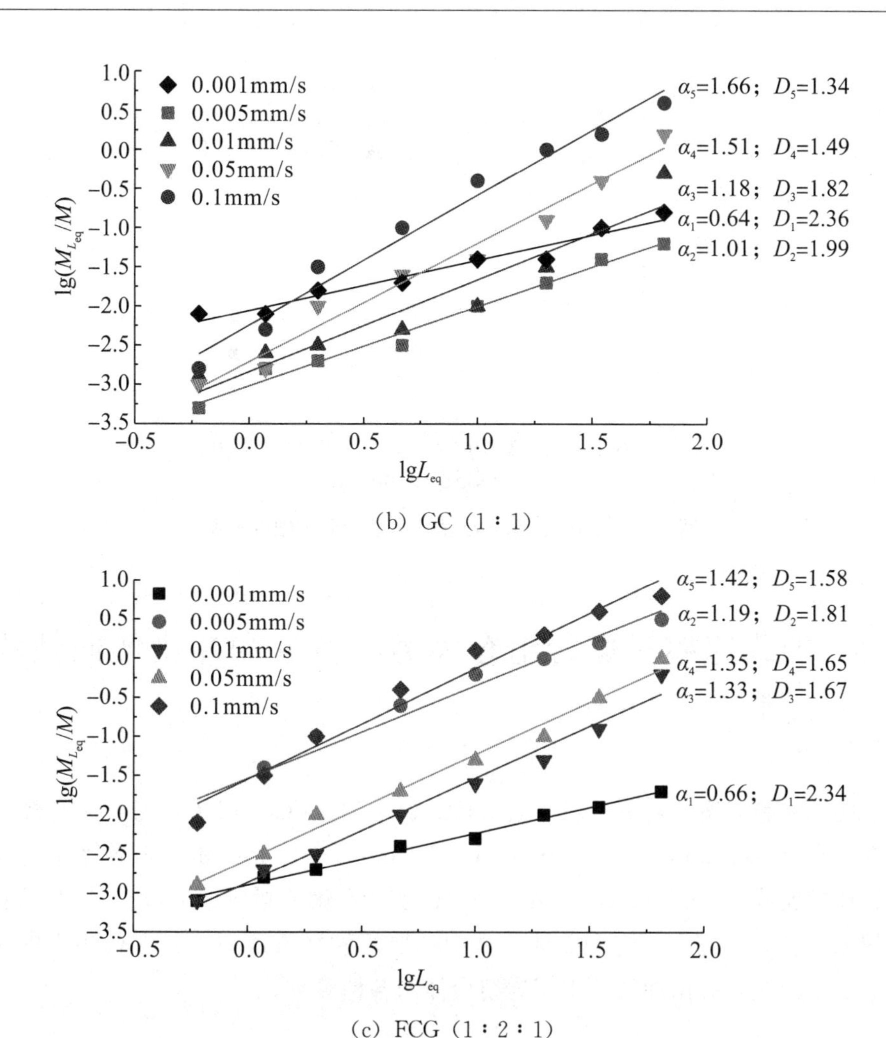

(b) GC（1∶1）

(c) FCG（1∶2∶1）

图 6.14　不同加载速率下煤岩组合体的 $\lg(M_{L_{eq}}/M)$ —$\lg L_{eq}$ 曲线

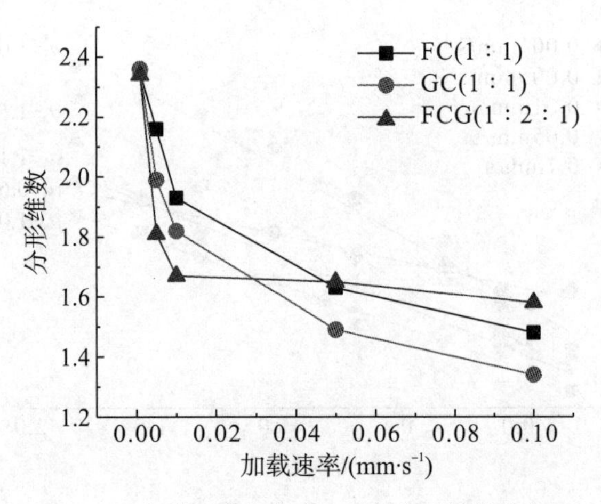

图 6.15　加载速率与粒度—质量分形维数的关系

6.6　加载速率对煤岩组合体力学特性和冲击倾向性的影响

按照实验方案，对 FC（1∶1）、GC（1∶1）、FCG（1∶2∶1）三种煤岩组合体在 0.001mm/s、0.01mm/s、0.05mm/s、0.1mm/s 的加载速率下开展单轴压缩实验（0.005mm/s 加载速率下的实验在第 5 章已经完成），实验后获得煤岩组合体的应力—应变曲线，从中选取每种加载速率下具有代表性的应力—应变曲线，并由曲线获得煤岩组合体的各种参数。

6.6.1　加载速率对煤岩组合体应力—应变曲线特征的影响

图 6.16 为煤岩组合体在不同加载速率下的应力—应变曲线。

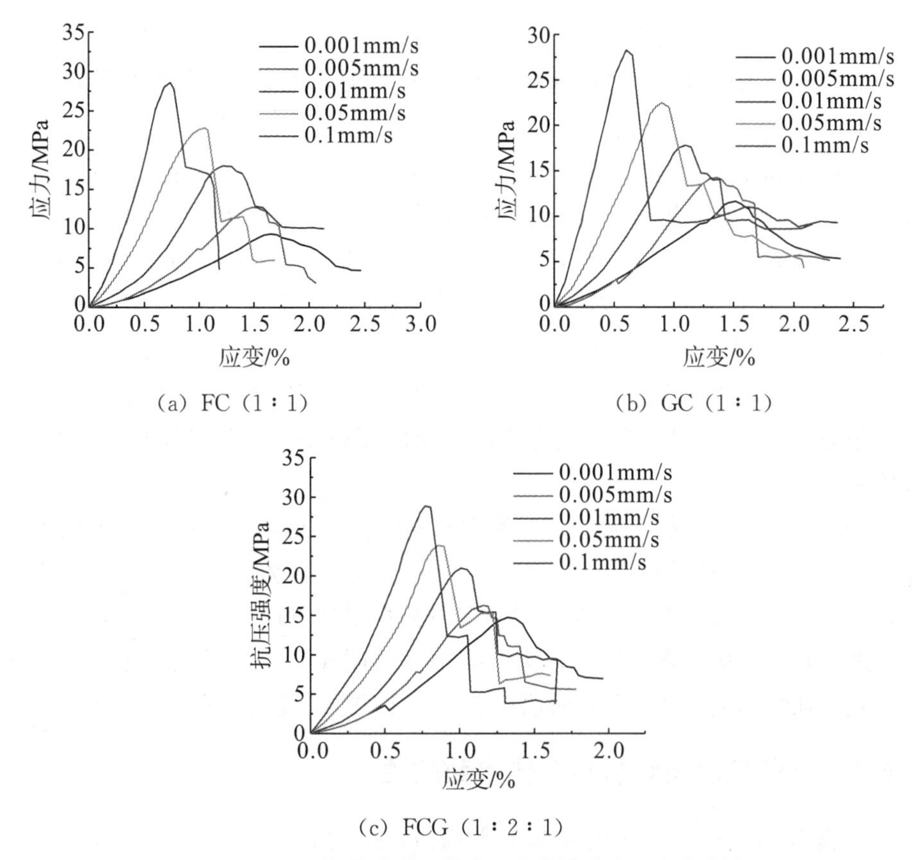

(a) FC（1∶1）

(b) GC（1∶1）

(c) FCG（1∶2∶1）

图 6.16　不同加载速率下煤岩组合体的应力—应变曲线

(1) 压密阶段。由图 6.16 可知，不同加载速率下煤岩组合体的压密阶段不同，当加载速率为 0.001mm/s 时，压密阶段非常显著；当加载速率为 0.1mm/s 时，煤岩组合体不具有明显的压密阶段。随着加载速率的增加，压密阶段越不明显，这是因为低加载速率下可以萌生较多的裂纹、裂隙，试件中的裂纹、裂隙完全贯通，煤岩组合体彻底压实；而高加载速率下，煤岩组合体中裂纹、裂隙的萌生、扩展、贯通都不完全。

(2) 弹性阶段。加载速率影响着煤岩组合体进入弹性阶段的时间以及弹性阶段的曲线斜率。加载速率越高，煤岩组合体进入弹性阶段越早，这是因为较高的加载速率使得煤岩组合体中裂纹、裂隙扩展不完全。当加载速率为 0.001mm/s 时，煤岩组合体的弹性阶段的斜率最小，弹性模量最小；当加载速率为 0.1mm/s 时，煤岩组合体的弹性阶段的斜率最大，弹性模量最大。由此来看，弹性阶段的曲线斜率随着加载速率的增大而增大，煤岩组合体的弹性模量随着加载速率的增大而增大。

（3）塑性阶段。由图6.16可知，当加载速率为0.001mm/s时，煤岩组合体塑性阶段较为明显；当加载速率为0.1mm/s时，煤岩组合体塑性阶段不显著。加载速率越高，塑性阶段越不明显；加载速率越低，塑性阶段越显著，这是因为低加载速率下能量积聚缓慢，裂纹萌生、扩展、贯通有充足的时间；高加载速率下能量积聚迅速，达到储能极限后产生破坏，塑性阶段不明显。

（4）峰值应力与应变。加载速率对曲线的峰值应力与应变有较大影响。当加载速率为0.001mm/s时，煤岩组合体的峰值应力最小；当加载速率为0.1mm/s时，煤岩组合体的峰值应力最大。随着加载速率的增大，峰值应力逐渐增大。当加载速率为0.001mm/s时，煤岩组合体的峰值应变最大；当加载速率为0.1mm/s时，煤岩组合体的峰值应变最小。随着加载速率的增加，峰值应变逐渐减小。

（5）峰后破坏阶段。当加载速率为0.001mm/s时，峰后破坏阶段呈现平缓状态，特别是破坏初期，曲线波动较小，应力降低幅度较小，能量释放缓慢；当加载速率为0.1mm/s时，峰后破坏阶段呈现阶梯形，特别是破坏初期，曲线波动较大，应力降低幅度较大，应力跌落明显，能量释放迅速，破坏突然。随着加载速度增加，破坏阶段形态由平缓式逐渐变为阶梯式。

6.6.2 加载速率与煤岩组合体参数的关系

对表6.12～表6.26中的参数取平均值，得到FC（1∶1）、GC（1∶1）、FCG（1∶2∶1）组合体在不同加载速率下的数据，见表6.27～表6.29。

表6.12　0.001mm/s加载速率下FC（1∶1）组合体实验数据

试件名称	抗压强度/MPa	弹性模量/MPa	峰前能量/kJ	峰后能量/kJ	冲击能量指数
FC－1	9.85	1205	0.062	0.023	2.714
FC－2	12.59	982	0.06	0.022	2.695
FC－3	9.36	869	0.056	0.020	2.803
FC－4	12.08	1023	0.042	0.016	2.548
FC－5	11.82	1104	0.045	0.017	2.623

表 6.13　0.005mm/s 加载速率下 FC（1∶1）组合体实验数据

试件名称	抗压强度/MPa	弹性模量/MPa	峰前能量/kJ	峰后能量/kJ	冲击能量指数
FC－1	13.89	1480	0.080	0.015	5.333
FC－2	14.01	1495	0.075	0.012	6.250
FC－3	13.85	1511	0.079	0.014	5.643
FC－4	14.23	1545	0.088	0.015	5.867
FC－5	14.11	1453	0.073	0.017	4.294

表 6.14　0.01mm/s 加载速率下 FC（1∶1）组合体实验数据

试件名称	抗压强度/MPa	弹性模量/MPa	峰前能量/kJ	峰后能量/kJ	冲击能量指数
FC－1	20.15	2400	0.301	0.042	7.251
FC－2	18.32	2389	0.208	0.028	7.305
FC－3	19.85	2512	0.235	0.034	6.982
FC－4	18	2603	0.215	0.029	7.514
FC－5	18.84	2435	0.154	0.022	7.151

表 6.15　0.05mm/s 加载速率下 FC（1∶1）组合体实验数据

试件名称	抗压强度/MPa	弹性模量/MPa	峰前能量/kJ	峰后能量/kJ	冲击能量指数
FC－1	22.35	3214	0.582	0.069	8.452
FC－2	23.55	3025	0.482	0.056	8.661
FC－3	22.09	2890	0.546	0.061	9.015
FC－4	22.82	3015	0.515	0.062	8.245
FC－5	23.17	3208	0.489	0.057	8.653

表 6.16　0.1mm/s 加载速率下 FC（1∶1）组合体实验数据

试件名称	抗压强度/MPa	弹性模量/MPa	峰前能量/kJ	峰后能量/kJ	冲击能量指数
FC－1	28.60	3869	0.788	0.070	11.285
FC－2	27.59	3925	0.695	0.061	11.349
FC－3	29.88	4003	0.905	0.088	10.244
FC－4	30.02	3798	0.752	0.062	12.052
FC－5	27.89	3900	0.698	0.063	11.043

表 6.17　0.001mm/s 加载速率下 GC（1∶1）组合体实验数据

试件名称	抗压强度/MPa	弹性模量/MPa	峰前能量/kJ	峰后能量/kJ	冲击能量指数
GC−1	9.25	988	0.058	0.031	1.852
GC−2	11.66	1003	0.058	0.025	2.303
GC−3	9.05	894	0.071	0.057	1.244
GC−4	10.08	1120	0.062	0.024	2.538
GC−5	8.95	1091	0.07	0.035	2.014

表 6.18　0.005mm/s 加载速率下 GC（1∶1）组合体实验数据

试件名称	抗压强度/MPa	弹性模量/MPa	峰前能量/kJ	峰后能量/kJ	冲击能量指数
GC−1	13.78	1462	0.078	0.011	7.090
GC−2	13.69	1465	0.09	0.014	6.429
GC−3	14.05	1504	0.09	0.017	5.294
GC−4	13.68	1389	0.075	0.017	4.412
GC−5	13.65	1422	0.082	0.016	5.125

表 6.19　0.01mm/s 加载速率下 GC（1∶1）组合体实验数据

试件名称	抗压强度/MPa	弹性模量/MPa	峰前能量/kJ	峰后能量/kJ	冲击能量指数
GC−1	17.05	2300	0.254	0.031	8.245
GC−2	17.15	2356	0.195	0.022	9.013
GC−3	16.58	2289	0.284	0.038	7.546
GC−4	17.02	2109	0.226	0.032	7.008
GC−5	17.8	2304	0.224	0.042	5.326

表 6.20　0.05mm/s 加载速率下 GC（1∶1）组合体实验数据

试件名称	抗压强度/MPa	弹性模量/MPa	峰前能量/kJ	峰后能量/kJ	冲击能量指数
GC−1	19.05	2896	0.58	0.070	8.228
GC−2	20.15	2906	0.608	0.068	9.005
GC−3	22.95	3021	0.554	0.065	8.546
GC−4	22.5	3102	0.501	0.049	10.214
GC−5	20.65	2908	0.613	0.064	9.504

表 6.21　0.1mm/s 加载速率下 GC（1∶1）组合体实验数据

试件名称	抗压强度/MPa	弹性模量/MPa	峰前能量/kJ	峰后能量/kJ	冲击能量指数
GC－1	28.29	3714	0.829	0.082	10.125
GC－2	26.05	3515	0.914	0.083	11.007
GC－3	26.45	3720	0.754	0.081	9.343
GC－4	25.18	3718	0.868	0.072	12.015
GC－5	25.02	3509	0.835	0.102	8.163

表 6.22　0.001mm/s 加载速率下 FCG（1∶2∶1）组合体实验数据

试件名称	抗压强度/MPa	弹性模量/MPa	峰前能量/kJ	峰后能量/kJ	冲击能量指数
FCG－1	8.52	1103	0.045	0.017	2.652
FCG－2	10.3	1230	0.055	0.023	2.346
FCG－3	8.03	980	0.075	0.027	2.758
FCG－4	14.75	958	0.048	0.020	2.345
FCG－5	9.55	1058	0.061	0.031	1.983

表 6.23　0.005mm/s 加载速率下 FCG（1∶2∶1）组合体实验数据

试件名称	抗压强度/MPa	弹性模量/MPa	峰前能量/kJ	峰后能量/kJ	冲击能量指数
FCG－1	13.89	1478	0.078	0.013	6.000
FCG－2	14.02	1502	0.085	0.015	5.667
FCG－3	13.96	1495	0.090	0.017	5.294
FCG－4	14.1	1458	0.068	0.012	5.667
FCG－5	13.78	1469	0.075	0.011	6.818

表 6.24　0.01mm/s 加载速率下 FCG（1∶2∶1）组合体实验数据

试件名称	抗压强度/MPa	弹性模量/MPa	峰前能量/kJ	峰后能量/kJ	冲击能量指数
FCG－1	17.59	2650	0.302	0.044	6.898
FCG－2	17.52	2300	0.215	0.030	7.254
FCG－3	18.21	2408	0.241	0.037	6.512
FCG－4	20.97	2402	0.182	0.026	6.909
FCG－5	17.92	2535	0.215	0.028	7.587

表 6.25　0.05mm/s 加载速率下 FCG（1：2：1）组合体实验数据

试件名称	抗压强度/MPa	弹性模量/MPa	峰前能量/kJ	峰后能量/kJ	冲击能量指数
FCG－1	21.52	3205	0.532	0.060	8.936
FCG－2	23.05	3352	0.605	0.066	9.105
FCG－3	21.05	2915	0.538	0.063	8.496
FCG－4	22.15	2798	0.485	0.049	9.842
FCG－5	23.84	2852	0.611	0.071	8.549

表 6.26　0.1mm/s 加载速率下 FCG（1：2：1）组合体实验数据

试件名称	抗压强度/MPa	弹性模量/MPa	峰前能量/kJ	峰后能量/kJ	冲击能量指数
FCG－1	28.89	3895	0.849	0.069	12.362
FCG－2	25.08	4025	0.745	0.063	11.849
FCG－3	26.31	3901	0.715	0.055	13.058
FCG－4	27.3	4016	0.912	0.074	12.245
FCG－5	26.05	2789	0.825	0.075	11.000

表 6.27　不同加载速率下 FC（1：1）组合体实验数据

加载速率/（mm・s^{-1}）	抗压强度/MPa	弹性模量/MPa	峰前能量/kJ	峰后能量/kJ	冲击能量指数
0.001	11.14	1037	0.053	0.020	2.697
0.005	14.02	1497	0.079	0.015	5.411
0.01	19.03	2468	0.223	0.031	7.245
0.05	23.24	3070	0.524	0.061	8.613
0.1	28.09	3899	0.768	0.069	11.132

表 6.28　不同加载速率下 GC（1：1）组合体实验数据

加载速率/（mm・s^{-1}）	抗压强度/MPa	弹性模量/MPa	峰前能量/kJ	峰后能量/kJ	冲击能量指数
0.001	9.798	1019	0.064	0.035	1.838
0.005	13.77	1448	0.083	0.015	5.533
0.01	17.12	2272	0.237	0.033	7.199
0.05	21.06	2967	0.571	0.063	9.022
0.1	26.198	3635	0.840	0.084	9.996

表6.29　不同加载速率下FCG（1∶2∶1）组合体实验数据

加载速率/(mm·s^{-1})	抗压强度/MPa	弹性模量/MPa	峰前能量/kJ	峰后能量/kJ	冲击能量指数
0.001	10.23	1066	0.057	0.024	2.414
0.005	13.95	1480	0.079	0.014	5.824
0.01	18.44	2459	0.231	0.033	6.997
0.05	22.32	3024	0.554	0.062	8.931
0.1	26.73	3725	0.809	0.067	12.052

6.6.2.1　加载速率与抗压强度的关系

根据表6.27～表6.29中的抗压强度数据，作图6.17～图6.19，根据散点图拟合抗压强度与加载速率的关系曲线。

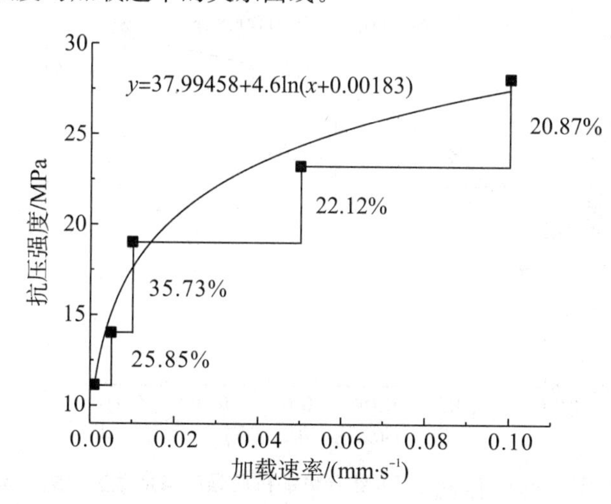

图6.17　FC（1∶1）组合体的抗压强度与加载速率的关系

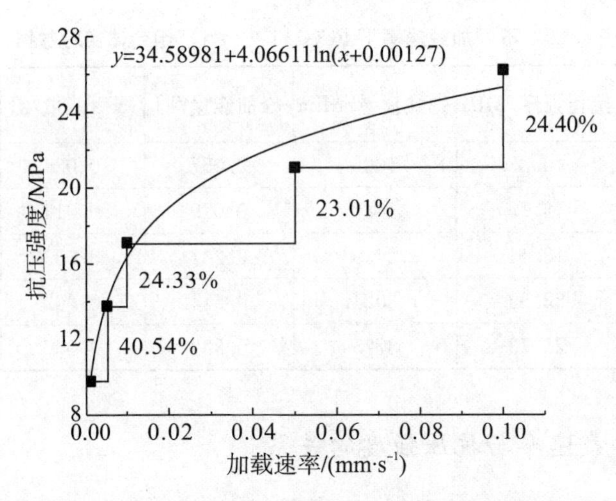

图 6.18　GC（1∶1）**组合体的抗压强度与加载速率的关系**

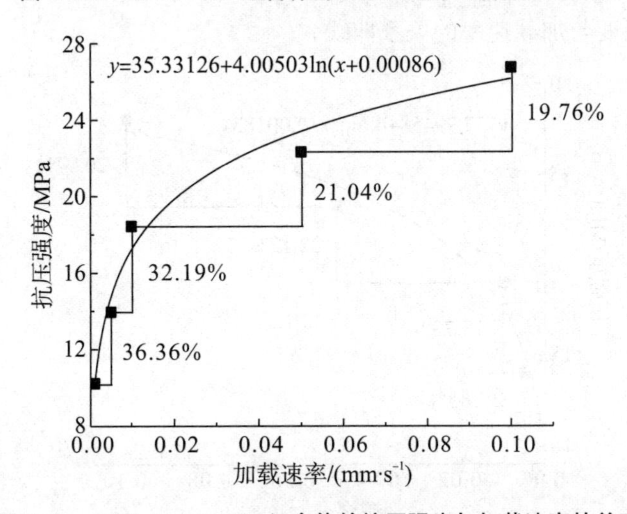

图 6.19　FCG（1∶2∶1）**组合体的抗压强度与加载速率的关系**

由图 6.17 可知，当加载速率为 0.001mm/s 时，FC（1∶1）组合体的抗压强度最小，为 11.14MPa；当加载速率为 0.1mm/s 时，FC（1∶1）组合体的抗压强度最大，为 28.09MPa。随着加载速率增加，抗压强度增幅分别为 25.85%、35.73%、22.12%、20.87%，总体呈现逐渐减小的趋势。由此表明，低加载速率对抗压强度影响较大，随着加载速率的增大，其对抗压强度的影响逐渐减小，最后趋于稳定。抗压强度与加载速率呈对数关系，曲线方程为 $y=37.99458+4.6\ln(x+0.00183)$。

由图 6.18 可知，当加载速率为 0.001mm/s 时，GC（1∶1）组合体的抗压强度最小，为 9.798MPa；当加载速率为 0.1mm/s 时，GC（1∶1）组合体的抗压强度最大，为 26.198MPa。随着加载速率增加，抗压强度增幅分别为 40.54%、24.33%、23.01%、24.40%，总体呈现逐渐减小的趋势。由此表明，低加载速率对抗压强度影响较大，而随着加载速率的增大，增幅逐渐减小，抗压强度对加载速率的敏感性逐渐降低。抗压强度与加载速率呈对数关系，曲线方程为 $y=34.58981+4.06611\ln(x+0.00127)$。

由图 6.19 可知，当加载速率为 0.001mm/s 时，FCG（1∶2∶1）组合体的抗压强度最小，为 10.23MPa；当加载速率为 0.1mm/s 时，FCG（1∶2∶1）组合体的抗压强度最大，为 26.73MPa。随着加载速率增加，抗压强度逐渐增大，但增幅减小，分别为 36.36%、32.19%、21.04%、19.76%。这表明，低加载速率对抗压强度影响较大，随着加载速率增大，对抗压强度的影响逐渐减小，抗压强度对低加载速率敏感性较高，对高加载速率敏感性较低。抗压强度与加载速率呈对数关系，曲线方程为 $y=35.33126+4.00503\ln(x+0.00086)$。

综上所述，当加载速率为 0.001mm/s 时，煤岩组合体抗压强度最小；当加载速率为 0.1mm/s 时，煤岩组合体抗压强度最大。抗压强度随着加载速率的增大而增大，增幅逐渐减小。抗压强度对低加载速率敏感性较高，对高加载速率敏感性较低。抗压强度与加载速率为对数关系。

6.6.2.2　加载速率与弹性模量的关系

图 6.20 展示了煤岩组合体的弹性模量与加载速率的关系。当加载速率为 0.001mm/s 时，弹性模量最小；当加载速率为 0.1mm/s 时，弹性模量最大。三种煤岩组合体的弹性模量均随加载速率的增大而增大，但增幅逐渐减小。这表明，弹性模量对低加载速率敏感度较高，对高加载速率敏感度较低。对加载速率与弹性模量的关系进行拟合，发现三条拟合曲线具有一致性，曲线呈上凸形，煤岩组合体的弹性模量与加载速率呈对数关系。曲线方程如下：

（1）FC（1∶1）：$y=5506.01675+749.10231\ln(x+0.00146)$。

（2）FCG（1∶2∶1）：$y=5231.95501+688.20283\ln(x+0.00123)$。

（3）GC（1∶1）：$y=5202.63872+711.19577\ln(x+0.00168)$。

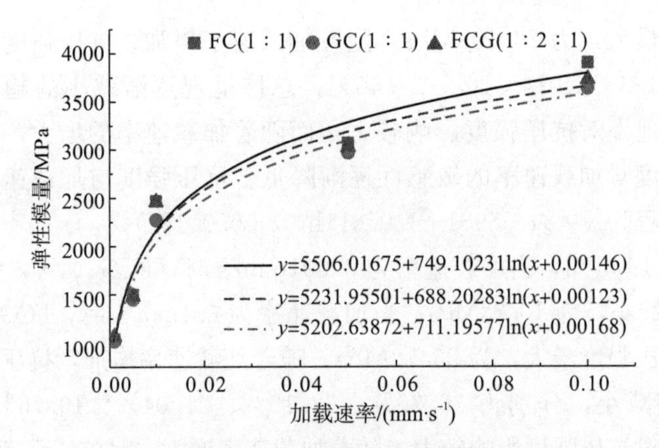

图 6.20　煤岩组合体的弹性模量与加载速率的关系

6.6.2.3　加载速率与峰前积聚能量的关系

图 6.21 描述了煤岩组合体峰前积聚能量与加载速率的关系。当加载速率为 0.001mm/s 时，煤岩组合体峰前积聚能量最少；当加载速率为 0.1mm/s 时，煤岩组合体峰前积聚能量最多。随着加载速率增大，煤岩组合体峰前积聚能量增多，但增幅减小。煤岩组合体受极限储能影响，增幅逐渐变小。三种煤岩组合体的拟合曲线均呈上凸形，峰前积聚能量与加载速率为对数关系，曲线方程如下：

(1) FC（1∶1）：$y=1.65326+0.42208\ln(x+0.0211)$。

(2) FCG（1∶2∶1）：$y=1.75691+0.45229\ln(x+0.02173)$。

(3) GC（1∶1）：$y=1.86408+0.49351\ln(x+0.02443)$。

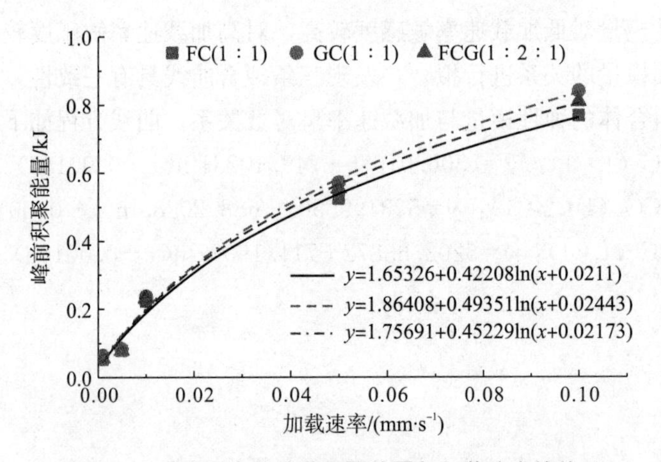

图 6.21　煤岩组合体峰前积聚能量与加载速率的关系

6.6.3 加载速率对煤岩组合体冲击倾向性的影响

图6.22展示了加载速率对FC（1∶1)、GC（1∶2)、FCG（1∶2∶1）组合体冲击能量指数的影响。

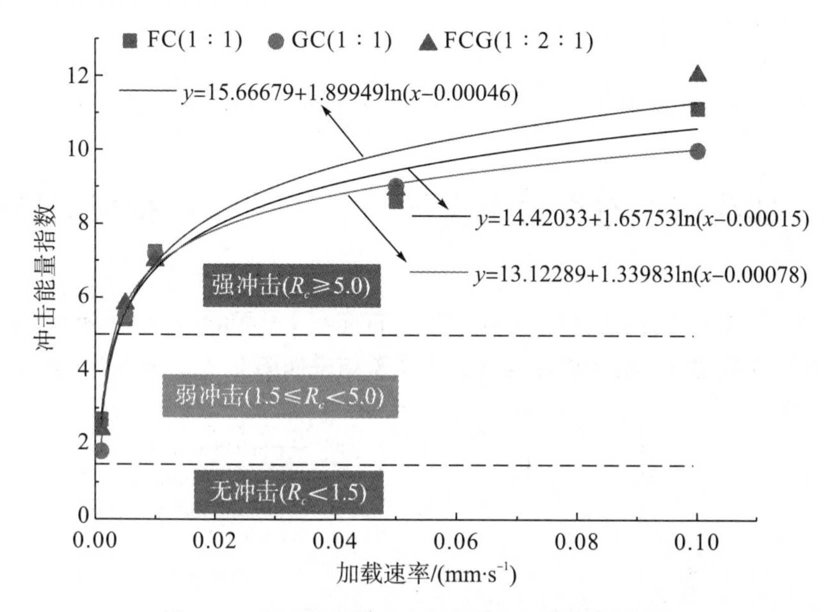

图6.22 煤岩组合体冲击倾向性与加载速率的关系

当加载速率为0.001mm/s时，冲击能量指数最小，为弱冲击；当加载速率为0.1mm/s时，冲击能量指数最大，为强冲击。随着加载速率增大，冲击能量指数增大，冲击倾向性增强。高加载速率下，裂纹发育不完全，煤岩组合体峰前积聚能量主要用于能量释放。加载速率越大，释放的能量占比增多，冲击倾向性越强。

随着加载速率增大，冲击能量指数增幅减小。这说明冲击能量指数对高加载速率敏感性较低。煤岩组合体冲击倾向性与加载速率呈对数关系，曲线方程如下：

(1) FC（1∶1)：$y=14.42033+1.65753\ln(x-0.00015)$。

(2) FCG（1∶2∶1)：$y=15.66679+1.89949\ln(x-0.00046)$。

(3) GC（1∶1)：$y=13.12289+1.33983\ln(x-0.00078)$。

由冲击能量指数和加载速率的方程、冲击能量指数判定方法，可计算加载速率的临界值，运用加载速率就可以推测冲击倾向性。计算结果见表6.30。

表 6.30　三种煤岩组合体冲击倾向性评价指标

指标		强冲击	弱冲击	无冲击
冲击能量指数 R_c		$R_c \geqslant 5.0$	$1.5 \leqslant R_c < 5.0$	$R_c < 1.5$
加载速率 v/（mm·s^{-1}）	FC（1∶1）	$v \geqslant 0.0036$	$0.00056 \leqslant v < 0.0036$	$v < 0.00056$
	GC（1∶1）	$v \geqslant 0.0031$	$0.00095 \leqslant v < 0.0031$	$v < 0.00095$
	FCG（1∶2∶1）	$v \geqslant 0.0041$	$0.00103 \leqslant v < 0.0041$	$v < 0.00103$

6.7　加载速率对煤岩组合体中各组分能量积聚的影响

为计算煤岩组合体的能量分布情况，首先对 $\varphi=50$mm，$d=50$mm 的煤试件做不同加载速率下的单轴压缩实验。实验结果如图 6.23、表 6.31 所示。

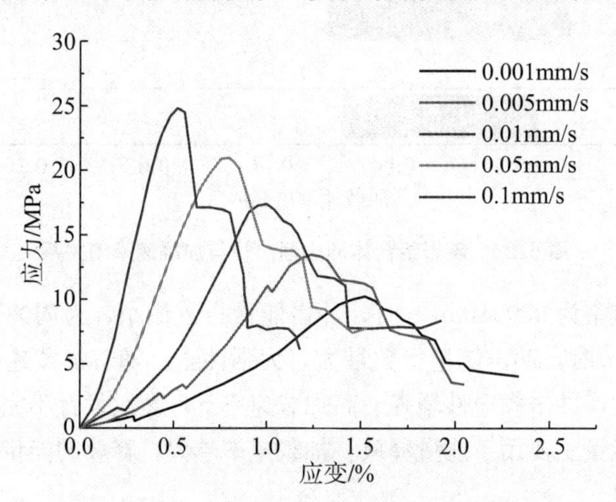

图 6.23　不同加载速率下煤试件的应力—应变曲线

表 6.31　不同加载速率下煤试件实验数据

试件名称	加载速率/（mm·s^{-1}）	抗压强度/MPa	弹性模量/MPa	峰前能量/kJ	峰后能量/kJ	冲击能量指数
C−1	0.001	10.20	954	0.038	0.016	2.431
C−2	0.005	13.47	1388	0.062	0.010	5.910
C−3	0.01	17.39	2134	0.185	0.027	6.805
C−4	0.05	20.95	2598	0.457	0.055	8.310
C−5	0.1	24.83	3353	0.715	0.064	11.204

根据煤岩组合体能量分布计算公式，可得各组分能量积聚情况，见表 6.32～表 6.34。

表 6.32　不同加载速率下 FC（1∶1）组合体各组分能量积聚情况

加载速率/（mm·s^{-1}）	总能量/kJ	组分能量/kJ	占比/%	能量积聚顺序
0.001	0.053	F：0.015	28.30	C>F
		C：0.038	71.70	
0.005	0.079	F：0.017	21.52	C>F
		C：0.062	78.48	
0.01	0.223	F：0.038	17.04	C>F
		C：0.185	82.96	
0.05	0.524	F：0.067	12.79	C>F
		C：0.457	87.21	
0.1	0.768	F：0.053	6.90	C>F
		C：0.715	93.10	

表 6.33　不同加载速率下 GC（1∶1）组合体各组分能量积聚情况

加载速率/（mm·s^{-1}）	总能量/kJ	组分能量/kJ	占比/%	能量积聚顺序
0.001	0.064	G：0.029	45.31	C>G
		C：0.035	54.69	
0.005	0.0083	G：0.021	25.30	C>G
		C：0.062	74.70	
0.01	0.237	G：0.056	23.63	C>G
		C：0.181	76.37	
0.05	0.571	G：0.114	19.96	C>G
		C：0.457	80.04	
0.1	0.840	G：0.125	14.88	C>G
		C：0.715	85.12	

表 6.34 不同加载速率下 FCG（1∶2∶1）组合体各组分能量积聚情况

加载速率/（mm·s^{-1}）	总能量/kJ	组分能量/kJ	占比/%	能量积聚顺序
0.001	0.057	F+G：0.019	33.33	C>F+G
		C：0.038	66.67	
0.005	0.079	F+G：0.017	21.52	C>F+G
		C：0.062	78.48	
0.01	0.231	F+G：0.046	19.91	C>F+G
		C：0.185	80.09	
0.05	0.554	F+G：0.097	17.51	C>F+G
		C：0.457	82.49	
0.1	0.809	F+G：0.094	11.62	C>F+G
		C：0.715	88.38	

根据表 6.32～表 6.34 的数据，作图 6.24、图 6.25。图 6.24 描述了加载速率对煤岩组合体峰前积聚能量的影响，图 6.25 描述了加载速率对煤岩组合体各组分能量积聚的影响。

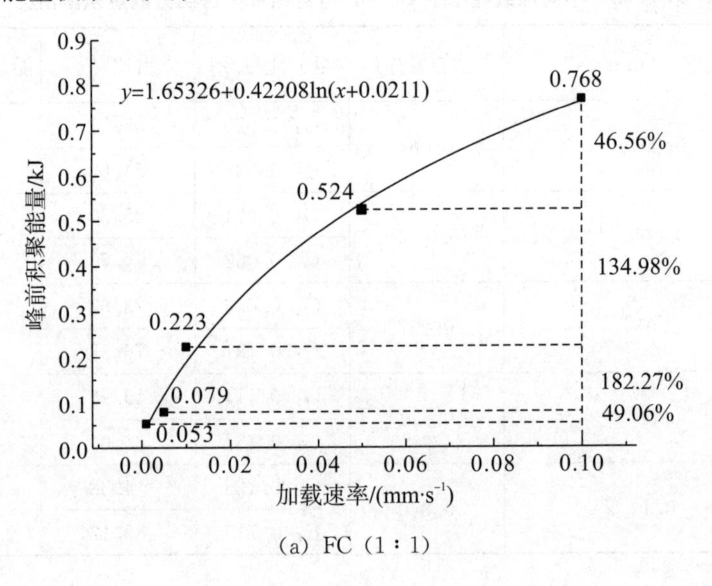

(a) FC（1∶1）

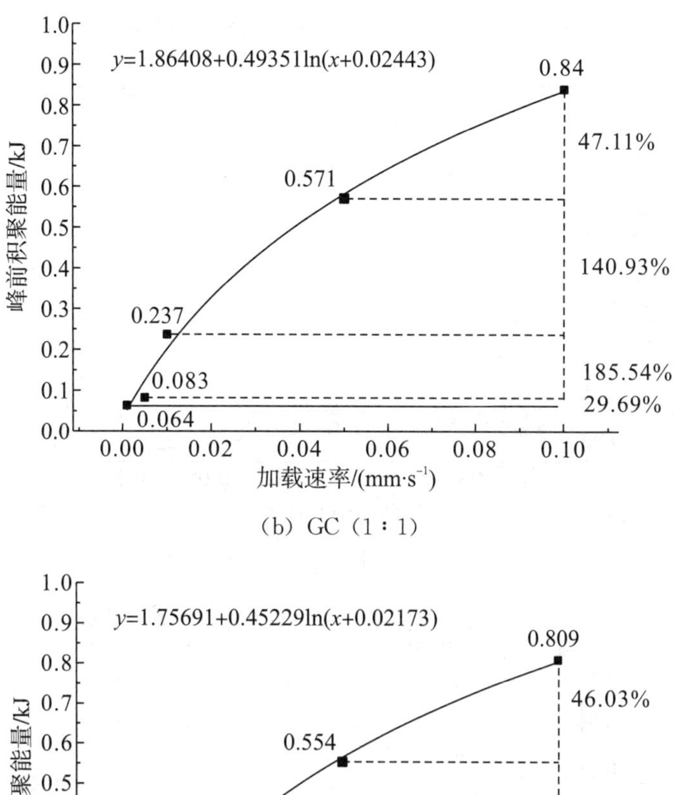

（b）GC（1∶1）

（c）FCG（1∶2∶1）

图 6.24　加载速率对煤岩组合体峰前积聚能量的影响

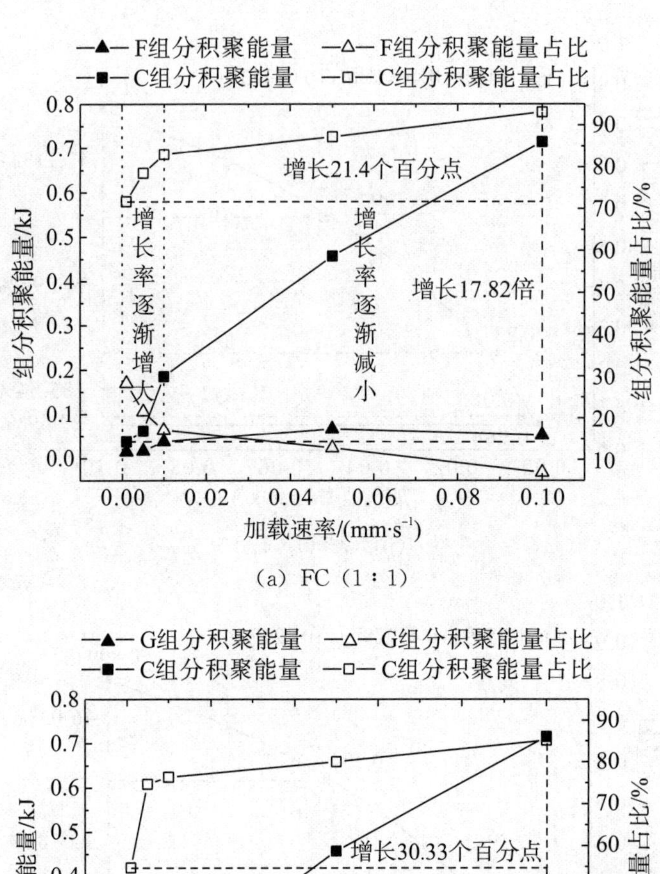
F组分积聚能量
F组分积聚能量占比
C组分积聚能量
C组分积聚能量占比
增长21.4个百分点
增长率逐渐增大
增长率逐渐减小
增长17.82倍
组分积聚能量/kJ
组分积聚能量占比/%
加载速率/(mm·s-1)

(a) FC（1：1）

(b) GC（1：1）

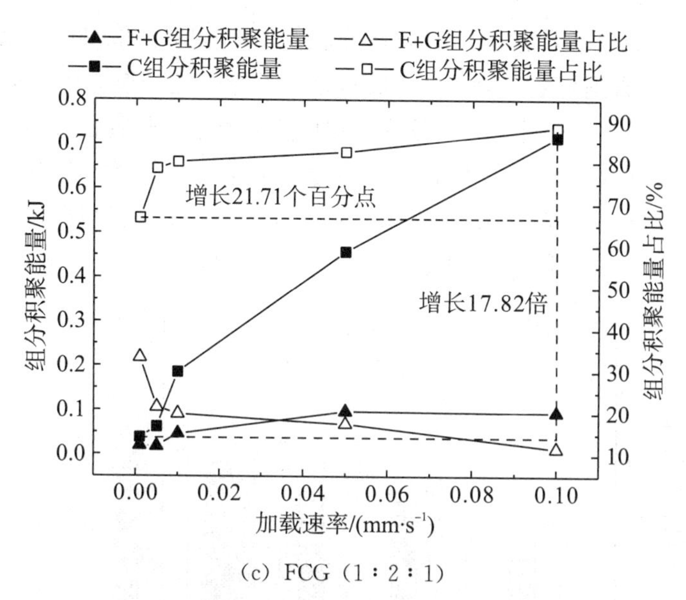

(c) FCG (1∶2∶1)

图 6.25　加载速率对煤岩组合体各组分能量积聚的影响

由图 6.24 可知，随着加载速率增大，煤岩组合体的峰前积聚能量增加。加载速率与煤岩组合体的峰前积聚能量为对数关系，曲线方程如下：

(1) FC (1∶1)：$y=1.65326+0.42208\ln(x+0.0211)$。

(2) GC (1∶1)：$y=1.86408+0.49351\ln(x+0.02443)$。

(3) FCG (1∶2∶1)：$y=1.75691+0.45229\ln(x+0.02173)$。

图 6.24 还描述了不同加载速率下的能量增长率，当加载速率为 0.001～0.005mm/s 时，能量增长率较小；当加载速率为 0.005～0.01mm/s 时，能量增长率最大。其中，FCG (1∶2∶1) 组合体的能量增长率为 192.41%，当加载速率达到 0.01mm/s 后，能量增长率又逐渐减小。加载速率对能量积聚的影响较大，随着加载速率增大，能量增长率呈现"低—高—低"的趋势，这表明能量积聚对较低加载速率和较高加载速率的敏感性较低。

由图 6.25 可知：①对于 FC (1∶1) 组合体，加载速率从 0.001mm/s 增加至 0.1mm/s，煤组分积聚的能量由 0.038kJ 增加至 0.715kJ，增长 17.82 倍；能量占比从 71.70%增加至 93.10%，增长 21.4 个百分点。②对于 GC (1∶1) 组合体，加载速率从 0.001mm/s 增加至 0.1mm/s，煤组分积聚的能量由 0.035kJ 增加至 0.715kJ，增长 19.43 倍；能量占比从 54.69% 增加至 85.12%，增长 30.43 个百分点。③对于 FCG (1∶2∶1) 组合体，加载速率从 0.001mm/s 增加至 0.1mm/s，煤组分积聚的能量由 0.038kJ 增加至 0.715kJ，增长 17.82 倍；能量占比从 66.67%增加至 88.38%，增长 21.71 个百分点。随着加载速率增加，煤组分储能增多，煤组分的能量占比增大。

图 6.25 中数据表明，无论处于哪种加载速率，三种煤岩组合体中煤组分积聚能量占比最大，由此说明，软弱岩层储存的能量比坚硬岩层多。

另外，由图 6.26 可知，同种煤岩组合体中煤组分积聚能量占比随着加载速率的增大而增大；同种加载速率下，三种煤岩组合体中煤组分积聚能量占比关系为 FC（1∶1）≥FCG（1∶2∶1）>GC（1∶1）。

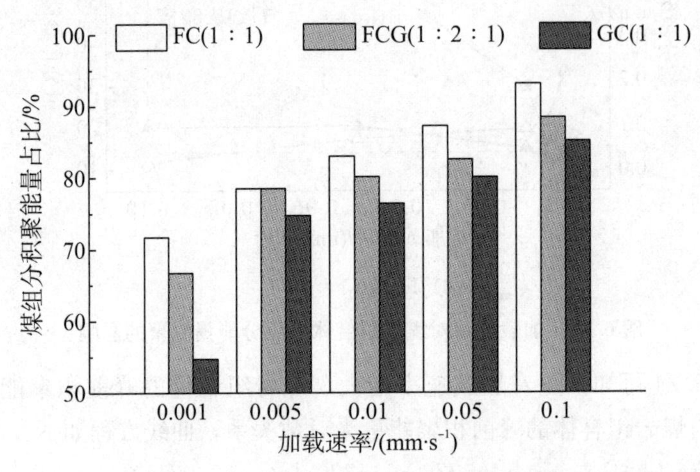

图 6.26　不同加载速率下煤岩组合体中煤组分积聚能量占比情况

综上所述，随着加载速率的增加，煤岩组合体中煤组分积聚的能量逐渐增多，煤组分积聚能量占比逐渐增大。无论处于哪种加载速率，煤组分均是能量积聚的主要载体，软弱岩层能量积聚比坚硬岩层多，这一结论不受加载速率的影响，二次验证了坚硬岩层聚能困难的观点。

6.8　本章小结

为研究加载速率对煤岩组合体的力学特性与能量积聚的影响，以 FC（1∶1）、GC（1∶1）、FCG（1∶2∶1）为研究对象，开展了不同加载速率下的单轴压缩实验，分析了煤岩组合体在不同加载速率下的力学特性和破坏特征，重点探讨了煤岩组合体各组分的能量积聚情况，通过研究获得以下结论：

（1）加载速率对煤岩组合体破坏特征的影响：低加载速率下，煤岩组合体完全破坏，破坏形式属于塑性破坏；高加载速率下，煤岩组合体破坏不完全，破坏形式属于脆性破坏。加载速率对煤岩组合体破坏特征的影响主要表现在六个方面：裂隙发育程度、破碎块体粒径、破碎块体数量、能量释放速度、破坏形式、失稳机制。

（2）不同加载速率下煤岩组合体破碎块体的分形特征：①破碎块体具有明显的分类特征。随着加载速率增大，小碎块数量越来越少。②煤岩组合体各组分差别越大，破碎块体越少；组分差别越小，破碎块体越多。③高加载速率易产生较大破碎块体，低加载速率会加剧煤岩组合体的破碎程度。④增大加载速率会促生长薄形态的破碎块体。相同粒径破碎块体，加载速率越大，长薄碎块越明显。⑤破碎块体的粒度—数量具有明显的分形特征，分形维数随着加载速率的增大而增大。相同加载速率下三种煤岩组合体分形维数的关系为 FC（1∶1）>FCG（1∶2∶1）>GC（1∶1）。⑥破碎块体的粒度—质量具有明显的分形特征，分形维数为 1.34～2.36，其随着加载速率增大而减小。

（3）加载速率对应力—应变曲线各阶段的影响：①随着加载速率增大，压密阶段越不明显。②加载速率越快，煤岩组合体进入弹性阶段越早。弹性阶段的曲线斜率随着加载速率的增大而增大，煤岩组合体弹性模量随着加载速率的增大而增大。③加载速率越大，塑性阶段越不明显；加载速率越慢，塑性阶段越显著。④随着加载速率增大，峰值应力增大，峰值应变减小。⑤随着加载速率增大，破坏阶段形态由平缓式逐渐变为阶梯式。

（4）加载速率对煤岩组合体参数的影响：①抗压强度随着加载速率的增大而增大，增幅逐渐减小。随着加载速率增大，抗压强度对加载速率的敏感性逐渐减小。②弹性模量对低加载速率的敏感性较高，对高加载速率的敏感性较低。③随着加载速率增大，峰前积聚能量增多，但增幅逐渐减小。

（5）加载速率对煤岩组合体冲击倾向性的影响：随着加载速率增大，煤岩组合体冲击能量指数逐渐增大，冲击倾向性逐渐增强。煤岩组合体冲击倾向性与加载速率呈对数关系。运用加载速率与冲击倾向性关系曲线可得煤岩组合体冲击倾向临界加载速率。

（6）加载速率对煤岩组合体峰前积聚能量的影响：随着加载速率增大，峰前积聚能量增多，能量增长率呈现“低—高—低”的趋势，能量积聚对较低加载速率和较高加载速率的敏感性较低。

（7）加载速率对能量积聚规律的影响：随着加载速率增大，煤岩组合体中煤组分积聚能量增多，煤组分积聚能量占比增大。无论处于哪种加载速率，煤组分均是能量积聚的主要载体，这一结论不受加载速率的影响。

第7章 工程应用与效果

随着煤炭资源日益枯竭，煤炭资源进入深部开采阶段，由此引发的矿山灾害问题日益突出，尤其冲击地压最为严重。冲击地压是矿山开采中典型的煤岩动力灾害，是由矿山压力作用下积聚在煤岩系统中的大量弹性能突然猛烈释放引起的，造成的巷道破坏或垮塌、支护等设备损坏，更甚于出现大量人员伤亡的情况，威胁着煤矿的生产与发展。

最近的重大冲击地压事故为山东省能源龙矿集团龙郓煤业有限公司“10·20”重大冲击地压事故，事故造成1人受伤，21人死亡。国内外许多专家从不同角度研究了多种冲击地压防治技术，但冲击地压仍然时有发生，冲击地压问题依然得不到真正的解决。由此可见，虽然冲击地压防治措施日趋成熟，但仍需不断完善和改进。

煤岩系统在矿山压力作用下积聚大量弹性能，冲击地压是在这些能量的驱使下发生的，因此，从能量的角度研究防冲措施，效果更佳。据此，本章以能量积聚层位为切入点，以坚硬岩层—软弱岩层—坚硬岩层形成的能量承载结构为研究对象，针对上、下坚硬岩层和中间软弱岩层，提出直接释能和间接释能两种能量释放理念以及每种理念下的防冲措施，并在峻德煤矿106掘进工作面进行工程实践，以期为冲击地压防治提供现场支撑。

7.1 能量释放理念

根据煤岩组合体能量积聚规律可知，软弱岩层能量积聚能力大于坚硬岩层，并且软弱岩层中积聚的能量会受到岩性、比例、加载速率的影响。这一结论不仅填补了能量理论在能量具体积聚层位研究上的不足，而且对从能量积聚的角度防治冲击地压提供了理论指导。

7.1.1　能量释放原理

煤矿开采过程中，煤岩系统受矿山压力作用，积聚大量弹性能，由实验结论可知，这些能量主要积聚在软弱岩层或层区。由煤岩高度比对能量积聚规律的影响可知：软弱岩层或层区（几种软弱岩层共同构成的软弱岩层区）厚度越大，积聚能量越多；厚度越小，积聚能量越少。那么，地下工程实际中，软弱岩层或层区储存的能量比坚硬岩层或层区多，坚硬岩层对软弱岩层起到夹持与束缚作用。煤岩系统中的能量积聚层位示意图如图 7.1 所示。

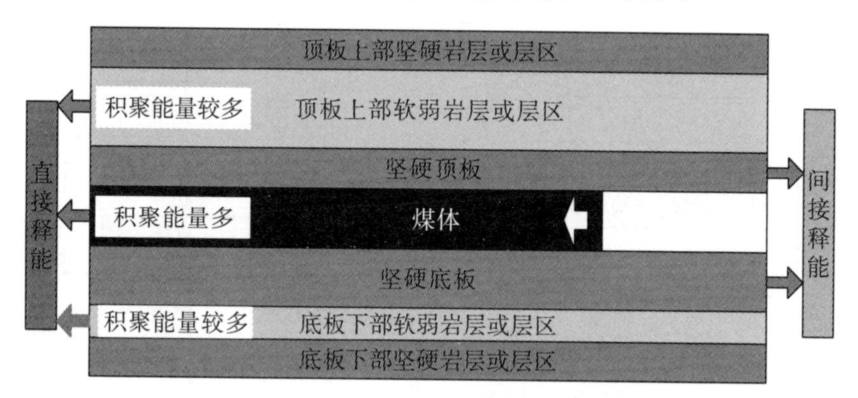

图 7.1　煤岩系统中的能量积聚层位示意图

如图 7.1 所示，软弱岩层的上、下岩层一定为坚硬岩层，坚硬岩层对软弱岩层起夹持与束缚作用，由煤岩组合体能量积聚规律可知，独立的软弱岩层积聚能量较少，但在上、下坚硬岩层的夹持与束缚作用下，积聚较多能量，成为能量积聚的主要载体。由此可知，软弱岩层的能量积聚离不开坚硬岩层。只有由坚硬岩层—软弱岩层—坚硬岩层形成的承载结构中，软弱岩层才可积聚大量弹性能。既然能量是冲击地压发生的根源，那么，对这些积聚的能量进行有效的释放或控制，则会达到防止冲击地压的目的。因能量积聚在坚硬岩层—软弱岩层—坚硬岩层形成的能量承载结构中，因此，只要破坏这种能量承载结构，就会释放其中的能量。

7.1.2　能量释放理念的提出

根据上述分析，从坚硬岩层—软弱岩层—坚硬岩层构成的能量承载结构入手，提出两种能量释放理念：直接释能和间接释能，如图 7.2 所示。

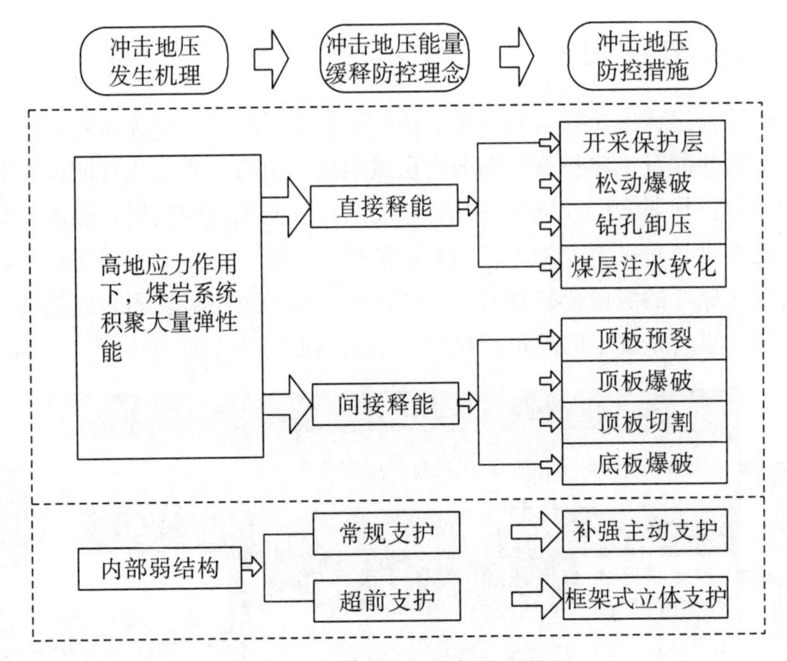

图 7.2　冲击地压能量释放流程图

7.1.2.1　直接释能理念及措施

针对能量承载结构中的软弱岩层，采取相应措施对其中的能量直接释放，如改变软弱岩层的物理性质或者对软弱岩层进行开采。具体防治措施包括以下几个方面：

（1）开采保护层。工程实际中，存在上、下两层或多层煤需要开采的情况，要综合考虑煤层间距、煤层赋存、瓦斯含量等条件，可以优先开采无冲击危险的煤层，煤层开采后，必然形成开采空间，导致此开采空间周围应力发生有规律的变化，受采动影响，保护层开采空间顶、底板岩层以及被保护层发生膨胀变形而卸压，被保护层中的应力明显降低。有条件开采保护层的矿井，优先开采保护层，这样积聚于其中的能量便会通过开采得到释放，有效降低了相邻煤层的冲击危险。开采保护层是能量释放最有效和带有根本性的冲击地压防控措施。

（2）松动爆破。松动爆破是一种特殊的爆破，区别于爆破落煤。振动炮的主要任务是爆破炸药，形成强烈的冲击波，使岩体发生振动。因此，振动炮的范围要大，甚至整个工作面长。坚硬顶板—煤体—坚硬底板形成的能量承载结构中，振动爆破能最大限度地释放积聚在煤体中的弹性能，在工作面附近和巷道两帮形成卸压破坏区，而压力升高区的范围逐渐转向深部。松动爆破形成的卸载带改变了软弱煤层的物理力学特性，卸载带的形成对冲击地压的防控有明显效果。

（3）钻孔卸压。矿山压力作用下，顶、底板夹持的煤体积聚大量的能量，钻孔卸压主要针对煤体中积聚的弹性能。应力越高，钻孔受挤压程度越严重。大直径钻孔卸压时，在钻孔周围局部范围出现应力集中，当应力超过钻孔孔壁强度时，随时间推移和空间煤体风化与压裂作用，钻孔及周围一定范围内的煤体发生破坏，进行卸压。钻孔形成的卸压带内的煤体松动改变了原有的力学形态，积聚较少的弹性能。

（4）煤层注水软化。大量研究表明，煤系地层的单轴抗压强度随着含水量的增加而降低，因此，选择煤层注水的冲击地压防控措施，改变煤体的物理力学特性，降低煤体强度，可以有效释放积聚在煤体中的能量。煤层注水软化措施可以从能量释放速度上防止冲击地压发生。

7.1.2.2　间接释能理念及措施

间接释能主要针对坚硬岩层—软弱煤层—坚硬岩层能量承载结构中的坚硬顶、底板，采取相应措施，减小或丧失坚硬岩层的夹持作用，从而对积聚在软弱煤岩层中的能量进行释放。主要防控措施包括以下几点：

（1）顶板预裂。顶板预裂分为顶板定向水力裂缝和顶板定向爆破裂缝，虽制裂方式不同，但都对坚硬岩层的起破坏作用，裂缝改变了岩体的物理力学特性，将顶板分为几个分层，甚至直接破坏顶板的完整性。削弱顶板的夹持作用，对减少能量积聚有一定的作用。

（2）顶板爆破。顶板爆破就是使坚硬顶板破断，从而降低顶板强度，使顶板丧失夹持作用，释放因压力而积聚在软弱岩层中的能量，减少对煤层和支架的冲击振动。炸药爆破分为短钻孔爆破与长钻孔爆破。短钻孔爆破有带式、阶梯式、扇形，爆破后，顶板形成条痕，顶板弯曲下沉在条痕处，受拉应力断裂。长钻孔爆破主要针对工作面和两巷，爆破破坏顶板或引发冲击。

（3）顶板切割。针对回采工作面上部坚硬顶板，随工作面推进，坚硬顶板迟迟未垮落，为减轻作业区顶板的压力，保证作业区的安全，对必要作业区外的支柱回柱以后，要求顶板能按切顶线及时垮落，切顶线一侧是支护的区域，另一侧是顶板垮落的区域。

（4）底板爆破。底板爆破原理基本与顶板爆破相似，其钻孔长度、布置方式取决于井巷支护形式、破坏岩体性质，目的是破坏承载结构，使得软弱岩层有充足的释能空间。

无论是直接释能理念还是间接释能理念，都是针对不同岩层而提出的冲击防控措施。直接释能理念主要针对中间软弱岩层或层区，间接释能理念主要针对上、下坚硬岩层或层区，这两种释能理念均是通过破坏由坚硬岩层—软弱岩层—坚硬岩层构成的能量承载结构而释放积聚其中的能量。这两种释能理念的提出，明晰了冲击地压防控思路，完善了冲击地压防控体系。

需要指出的是，现场工程实践中，防控冲击地压时，仅仅依靠上述方法是远远不够的，还必须配合冲击地压监测预警手段，如钻屑法、SOS微震监测手段等。另外，上述防控措施不需要全部实施，应综合考虑工程实际地质特征、采掘空间实际情况、开采技术水平、冲击危险程度、经济效益、煤矿安全生产管理等多种因素，进行措施的选择和搭配组合。

7.2 工程实践与效果验证

黑龙江省峻德煤矿隶属于龙煤集团鹤岗分公司，该煤矿位于鹤岗矿区最南部，2004年发生首次冲击地压事故，前后共发生了7次冲击地压，共造成10人死亡，巷道毁坏200m，设备损坏若干。因此，冲击地压严重威胁着该矿的职工安全，制约着矿井的稳定生产。峻德煤矿106掘进工作面掘进前期发生一次冲击地压事故，造成1人受伤，巷道毁坏41m，此次事故是由多种因素耦合作用引发的。在充分认识冲击诱因的基础上，利用研究结论，在106掘进工作面掘进后期采取相应的监测、防控措施，以期保障巷道安全掘进。

106掘进工作面掘进散水坡北3层三四区一段回风巷，巷道采用EBZ－100综掘机沿3煤顶板掘进，与上段采空区隔离煤柱宽度为5m左右。煤层赋存稳定，煤层倾角α为30°～33°，煤层厚度平均为3.42m。煤层顶、底板岩性情况见表7.1。巷道标高－242～－235m，地面标高＋271～＋293m。巷道支护方式为锚网索联合支护，巷道两帮垂直于水平面，巷道形状为直角梯形，巷道规格4.4m×3.1m。顶板布置7根锚杆，锚杆间排距为0.8m×1.0m，上帮布置4根锚杆，锚杆间排距为1.1m×1.0m；巷道顶部每3m在巷道中间位置布置锚索1对。巷道上帮布置锚索，锚索间距3m。

表 7.1　煤层顶、底板岩性情况

岩层编号	岩性	距煤层底板距离/m	厚度/m
3	粗砂岩	82.24	20
2	砾岩	62.24	50
1	细砂岩	12.24	8.82
0	煤	3.42	3.42
1	细砂岩	0	30
2	砂质泥岩	6	6
3	中砂岩	21	15

7.2.1　冲击矿压显现

掘进前期，106 掘进工作面端头发生一次冲击事故，震级 1.5ML，事故造成掘进机尾上移 0.9m 至上帮，自移刮板输送机尾上移 1.0m；端头向后 41m 范围巷道破损，顶板下沉 0.8，由 3m 下沉至 2.2m，最矮处巷道仅 1.8m，巷道底鼓 0.5～0.9m，两帮移近量为 0.5～1.77m，冲击地压事故造成 1 人受伤。SOS 微震监测系统记录此次冲击震动波持续时间长达 3s 以上，速度幅值较大，频率较低。震动波经微震定位震源位于巷道下帮实体煤侧，距巷道底板 40m，距工作面煤壁前方 7m。

7.2.2　冲击地压诱因分析

冲击地压是多因素耦合作用的结果，但这些因素对冲击地压的影响不同。经分析可知，106 掘进工作面的冲击地压受坚硬顶、底板，褶曲、断层等地质构造以及推进速度的影响较大，其中主要因素为坚硬顶、底板和推进速度。

（1）能量积聚分析。

由煤层地质构造（图 7.3）可知，煤层顶板与底板附近的软弱岩层只有煤层，煤层上方坚硬直接顶为厚 8.82m 的细砂岩，坚硬基本顶为厚 50m 的砾岩，属于厚层坚硬顶板，难以垮落，煤层底板为厚 30m 的细砂岩，底板坚硬。这就形成了坚硬顶板—煤层—坚硬底板的能量承载结构，即细砂岩—煤体—细砂岩能量承载结构。在矿山压力作用下，煤体受到顶、底板的夹持作用，积聚大量的能量。

（2）推进速度对冲击地压的影响分析。

峻德煤矿 106 掘进工作面的推进速度与矿震能量、频次的关系为冲击能量释放、频率的变化趋势，与巷道推进速度具有较高的一致性。推进速度加快，冲击能量和频率也加大，引发冲击地压。推进速度加快，需要释放的能量激增，矿震能量与频次随之上升，达到某一极限时，便引发冲击地压。

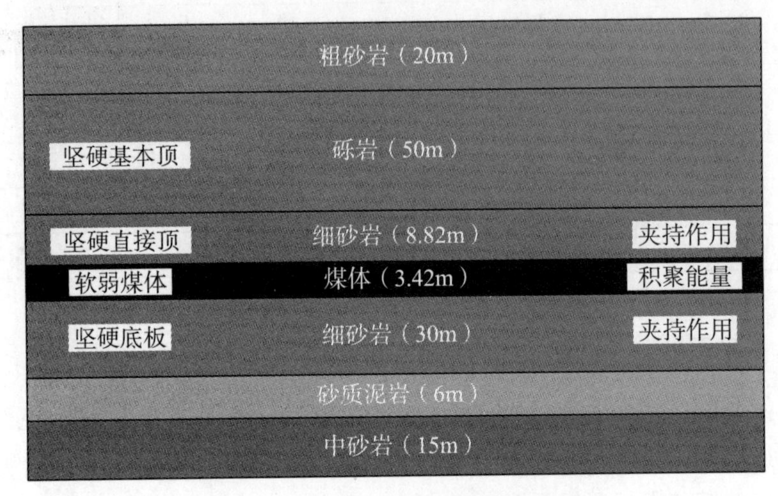

图 7.3　106 工作面顶底板结构示意图

7.2.3　掘进后期冲击危险分析

根据对 106 掘进工作面的冲击地压分析，冲击地压的影响因素一直存在，因此，巷道后期掘进依然存在较大冲击危险，特别是向前掘进 80m 后会受到相邻采空区遗留煤柱的影响，该处多条巷道交叉，无疑增加了冲击地压的危险性。因此，鉴于峻德煤矿 106 掘进工作面冲击地压危险情况，应该加强冲击地压危险监测与监控管理，并在现有的支护措施基础上，增加相应的冲击地压防控措施。

7.2.4　冲击地压防控措施

由以上分析可知，106 掘进工作面冲击危险的主要影响因素为坚硬厚层顶板和推进速度，其中，顶、底板均为坚硬的细砂岩，细砂岩—煤体—细砂岩形成了特有的能量承载结构，因此，对软弱煤层采取爆破卸压的直接释能解危措施，对坚硬顶板（细砂岩）采取爆破卸压的间接释能解危措施。同时，在巷道后期掘进过程中，限定了掘进速度。

（1）直接释能防冲措施。

迎头卸压：每前进 4m，垂直掘进工作面迎头打 2 个卸压孔，距下帮

1.0m、底板 1m 处开孔，两卸压孔间距 2m，卸压孔深 8m，孔径 42mm，卸压孔与巷道中心线平行。每孔装药 3kg 进行卸压爆破。

下帮卸压：将卸压孔布置在巷道下帮，从迎头向外 30m 范围内，每隔 5m 打 1 个卸压孔，距巷道底板 0.5m 处开孔，沿煤层以倾角 20°打孔，孔深 6m，装药 2.25kg 实施卸压爆破。下帮卸压孔滞后掘进头 10m。

（2）间接释能防冲措施。

下帮顶板卸压：从掘进头往后 10m 处向外 20m 范围，向下帮顶板距下帮 0.5m 处，每隔 10m 打 1 个卸压孔，卸压孔倾角 40°，深度 30m，方位与中心方向垂直，下帮顶板卸压孔滞后场子头 10m。打孔采用 750 型钻机，钻杆直径 50mm，钻头直径 75mm。每孔装药 10kg 实施卸压爆破，破断坚硬厚层顶板。

（3）限制掘进速度。

冲击危险区域巷道每天掘进不超过 6m。

7.2.5　冲击地压防治效果验证

如图 7.4 所示，106 掘进工作面实施上述防冲措施后，根据 SOS 微震监测系统显示，巷道后期掘进中，冲击能量逐渐得到释放，没有出现超过 10^5J 的矿震，冲击地压危险性大大降低。

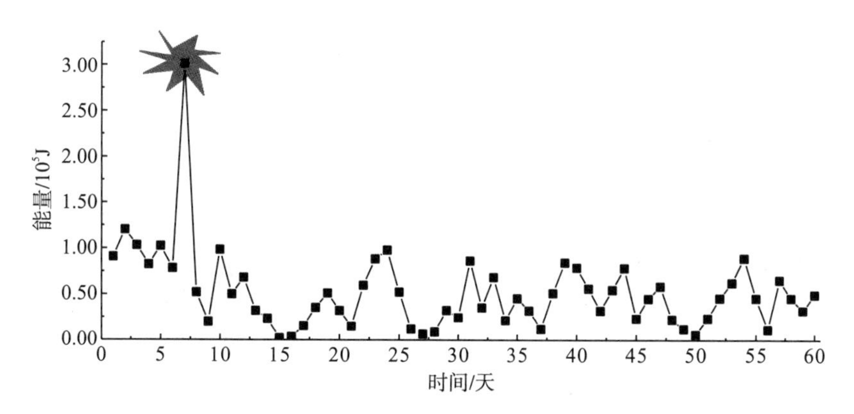

图 7.4　106 掘进工作面微震能量释放图

图 7.5 为 106 掘进工作面采取防冲措施前、后顶板下沉量情况。由图可知，采取防冲措施前，三个测站处的顶板下沉量分别为 0.75m、0.94m、0.84m，平均顶板下沉量为 0.84m；采取防冲措施后，三个测站处的顶板下沉量分别为 0.23m、0.30m、0.27m，平均顶板下沉量为 0.27m，较采取防冲措施前减少了 0.57m，将顶板下沉量控制在合理范围内。

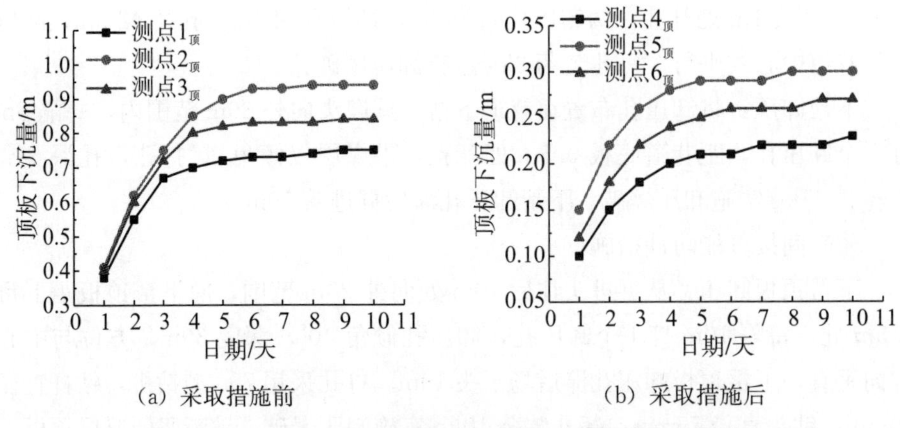

图 7.5　106 掘进工作面采取防冲措施前、后顶板下沉量对比

如图 7.6 所示，根据 106 掘进工作面采取防冲措施前、后巷道底鼓量的对比可知，采取防冲措施前，三个测站处的巷道底鼓量分别为 0.61m、0.81m、0.63m，平均巷道底鼓量为 0.68m；采取防冲措施后，三个测站处的巷道底鼓量分别为 0.21m、0.28m、0.26m，平均巷道底鼓量为 0.25m，较采取防冲措施前减少了 0.43m，将巷道底鼓量控制在合理范围内。

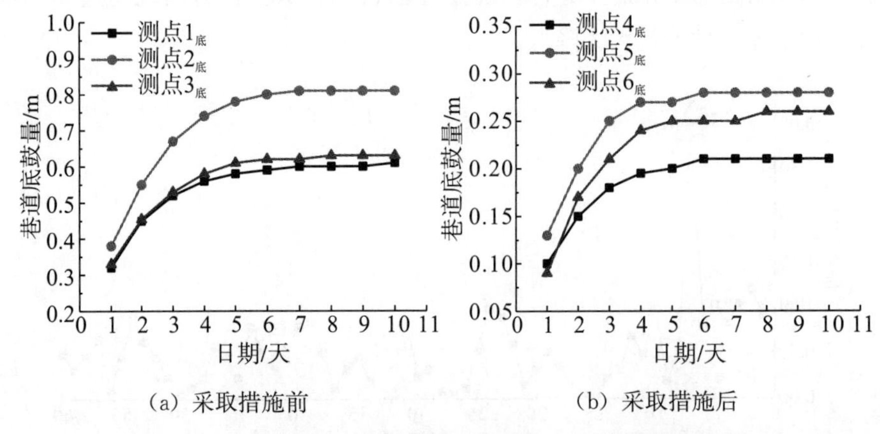

图 7.6　106 掘进工作面采取防冲措施前、后巷道底鼓量对比

如图 7.7 所示，根据 106 掘进工作面采取防冲措施前、后两帮移近量的对比可知，采取防冲措施前，三个测站处的两帮移近量分别为 0.82m、0.99m、0.87m，平均两帮移近量为 0.89m；采取防冲措施后，三个测站处的两帮移近量分别为 0.23m、0.27m、0.20m，平均两帮移近量为 0.23m，较采取防冲措施前减少了 0.66m，将两帮移近量控制在合理范围内。

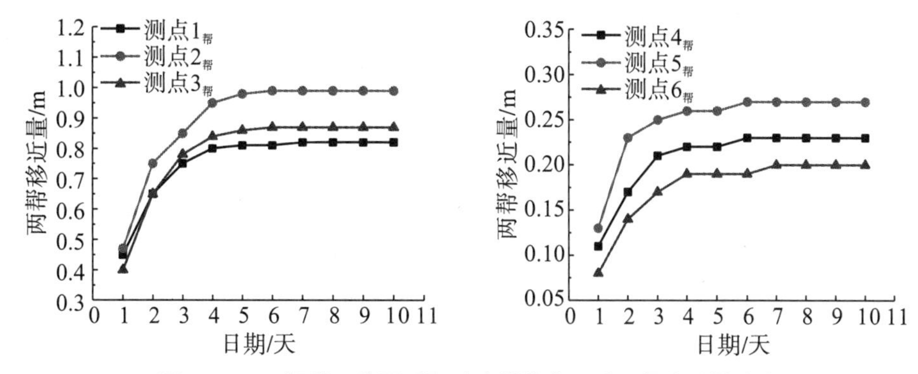

图 7.7　106 掘进工作面采取防冲措施前、后两帮移近量对比

综上所述，通过采取一定的防冲措施，顶板下沉量、巷道底鼓量与两帮移近量较小，均在合理范围内。微震监测和现场实测结果表明，针对坚硬顶板采取卸压爆破，破坏了顶板结构，也破坏了坚硬顶板（细砂岩）—软弱煤层（煤体）—坚硬底板（细砂岩）形成的能量承载结构，使积聚于结构中的能量得以释放；针对煤体采取的卸压爆破，使积聚于煤体中的能量充分释放，避免冲击地压的发生。由此表明，针对软弱煤层采取的直接释能手段（迎头爆破卸压和下帮爆破卸压）以及针对细砂岩坚硬顶板采取的间接释能手段（顶板爆破卸压），破坏了能量承载结构，有效释放了其中的能量，防止冲击地压的发生，保障了 106 掘进工作面的安全掘进。

7.3　本章小结

本章基于能量积聚规律，从能量释放角度提出了防治冲击地压的两种释能理念：直接释能和间接释能。其中，针对软弱岩层提出的直接释能防冲措施主要包括开采保护层、松动爆破、钻孔卸压、煤层注水软化，主要通过改变软弱岩层性质释放其中积聚的能量；针对坚硬岩层提出的间接释能防冲措施主要包括对工作面上方的坚硬顶板进行预裂、爆破、切割，使得坚硬顶板结构破坏，丧失夹持作用，间接释放其中能量。这两种释能措施均破坏了坚硬岩层—软弱岩层—坚硬岩层形成的能量承载结构，破坏过程中其中的能量逐渐释放，达到能量释放的目的。

根据能量释放理念，对峻德煤矿 106 掘进工作面进行现场实践。在分析冲击地压诱因的基础上，针对细砂岩—煤体—细砂岩构成的能量承载结构中的煤体，实施爆破卸压的直接释能手段，以及针对细砂岩坚硬顶板，实施顶板爆破卸压的间接释能手段。同时，限定掘进速度，以此防止冲击事故发生。

微震监测和现场实测结果表明，巷道后期掘进中，冲击能量释放速度逐渐减小，没有出现超过 10^5 J 的矿震，冲击地压危险性大大降低。顶板下沉量、巷道底鼓量、两帮移近量较小，均在合理范围内。针对软弱煤层采取的直接释能手段（迎头爆破卸压和下帮爆破卸压）以及针对细砂岩坚硬顶板采取的间接释能手段（顶板爆破卸压），破坏了能量承载结构，有效释放了能量，防止冲击地压的发生，保障了 106 掘进工作面的安全掘进。

第 8 章　结论与展望

8.1　主要结论

本书紧密围绕“引发冲击地压的能量在煤岩系统中的积聚层位”这一科学问题开展研究，基于煤岩结构特征及其力学特性的分析，给出能量分布计算方法，并以煤、粗砂岩、细砂岩试件单轴压缩实验为基础，对自主构建的二元组合体、三元组合体开展单轴压缩实验，研究煤岩组合体的破坏特征、力学特性、失稳机制，重点探索了能量积聚规律。其次，研究了煤岩性质、煤岩高度比、加载速率对煤岩组合体能量积聚规律的影响，探索了不同条件下的能量积聚规律。据此，提出了直接释能、间接释能两种能量释放理念，并在峻德煤矿进行工程实践。主要研究成果如下：

（1）通过对同径与非同径煤岩组合体模型进行力学分析，借助应力—应变曲线，给出了两种煤岩组合体模型的能量分布计算公式，解决了能量在煤岩组合体内难以测量的问题，为煤岩组合体的能量分布计算与探索能量积聚规律奠定了理论基础。

（2）研究了煤、粗砂岩、细砂岩三种试件的破坏形态、力学特性、能量积聚情况。

①煤试件破坏完全，碎块小，呈碎屑状，为张拉破坏；细砂岩试件具有明显的剪切破坏特征，属于不完全破坏。

②煤试件压密阶段最长，细砂岩试件弹性阶段最长，煤试件塑性阶段明显，细砂岩试件最不明显。煤释能速度缓慢，细砂岩释能最快。

③三种试件抗压强度：细砂岩＞粗砂岩＞煤；弹性模量：细砂岩＞粗砂岩＞煤；峰前积聚能量：细砂岩＞粗砂岩＞煤。煤试件为强冲击倾向性，粗砂岩、细砂岩为弱冲击倾向性。

（3）对自主构建的二元组合体、三元组合体进行单轴压缩实验，研究了煤岩组合体的破坏特征以及力学特性，探究了能量积聚规律。

①煤岩组合体中煤组分为碎状破坏，破碎块体粒径小、数量多。粗砂岩组分破碎块体粒径大、数量少。细砂岩组分呈“Y”型破坏，破碎块体粒径最大、数量最少。

②GCG、CGC、FCF、CFC、CFGC、GCFG、FGCF 组合体压密阶段显著；GCG、FCF、GCFG、FGCF 组合体弹性阶段经历时间最短；GCG、FCF、GCFG、FGCF 组合体塑性阶段明显；GCG、FCF、GCFG、FGCF、CGC、FGF、CFGC 组合体破坏缓慢；CFC、GFG 组合体破坏迅速。

③煤岩组合体抗压强度与破坏组分抗压强度基本一致，上、下组分可视为存在变形但不发生破坏的垫层。峰前积聚能量折线与抗压强度折线基本一致。煤岩组合体各组分之间硬度差别越大，煤岩组合体冲击倾向性越强。

④煤岩组合体能量主要积聚在软弱组分中。当软硬不同的岩层相间互层时，软弱岩层更易积聚能量，是引发冲击地压能量的主要载体，对冲击地压发生起决定作用，而坚硬岩层或层区起承载和夹持作用，储存能量少。

（4）对不同煤岩性质与比例的煤岩组合体开展单轴压缩实验，探究煤岩性质与比例对煤岩组合体力学特性、破坏机制的影响，重点分析了煤岩性质与比例对煤岩组合体能量积聚的影响。除此之外，通过数值模拟手段验证了实验结果的合理性，借助煤岩组合体力学模型，分析了煤岩组合体失稳破坏机制。

①随着煤岩高度比增大，破坏状态依次为“碎状”完全破坏、“Y”型半完全破坏、“局部式”不完全破坏，破坏区域逐渐缩小，由整体破坏到半整体破坏再到局部区域破坏逐渐过渡。

②煤岩组合体抗压强度随煤岩高度比增大而减小。煤岩组合体中组分硬度越大，抗压强度也越大。煤岩组合体的抗压强度与纯煤试件相比有所增大，但增幅较小。

③煤岩组合体弹性模量与煤岩高度比呈反比。组分中岩石硬度越大，煤岩组合体弹性模量也越大。

④随着煤岩高度比增加，峰前积聚能量增多，煤岩组合体能量积聚与煤组分所占比例呈正比。组分中岩石越硬，积聚能量越少。

⑤煤岩组合体均为强冲击倾向性，但受到煤组分本身力学性质影响，冲击能量指数在 6 附近。运用 RFPA 数值模拟软件对不同顶、底板刚度和煤岩比例的煤岩组合体开展数值模拟研究。研究发现，煤岩组合体顶、底板刚度越大，声发射峰值能量也越大，冲击效应越强。煤岩高度比越大，冲击效应越强。

⑥构建二元组合体相互作用理论模型，分析煤岩系统由稳态向失稳转化的四个阶段；构建三元组合体力学模型，岩—煤—岩组合体的破坏状态由其中的煤体峰后刚度 λ 及顶、底板岩石刚度 k_1，k_2 对比关系决定，峰值后卸载至煤体曲线刚度变化率满足点 S 后，系统不再维持平衡状态，由稳定破坏转为失稳破坏。提出了采用岩—煤—岩组合体破坏过程中顶、底板释放和煤体消耗的能量之比 α 作为煤岩组合条件下的冲击倾向性评价指标。

⑦任何比例的煤岩组合体中的能量均积聚在煤组分上，对煤岩组合体的破坏起主导作用，其他组分积聚的能量对煤岩组合体的破坏起促进作用。煤组分的积聚能量占比随着煤岩高度比的增加而逐渐增加，其他组分积聚能量占比逐渐减小。

⑧矿山压力作用下，煤系地层积聚了大量弹性能，地层中的软弱岩层或层区积聚能量较多，而坚硬岩层或层区积聚能量较少。

（5）研究了加载速率对煤岩组合体的力学特性与能量积聚的影响，分析了煤岩组合体在不同加载速率下的力学特性、破坏机制，确定不同加载速率下的能量积聚规律。

①加载速率对煤岩组合体的破坏机制有较大影响。低加载速率下，煤岩组合体破坏完全，破坏形式属于塑性破坏；高加载速率下，煤岩组合体破坏不完全，属于脆性破坏。加载速率对煤岩组合体破坏的影响主要表现在六个方面：裂隙发育程度、破碎块体粒径、破碎块体数量、能量释放速度、破坏形式、失稳机制。

②煤岩组合体的破碎块体具有明显的分类特征。随着加载速率增大，小碎块个数越来越少；加载速率增大有助于减少煤岩组合体破碎程度；高加载速率促生长薄形态的破碎块体；相同粒径的煤岩组合体，加载速率越大，长薄碎块越明显；破碎块体的粒度—数量分形维数随加载速率的增大而增大，相同加载速率下，三种煤岩组合体分形维数为 FC（1∶1）＞FCG（1∶2∶1）＞GC（1∶1）；破碎块体的粒度—质量分形维数均随加载速率的增大而减小，三种煤岩组合体在不同加载速率下的分形维数为 1.34～2.36。

③随加载速率增加，煤岩组合体压密阶段、塑性阶段越不明显，弹性模量逐渐增大；破坏形态由平缓式逐渐变为阶梯式；随着加载速率增加，峰值应力逐渐增大，峰值应变逐渐减小。

④抗压强度与加载速率为对数关系，随加载速率的增加而增加，但增幅减小，抗压强度对加载速率的敏感性逐渐减小；加载速率与弹性模量呈对数关系，弹性模量对低加载速率的敏感性较高，对高加载速率的敏感性较低；随着

加载速率增大，能量积聚增多，但增幅减小。

⑤随着加载速率增大，冲击能量指数逐渐增大，冲击倾向性逐渐增强。根据三种煤岩组合体的加载速率与冲击倾向性关系曲线，可得到不同加载速率下的煤岩组合体的冲击倾向强弱，并给出冲击倾向性的临界加载速率。

⑥加载速率对能量积聚的影响较大。随着加载速率增大，峰前积聚能量增加，能量增长率呈现“低—高—低”趋势，能量积聚对较低和较高的加载速率敏感性较差。

⑦随着加载速率增加，煤岩组合体中煤组分积聚的能量逐渐增多，煤组分积聚能量占比逐渐增大。任意加载速率下，煤组分均是能量积聚的主要载体，软弱岩层更易积聚能量，不受加载速率影响。

（6）基于能量积聚规律，从能量释放角度提出两种释能理念：直接释能和间接释能。其中，直接释能主要通过改变软弱岩层性质释放其中积聚的能量；间接释能主要通过破坏坚硬岩层结构，使其丧失夹持作用，来间接释放其中能量。峻德煤矿 106 掘进工作面工程实践表明，针对软弱煤层采取的直接释能手段（迎头爆破卸压和下帮爆破卸压）以及针对细砂岩坚硬顶板采取的间接释能手段（顶板爆破卸压），破坏了能量承载结构，有效释放了其中的能量，防止冲击地压的发生，保障了 106 掘进工作面的安全掘进。

8.2 创新点

（1）构建了同径煤岩组合体与非同径煤岩组合体力学模型，基于煤岩结构特征及其力学特性分析，给出了两种煤岩组合体模型的能量分布计算方法，获得了煤岩组合体不同组分的能量占比情况。

（2）通过对二元组合体、三元组合体的单轴加载实验，分析了煤岩组合体的能量积聚特征，探讨了能量积聚层位，揭示了软煤、厚煤易于发生冲击地压的机理。

（3）实验并分析了煤岩性质、煤岩比例、加载速率对煤岩组合体的力学特性、破坏机制的影响，重点分析了其对能量积聚规律与积聚层位的影响。

8.3 展望

本书针对多种煤岩组合体，研究了不同条件下的破坏特征、力学特性、失稳机制，重点分析了煤岩组合体能量积聚规律及其影响因素，受作者水平、实验材料、时间等因素的限制，本书的研究仍然存在诸多方面的不足，主要包括以下几个方面：

（1）本书主要研究了能量在纵向上的积聚层位，想要确定能量积聚具体位置，还需结合能量横向分布规律。因此，能量横向分布规律及其影响因素是下一步研究的重点。

（2）本书开展的研究依托于峻德煤矿，获得的能量积聚规律等成果受限于该煤矿，能量积聚规律还需进一步验证。

（3）进行煤岩组合体能量分布计算时，以煤岩组合体中煤组分积聚能量等于同尺寸的煤试件单体压缩时积聚的能量为前提，但同尺寸的煤试件也存在差别，这就使得煤岩组合体能量分布计算精度不高。因此，如何提高能量计算精度或寻找能量计算新方法，需要进一步探索和研究。

（4）本书主要针对煤体储能型的冲击地压问题开展了大量实验研究，研究结论可以较好地揭示煤体储能型的冲击机理，但是否可以指导其他类型（顶板断裂型、断层错动型）的冲击地压问题，值得进一步探索。

（5）本书以煤岩组合体为研究对象，研究了采掘活动前的煤系地层能量积聚规律，但能量积聚规律是否受到采掘活动、地层构造、水文地质等方面的影响，还需进一步验证。

参考文献

[1] Biner S B. A numerical analysis of crack growth in microcracking britle solids [J]. Engineering Fracture Mechanics, 1994, 51 (4): 555—573.

[2] Diederichs M S, Kaiser P K, Eberhardt E. Damage initiation and propagation in hard rock during tunnelling and the influence of near—face stress rotation [J]. International Journal of Rock Mechanics & Mining Sciences, 2004, 41 (5): 785—812.

[3] Dou L M, Mu Z L, Li Z L, et al. Research progress of monitoring, forecasting, and prevention of rockburst in underground coal mining in China [J]. Tnternational Jounal of Coal Science and Technology, 2014, 1 (3): 2188—2204.

[4] Dyskin A, Germanovich L N. Model of rock burst caused by cracks growing near free surface [C]. Roerdam: Balkema, 1993: 169—174.

[5] Fan Y, Lu W, Zhou Y, et al. Influence of tunneling methods on the strainburst characteristics during the excavation of deep rock masses [J]. Engineering Geology, 2016, 201 (2): 85—95.

[6] Fu J W, Chen K, Zhu W S, et al. Progressive failure of new modelling material with a single internal crack under biaxial compression and the 3—D numerical simulation [J]. Engineering Fracture Mechanics, 2016, 16 (5): 140—152.

[7] Fujii Y, Ishijima Y, Deguchi G. Prediction of coal face rockbursts and microseismicity in deep longwall coal mining [J]. International Journal of Rock Mechanics & Mining Sciences, 1997, 34 (1): 85—96.

[8] Gong Q M, Yin L J, Wu S Y, et al. Rock burst and slabbing failure and its influence on TBM excavation at headrace tunnels in Jinping Ⅱ hydropower station [J]. Engineering Geology, 2012, 124 (1): 98—108.

[9] Gong W, Peng Y, Wang H, et al. Fracture Angle Analysis of Rock

Burst Faulting Planes Based on True－Triaxial Experiment [J]. Rock Mechanics & Rock Engineering，2015，48 (3)：1017－1039.

[10] Graham G，Crampin S，Fernandez L M. Observations of shear－wave polarizations from rockbursts in a South African gold field：an analysis of acceleration and velocity recordings [J]. Geophysical Journal International，2010，107 (3)：661－672.

[11] Guo W Y，Zhao T B，Tan Y L，et al. Progressive mitigation method of rock bursts under complicated geological conditions [J]. International Journal of Rock Mechanics and Mining Sciences，2017，96 (8)：11－22.

[12] He M，Sousa L R E，Miranda T，et al. Rockburst laboratory tests database－Application of data mining techniques [J]. Engineering Geology，2015，185 (5)：116－130.

[13] Holub K，Petroš V. Some parameters of rockbursts derived from underground seismological measurements [J]. Tectonophysics，2008，456 (1)：67－73.

[14] Hua A Z，You M Q. Rock failure due to energy release during unloading and application to underground rock burst control [J]. Tunnelling & Underground Space Technology，2001 (16)：241－246.

[15] Ikari M J，Niemeijer A R，Marone C. Experimental investigation of incipient shear failure in foliated rock [J]. Journal of Structural Geology，2015，77 (4)：82－91.

[16] Kemeny J M. A model for non－linear rock deformation under compression due to sub－critical crack growth [J]. International Journal of Rock Mechanics & Mining Sciences & Geomechanics Abstracts，1991，28 (6)：459－467.

[17] Kong X，Wang E，Hu S，et al. Fractal characteristics and acoustic emission of coal containing methane in triaxial compression failure [J]. Journal of Applied Geophysics，2016，124 (8)：139－147.

[18] Li D，Sun Z，Xie T，et al. Energy evolution characteristics of hard rock during triaxial failure with different loading and unloading paths [J]. Engineering Geology，2017，228 (5)：270－281.

[19] Li S，Feng X T，Li Z，et al. In situ，monitoring of rockburst nucleation and evolution in the deeply buried tunnels of Jinping Ⅱ hydropower

station [J]. Engineering Geology, 2012, 137/138 (7): 85−96.

[20] Li T, Ma C, Zhu M, et al. Geomechanical types and mechanical analyses of rockbursts [J]. Engineering Geology, 2017, 222 (5): 72−83.

[21] Li X, Du K, Li D. True Triaxial Strength and Failure Modes of Cubic Rock Specimens with Unloading the Minor Principal Stress [J]. Rock Mechanics & Rock Engineering, 2015, 48 (6): 2185−2196.

[22] Liu D, Yao Y, Tang D, et al. Coal reservoir characteristics and coalbed methane resource assessment in Huainan and Huaibei coalfields, Southern North China [J]. International Journal of Coal Geology, 2009, 79 (3): 97−112.

[23] Liu Y, Miao S, Wei X, et al. Acoustic Emission Characteristics and Energy Mechanism Evolution of Granite Damage Under Triaxial Cyclic Loading and Unloading [J]. Mining Research & Development, 2016, 35 (6): 72−80.

[24] Liu Y, Wang F, Tang H, et al. Well type and pattern optimization method based on fine numerical simulation in coal−bed methane reservoir [J]. Environmental Earth Sciences, 2015, 73 (10): 5877−5890.

[25] Lu C P, Dou L M, Liu B, et al. Microseismic low−frequency precursor effect of bursting failure of coal and rock [J]. Journal of Applied Geophysics, 2012, 79 (79): 55−63.

[26] Lu W, Yang J, Yan P, et al. Dynamic response of rock mass induced by the transient release of in−situ stress [J]. International Journal of Rock Mechanics & Mining Sciences, 2012, 53 (9): 129−141.

[27] Mohtarami E, Jafari A, Amini M. Stability analysis of slopes against combined circular−toppling failure [J]. International Journal of Rock Mechanics & Mining Sciences, 2014, 67 (2): 43−56.

[28] Nemat N S, Hori H. Compression−induced nonplanar crack extension with application to spliting, exfoliation, and rockburst [J]. Journal of Geophysical Research Solid Earth, 1982, 87 (B8): 6805−6821.

[29] Peng R D, Ju Y, Wang J G, et al. Energy dissipation and release during coal failure under conventional triaxial compression [J]. Rock Mechanics & Rock Engineering, 2015, 48 (2): 509−526.

[30] Procházka P P. Application of discrete element methods to fracture

mechanics of rock bursts [J]. Engineering Fracture Mechanics, 2004, 71 (4): 601−618.

[31] Qiu S L, Feng X T, Zhang C Q, et al. Estimation of rockburst wall−rock velocity invoked by slab flexure sou [J]. Canadian Geotechnical Journal, 2013, 51 (5): 520−539.

[32] Sagong M, Park D, Yoo J, et al. Experimental and numerical analyses of an opening in a jointed rock mass under biaxial compression [J]. International Journal of Rock Mechanics & Mining Sciences, 2011, 48 (7): 1055−1067.

[33] Sahouryeh E, Dyskin A V, Germanovich L N. Crack growth under biaxial compression [J]. Engineering Fracture Mechanics, 2002, 69 (18): 2187−2198.

[34] Saimoto A, Toyota A, Imai Y. Compression induced shear damage in britte solids by scattered microcracking [J]. International Journal of Fracture, 2009, 157 (1/2): 101−108.

[35] Song X, Li X, Li Z, et al. Study on the characteristics of coal rock electromagnetic radiation (EMR) and the main influencing factors [J]. Journal of Applied Geophysics, 2018, 148 (1): 216−225.

[36] Stacey T R, Jongh C L D. Stress Stress fracturing around a deep level bored tunnel [J]. Journal of the South African Institute of Mining & Metallurgy, 1977, 78 (7): 124−133.

[37] Stewart R A, Reimold W U, Charlesworth E G, et al. The nature of a deformation zone and fault rock related to a recent rockburst at Western Deep Levels Gold Mine, Witwatersrand Basin, South Africa [J]. Tectonophysics, 2001, 337 (3): 173−190.

[38] Su G, Chen Z, Ju J W, et al. Influence of temperature on the strainburst characteristics of granite under true triaxial loading conditions [J]. Engineering Geology, 2017, 47 (2): 467−483.

[39] Tan Y L, Liu X S, Ning J G, et al. Front abutment pressure concentration forecast by monitoring cable − forces in the roof [J]. International Journal of Rock Mechanics and Mining Sciences, 2015, 77 (6): 202−207.

[40] Vardoulakis I. Rock bursting as a surface instability phenomenon [J].

International Journal of Rock Mechanics & Mining Sciences & Geomechanics Abstracts, 1984, 21 (3): 137-144.

[41] Xiong X. Study on formation mechanism of rock burst and rating prediction based on artificial neural network in rockmass engineering [J]. Nmr in Biomedicine, 2014, 3 (2): 59-63.

[42] Xu T, Ranjith P G, Wasantha P L , et al. Influence of the geometry of partially-spanning joints on mechanical properties of rock in uniaxial compression [J]. Engineering Geology, 2013, 167 (24): 134-147.

[43] Yan P, Zhao Z, Lu W, et al. Mitigation of rock burst events by blasting techniques during deep-tunnel excavation [J]. Engineering Geology, 2015, 188 (8): 126-136.

[44] Zhang C, Feng X T, Zhou H, et al. Rock mass damage induced by rockbursts occurring on tunnel floors: a case study of two tunnels at the Jinping Ⅱ Hydropower Station [J]. Environmental Earth Sciences, 2014, 71 (1): 441-450.

[45] Zhang J, Jiang F, Yang J, et al. Rockburst mechanism in soft coal seam within deep coal mines [J]. International Journal of Mining Science and Technology, 2017, 27 (3): 551-556.

[46] Zhao T B, Guo W Y, Tan Y L, et al. Case Studies of Rock Bursts Under Complicated Geological Conditions During Multi-seam Mining at a Depth of 800m [J]. Rock Mechanics & Rock Engineering, 2018, 51 (5): 1-26.

[47] Zhu W C, Li Z H, Zhu L, et al. Numerical simulation on rockburst of underground opening triggered by dynamic disturbance [J]. Tunnelling and Underground Space Technology incorporating Trenchless Technology Research, 2010, 25 (5): 587-599.

[48] Zuo J P, Wang Z F, Zhou H W, et al. Failure behavior of a rock-coal-rock combined body with a weak coal interlayer [J]. International Journal of Mining Science and Technology, 2014, 23 (6): 907-912.

[49] 安丽媛，朱为玄，卓鹏飞，等. 损伤与断裂耦合效应的能量理论研究及应用 [J]. 河海大学学报（自然科学版），2012，40（2）：201-205.

[50] 曹安业，井广成，窦林名，等. 不同加载速率下岩样损伤演化的声发射特征研究 [J]. 采矿与安全工程学报，2015，32（6）：923-928，935.

[51] 常悦，张雅萍，栗继祖，等. 煤岩组合体力学特性与瓦斯渗流规律试验研究 [J]. 煤矿安全，2017，48 (6)：28-31.

[52] 陈光波，秦忠诚，张国华，等. 受载煤岩组合体破坏前能量分布规律 [J]. 岩土力学，2020，41 (6)：2021-2033.

[53] 陈光波. 煤岩组合体动力破坏规律实验研究 [D]. 哈尔滨：黑龙江科技大学，2016.

[54] 陈国祥，窦林名，乔中栋，等. 褶皱区应力场分布规律及其对冲击矿压的影响 [J]. 中国矿业大学学报，2008，24 (6)：751-755.

[55] 陈琳，徐小丽，徐银花. 温度与加载速率对岩石力学性质的影响 [J]. 广西大学学报（自然科学版），2016，41 (1)：170-177.

[56] 崔铁军，李莎莎，王来贵. 基于能量理论的冲击地压细观过程研究 [J]. 安全与环境学报，2018，18 (2)：474-480.

[57] 崔铁军，马云东，王来贵. 煤炭开采复杂急倾斜岩层强制放顶爆破方案模拟分析 [J]. 系统仿真学报，2018，30 (4)：1384-1389.

[59] 单鹏飞，崔峰，曹建涛，等. 考虑区域地应力特征的裂隙煤岩流固耦合特性实验 [J]. 煤炭学报，2018，43 (1)：105-117.

[59] 丁浩，李科，李金鑫，等. 地下洞室连续围岩岩爆定量预测模型 [J]. 土木建筑与环境工程，2017，39 (6)：37-45.

[60] 窦林名，陆菜平，牟宗龙，等. 组合煤岩冲击倾向性特性试验研究 [J]. 采矿与安全工程学报，2006，23 (1)：43-46.

[61] 杜俊，侯克鹏，梁维，等. 粗粒土压实特性及颗粒破碎分形特征试验研究 [J]. 岩土力学，2013，34 (S1)：155-161.

[62] 杜平. 构造应力与动力系统对冲击地压控制作用研究 [D]. 阜新：辽宁工程技术大学，2013.

[63] 付斌，周宗红，王友新，等. 不同煤岩组合体力学特性的数值模拟研究 [J]. 南京理工大学学报，2016，40 (4)：485-492.

[64] 付斌，周宗红，王友新，等. 煤岩组合体冲击倾向性的 RFPA~（2D）数值模拟 [J]. 煤矿机械，2016，37 (5)：90-93.

[65] 付斌，周宗红，王友新，等. 煤岩组合体破坏过程 RFPA~（2D）数值模拟 [J]. 大连理工大学学报，2016，56 (2)：132-139.

[66] 付京斌. 受载组合煤岩电磁辐射规律及其应用研究 [D]. 北京：中国矿业大学，2009.

[67] 付玉凯. 高冲击韧性锚杆吸能减冲原理及应用 [D]. 北京：煤炭科学研

究总院，2015.
[68] 高保彬，吕蓬勃，郭放. 不同瓦斯压力下煤岩力学性质及声发射特性研究 [J]. 煤炭科学技术，2018，46 (1)：112-119，149.
[69] 高明仕，窦林名，张农，等. 岩土介质中冲击震动波传播规律的微震试验研究 [J]. 岩石力学与工程学报，2007，32 (7)：1365-1371.
[70] 龚爽，赵毅鑫. 层理对煤岩动态断裂及能量耗散规律影响的试验研究 [J]. 岩石力学与工程学报，2017，36 (S2)：3723-3731.
[71] 管保山，刘玉婷，梁利，等. 煤岩微观结构分析及其与压裂液设计的关系研究 [J]. 煤炭科学技术，2018，46 (6)：178-182.
[72] 郭东明，左建平，张毅，等. 不同倾角组合煤岩体的强度与破坏机制研究 [J]. 岩土力学，2011，32 (5)：1333-1339.
[73] 郭东明. 湖西矿井深部煤岩组合体宏细观破坏试验与理论研究 [D]. 北京：中国矿业大学（北京），2010.
[74] 郭伟耀，周恒，徐宁辉，等. 煤岩组合体力学特性模拟研究 [J]. 煤矿安全，2016，47 (2)：33-35，39.
[75] 韩光，崔铁军，王来贵. 不同采深及倾角条件下煤（岩）体冲击地压模拟研究 [J]. 采矿与安全工程学报，2018，35 (2)：308-315.
[76] 韩光，齐庆杰，崔铁军，等. 急倾斜煤层开采方案模拟与岩层运移分析 [J]. 采矿与安全工程学报，2016，33 (4)：618-623，629.
[77] 韩军，张宏伟，兰天伟，等. 京西煤田冲击地压的地质动力环境 [J]. 煤炭学报，2014，39 (6)：1056-1062.
[78] 郝福坤，李海涛，周坤，等. 冲击地压能量分布主控因素数值模拟研究 [J]. 煤炭科学技术，2014，42 (4)：31-34.
[79] 郝育喜. 乌东近直立煤层组冲击地压及恒阻大变形防冲支护研究 [D]. 北京：中国矿业大学（北京），2016.
[80] 何江，窦林名，陆菜平. 薄煤层冲击矿压特征及防治研究 [J]. 煤炭学报，2012，37 (7)：1094-1098.
[81] 何满潮，王炯，孙晓明，等. 负泊松比效应锚索的力学特性及其在冲击地压防治中的应用研究 [J]. 煤炭学报，2014，39 (2)：214-221.
[82] 华安增. 地下工程周围岩体能量分析 [J]. 岩石力学与工程学报，2003，22 (7)：1054-1059.
[83] 黄达，黄润秋，张永兴. 粗晶大理岩单轴压缩力学特性的静态加载速率效应及能量机制试验研究 [J]. 岩石力学与工程学报，2012，31 (2)：

245－255.
[84] 黄达，谭清，黄润秋. 高围压卸荷条件下大理岩破碎块度分形特征及其与能量相关性研究 [J]. 岩石力学与工程学报，2012，31 (7)：1379－1389.
[85] 姜福兴，王建超，孙广京，等. 深部开采沿空巷道冲击危险性的工程判据 [J]. 煤炭学报，2015，40 (8)：1729－1736.
[86] 姜福兴，魏全德，王存文，等. 巨厚砾岩与逆冲断层控制型特厚煤层冲击地压机理分析 [J]. 煤炭学报，2014，39 (7)：1191－1196.
[87] 姜福兴，魏全德，姚顺利，等. 冲击地压防治关键理论与技术分析 [J]. 煤炭科学技术，2013，41 (6)：6－9.
[89] 姜婷婷，张建华，黄刚. 煤岩水力压裂裂缝扩展形态试验研究 [J]. 岩土力学，2018，39 (10)：3677－3684.
[90] 姜耀东，李海涛，赵毅鑫，等. 加载速率对能量积聚与耗散的影响 [J]. 中国矿业大学学报，2014，43 (3)：369－373.
[91] 姜耀东，潘一山，姜福兴，等. 我国煤炭开采中的冲击地压机理和防治 [J]. 煤炭学报，2014，39 (2)：205－213.
[92] 姜耀东，王涛，宋义敏，等. 煤岩组合结构失稳滑动过程的实验研究 [J]. 煤炭学报，2013，38 (2)：177－182.
[93] 姜耀东，赵毅鑫，刘文岗，等. 煤岩冲击失稳的机理和实验研究 [M]. 北京：科学出版社，2009.
[94] 姜耀东，赵毅鑫. 我国煤矿冲击地压的研究现状：机制、预警与控制 [J]. 岩石力学与工程学报，2015，34 (11)：2188－2204.
[95] 蒋邦友，王连国，顾士坦，等. 基于能量原理的深埋隧洞 TBM 施工岩爆机理分析 [J]. 采矿与安全工程学报，2017，34 (6)：1103－1109.
[96] 蒋海明，李杰. 冲击荷载作用下红砂岩块体滑移特征试验研究 [J]. 工程勘察，2018，46 (9)：6－10，52.
[97] 蒋金泉，张培鹏，秦广鹏，等. 一侧采空高位硬厚关键层破断规律与微震能量分布 [J]. 采矿与安全工程学报，2015，32 (4)：523－529.
[98] 康红普，吴拥政，何杰，等. 深部冲击地压巷道锚杆支护作用研究与实践 [J]. 煤炭学报，2015，40 (10)：2225－2233.
[99] 兰永伟，张国华，刘洪磊，等. 不同组合条件下煤岩组合体的力学特性 [J]. 黑龙江科技大学学报，2018，28 (2)：136－141.
[100] 蓝航. 浅埋煤层冲击地压发生类型及防治对策 [J]. 煤炭科学技术，2014，42 (1)：9－13.

[101] 蓝航. 浅埋煤层冲击地压发生类型及防治对策 [J]. 煤炭科学技术，2014，42 (1)：9−13.
[102] 李德建，贾雪娜，苗金丽，等. 花岗岩岩爆试验碎屑分形特征分析 [J]. 岩石力学与工程学报，2010，29 (S1)：3280−3289.
[103] 李海涛，蒋春祥，姜耀东，等. 加载速率对煤样力学行为影响的试验研究 [J]. 中国矿业大学学报，2015，44 (3)：430−436.
[104] 李海涛，宋力，周宏伟，等. 多加载速率影响下煤强度的非线性演化机制试验研究及应用 [J]. 岩石力学与工程学报，2016，35 (S1)：2978−2989.
[105] 李守巨，李德，武力，等. 非均质岩石单轴压缩试验破坏过程细观模拟及分形特性 [J]. 煤炭学报，2014，39 (5)：849−854.
[106] 李晓璐，康立军，李宏艳，等. 煤—岩组合体冲击倾向性三维数值试验分析 [J]. 煤炭学报，2011，36 (12)：2064−2067.
[117] 李晓璐. 基于 FLAC~ (3D) 的煤岩组合模型冲击倾向性研究 [J]. 煤炭工程，2012，24 (6)：80−82.
[108] 李新元，马念杰，钟亚平，等. 坚硬顶板断裂过程中弹性能量积聚与释放的分布规律 [J]. 岩石力学与工程学报，2007，24 (S1)：2786−2793.
[109] 李子文，林柏泉，郝志勇，等. 煤体多孔介质孔隙度的分形特征研究 [J]. 采矿与安全工程学报，2013，30 (3)：437−442，448.
[110] 刘春生，袁昊，张艳军，等. 不同楔面角度碟盘刀具切削煤岩的载荷与小波能量熵 [J]. 黑龙江科技大学学报，2018，28 (5)：543−551.
[111] 刘刚，贾先才，谭浩，等. 厚硬顶板—煤层结构的力学特性 [J]. 黑龙江科技大学学报，2018，28 (1)：7−13.
[112] 刘刚，李连崇，肖福坤，等. “三硬”煤岩组合体冲击倾向性数值分析 [J]. 煤矿安全，2016，47 (8)：198−200，204.
[113] 刘建新，唐春安，朱万成，等. 煤岩串联组合模型及冲击地压机理的研究 [J]. 岩土工程学报，2004，18 (2)：276−280.
[114] 刘金海，姜福兴，孙广京，等. 强排煤粉防治冲击地压的机制与应用 [J]. 岩石力学与工程学报，2014，33 (4)：747−754.
[115] 刘金海，翟明华，郭信山，等. 震动场、应力场联合监测冲击地压的理论与应用 [J]. 煤炭学报，2014，39 (2)：353−363.
[116] 刘宁，张春生，褚卫江，等. 深埋隧洞岩爆风险尺寸效应问题探讨 [J]. 岩石力学与工程学报，2017，36 (10)：2514−2521.
[117] 刘少虹，毛德兵，齐庆新，等. 动静加载下组合煤岩的应力波传播机制

与能量耗散［J］．煤炭学报，2014，39（S1）：15－22．
［118］刘少虹，秦子晗，娄金福．一维动静加载下组合煤岩动态破坏特性的试验分析［J］．岩石力学与工程学报，2014，33（10）：2064－2075．
［119］刘少虹．动载冲击地压机理分析与防治实践［D］．北京：煤炭科学研究总院，2014．
［120］刘学生，谭云亮，宁建国，等．采动支承压力引起应变型冲击地压能量判据研究［J］．岩土力学，2016，37（10）：2929－2936．
［121］刘勇，陈长江，刘笑天，等．高压水射流破岩能量耗散与释放机制［J］．煤炭学报，2017，42（10）：2609－2615．
［122］刘镇，周翠英．隧道变形失稳的能量演化模型与破坏判据研究［C］．全国岩土力学数值分析与解析方法研讨会，2010．
［123］卢爱红，茅献彪，赵玉成．动力扰动诱发巷道围岩冲击失稳的能量密度判据［J］．应用力学学报，2008，25（4）：602－606，733．
［124］陆菜平，窦林名，吴兴荣．组合煤岩冲击倾向性演化及声电效应的试验研究［J］．岩石力学与工程学报，2007，23（12）：2549－2555．
［125］陆菜平．组合煤岩的强度弱化减冲原理及其应用［D］．徐州：中国矿业大学，2008．
［126］吕进国，姜耀东，李守国，等．巨厚坚硬顶板条件下断层诱冲特征及机制［J］．煤炭学报，2014，39（10）：1961－1969．
［127］吕进国，姜耀东，赵毅鑫，等．冲击地压层次化监测及其预警方法的研究与应用［J］．煤炭学报，2013，38（7）：1161－1167．
［128］马振乾，姜耀东，李彦伟，等．加载速率和围压对煤能量演化影响试验研究［J］．岩土工程学报，2016，38（11）：2114－2121．
［129］牟宗龙，王浩，彭蓬，等．岩—煤—岩组合体破坏特征及冲击倾向性试验研究［J］．采矿与安全工程学报，2013，30（6）：841－847．
［130］潘俊锋，毛德兵，蓝航，等．我国煤矿冲击地压防治技术研究现状及展望［J］．煤炭科学技术，2013，41（6）：21－25，41．
［131］潘俊锋，宁宇，杜涛涛，等．区域大范围防范冲击地压的理论与体系［J］．煤炭学报，2012，37（11）：1803－1809．
［132］潘俊锋，宁宇，毛德兵，等．煤矿开采冲击地压启动理论［J］．岩石力学与工程学报，2012，31（3）：586－596．
［133］潘立友，陈理强，张若祥．深部两软煤层沿空巷道冲击地压成因与防治研究［J］．岩土工程学报，2015，37（8）：1484－1489．

[134] 潘立友，魏辉，陈理强，等. 工程缺陷防控冲击地压机理及应用 [J]. 岩土工程学报，2017，39 (1)：56-61.

[135] 潘一山，唐治，李忠华，等. 不同加载速率下煤岩单轴压缩电荷感应规律研究 [J]. 地球物理学报，2013，56 (3)：1043-1048.

[136] 潘一山，肖永惠，李忠华，等. 冲击地压矿井巷道支护理论研究及应用 [J]. 煤炭学报，2014，39 (2)：222-228.

[137] 潘一山. 煤与瓦斯突出、冲击地压复合动力灾害一体化研究 [J]. 煤炭学报，2016，41 (1)：105-112.

[138] 潘岳，张孝伍. 狭窄煤柱岩爆的突变理论分析 [J]. 岩石力学与工程学报，2004，23 (11)：1797-1803.

[139] 潘岳，张勇，吴敏应，等. 非对称开采矿柱失稳的突变理论分析 [J]. 岩石力学与工程学报，2006，25 (S2)：3694-3702.

[140] 庞绪峰. 坚硬顶板孤岛工作面冲击地压机理及防治技术研究 [D]. 北京：中国矿业大学（北京），2013.

[141] 彭瑞东. 基于能量耗散与能量释放的岩石损伤与强度研究 [D]. 北京：中国矿业大学，2005.

[142] 齐庆新，李晓璐，赵善坤. 煤矿冲击地压应力控制理论与实践 [J]. 煤炭科学技术，2013，41 (6)：1-5.

[143] 齐燕军，东兆星，靖洪文，等. 不同岩性巷道岩爆灾变特征模型试验研究 [J]. 中国矿业大学学报，2017，46 (6)：1239-1250.

[144] 钱鸣高，缪协兴，许家林. 岩层控制中的关键层理论研究 [J]. 煤炭学报，1996，21 (3)：2-7.

[145] 秦四清. 初论岩体失稳过程中耗散结构的形成机制 [J]. 岩石力学与工程学报，2000，19 (3)：265-269.

[146] 秦忠诚，陈光波，李谭，等. 基于集对分析-区间三角模糊数的冲击地压耦合评价模型及应用 [J]. 山东科技大学学报（自然科学版），2019，38 (1)：16-24.

[147] 秦忠诚，刘贝贝，陶雄兵. 采掘诱发断层冲击地压的能量判据及监测 [J]. 煤炭技术，2016，35 (1)：105-108.

[148] 秦忠诚，刘玉腾，王生超，等. 基于微震监测的深埋“两硬”综放面覆岩运动规律研究 [J]. 采矿与安全工程学报，2017，34 (1)：74-78，102.

[149] 秦忠诚，王同旭. 深井孤岛综放面支承压力分布及其在底板中的传递规

律［J］. 岩石力学与工程学报，2004，26（7）：1127－1131.

［150］秦忠诚，于鑫，李青海，等. 围岩力学参数对巷道变形与破坏影响的正交数值模拟试验研究［J］. 采矿与安全工程学报，2016，33（1）：77－82.

［151］宋大钊. 冲击地压演化过程及能量耗散特征研究［D］. 徐州：中国矿业大学，2012.

［152］苏承东，袁瑞甫，翟新献. 城郊矿煤样冲击倾向性指数的试验研究［J］. 岩石力学与工程学报，2013，32（S2）：3696－3704.

［153］苏国韶，陈智勇，蒋剑青，等. 不同加载速率下岩爆碎块耗能特征试验研究［J］. 岩土工程学报，2016，38（8）：1481－1489.

［154］苏国韶，冯夏庭，江权，等. 高地应力下地下工程稳定性分析与优化的局部能量释放率新指标研究［J］. 岩石力学与工程学报，2006，25（12）：2453－2460.

［155］苏海健，靖洪文，赵洪辉，等. 高温处理后红砂岩抗拉强度及其尺寸效应研究［J］. 岩石力学与工程学报，2015，34（S1）：2879－2887.

［156］苏海健，靖洪文，赵洪辉. 高温后砂岩单轴压缩加载速率效应的试验研究［J］. 岩土工程学报，2014，36（6）：1064－1071.

［157］孙振武，代进，杨春苗，等. 矿山井巷和采场冲击地压危险性的弹性能判据［J］. 煤炭学报，2007，32（8）：794－798.

［158］唐春安，刘红元，秦四清，等. 非均匀性对岩石介质中裂纹扩展模式的影响［J］. 地球物理学报，2000，43（1）：16－121.

［159］唐春安，乔河，徐小荷，等. 矿柱破坏过程及其声发射规律的数值模拟［J］. 煤炭学报，1999（3）：266－269.

［160］田利军. “三硬”条件煤层压变区域失衡冲击理论及应用［J］. 地下空间与工程学报，2014，10（5）：1192－1197.

［161］王超. 基于有效冲击能量速率的煤层冲击倾向性指数研究［J］. 煤矿开采，2017，22（5）：9－12.

［162］王春秋，蒋邦友，顾士坦，等. 孤岛综放面冲击地压前兆信息识别及多参数预警研究［J］. 岩土力学，2014，35（12）：3523－3533.

［163］王桂峰，窦林名，蔡武，等. 冲击地压的不稳定能量触发机制研究［J］. 中国矿业大学学报，2018，47（1）：190－196.

［164］王宏伟，姜耀东，赵毅鑫，等. 长壁孤岛工作面冲击失稳能量释放激增机制研究［J］. 岩石力学与工程学报，2013，32（11）：2250－2257.

[165] 王宏伟，史月，罗兴浩．工作面冲击失稳诱因及能量释放激增机制研究[J]．煤炭工程，2016，48 (12)：76－79．
[166] 王凯兴，潘一山．冲击地压矿井的围岩与支护统一吸能防冲理论 [J]．岩土力学，2015，36 (9)：2585－2590．
[167] 王明洋，李杰，李凯锐．深部岩体非线性力学能量作用原理与应用 [J]．岩石力学与工程学报，2015，34 (4)：659－667．
[168] 王宁，吴侃，刘锦，等．基于 Boltzmann 函数的开采沉陷预测模型 [J]．煤炭学报，2013，38 (8)：1352－1356．
[169] 王涛，王曌华，刘华博，等．冲击地压后瓦斯异常涌出条件及致灾原因分析 [J]．煤炭学报，2014，39 (2)：371－376．
[170] 王文婕．煤层冲击倾向性对冲击地压的影响机制研究 [D]．北京：中国矿业大学（北京），2013．
[171] 王晓南，陆菜平，薛俊华，等．煤岩组合体冲击破坏的声发射及微震效应规律试验研究 [J]．岩土力学，2013，34 (9)：2569－2575．
[172] 王旭宏．大同矿区“三硬”煤层冲击地压发生机理研究 [D]．太原：太原理工大学，2010．
[173] 王耀辉，陈莉雯，沈峰．岩爆破坏过程能量释放的数值模拟 [J]．岩土力学，2008，34 (3)：790－794．
[174] 王永胜，朱彦鹏，周勇．基于能量理论的土钉支护结构地震主动土压力计算方法研究 [J]．岩土工程学报，2012，34 (S1)：40－44．
[175] 吴兴荣，窦林名．坚硬煤岩组合条件下冲击矿压发生机理 [J]．煤矿开采，2006，11 (4)：70－72，99．
[176] 吴兴荣，马继新，井圣泉，等．孤岛煤柱工作面冲击矿压的防治实践 [J]．矿山压力与顶板管理，2002，24 (4)：94－95，104．
[177] 夏元友，吝曼卿，廖璐璐，等．大尺寸试件岩爆试验碎屑分形特征分析[J]．岩石力学与工程学报，2014，33 (7)：1358－1365．
[178] 向鹏，纪洪广，孔灵锐，等．基于两体系统动态加卸载效应的冲击地压机理 [J]．煤炭学报，2016，41 (11)：2698－2705．
[179] 肖福坤，刘刚，申志亮．桃山 90～＃煤层有效弹性能量释放速度研究 [J]．岩石力学与工程学报，2015，34 (S2)：4216－4225．
[180] 肖晓春，金晨，潘一山，等．组合煤岩破裂声发射特性和冲击倾向性试验研究 [J]．中国安全科学学报，2016，26 (4)：102－107．
[181] 谢和平，高峰，鞠杨．深部岩体力学研究与探索 [J]．岩石力学与工程

学报，2015，34 (11)：2161-2178.
[182] 谢和平，鞠杨，黎立云，等. 岩体变形破坏过程的能量机制 [J]. 岩石力学与工程学报，2008，42 (9)：1729-1740.
[183] 谢和平，鞠杨，黎立云. 基于能量耗散与释放原理的岩石强度与整体破坏准则 [J]. 岩石力学与工程学报，2005，24 (17)：3003-3010.
[184] 谢和平，彭瑞东，鞠杨，等. 岩石破坏的能量分析初探 [J]. 岩石力学与工程学报，2005，24 (15)：2603-2608.
[185] 谢和平，彭瑞东，鞠杨. 岩石变形破坏过程中的能量耗散分析 [J]. 岩石力学与工程学报，2004，23 (21)：3565-3570.
[186] 谢贤健. 不同岩性风化物分形特征及其与渗透系数关系研究 [J]. 水土保持研究，2017，24 (5)：204-208.
[187] 徐珂，金豪. 高速公路穿越铁路顶进施工风险评价及控制 [J]. 地下空间与工程学报，2013，9 (3)：680-685.
[188] 许金余，刘石. 加载速率对高温后大理岩动态力学性能的影响研究 [J]. 岩土工程学报，2013，35 (5)：879-883.
[189] 薛东杰，周宏伟，王子辉，等. 不同加载速率下煤岩采动力学响应及破坏机制 [J]. 煤炭学报，2016，41 (3)：595-602.
[190] 薛俊华，刘超，王龙. 组合串联煤岩冲击倾向性影响因素数值模拟 [J]. 西安科技大学学报，2016，36 (1)：65-69.
[191] 杨凡杰，周辉，卢景景，等. 岩爆发生过程的能量判别指标 [J]. 岩石力学与工程学报，2015 (S1)：2706-2714.
[192] 杨金玲，李德成，张甘霖，等. 土壤颗粒粒径分布质量分形维数和体积分形维数的对比 [J]. 土壤学报，2008，45 (3)：413-419.
[193] 姚精明，何富连，徐军，等. 冲击地压的能量机理及其应用 [J]. 中南大学学报（自然科学版），2009，40 (3)：808-813.
[194] 姚精明，闫永业，刘茜倩，等. 基于能量理论的煤岩体破坏电磁辐射规律研究 [J]. 岩土力学，2012，33 (1)：233-237，242.
[195] 易成，王长军，张亮，等. 基于两体相互作用问题的粗糙表面形貌描述指标系统的研究 [J]. 岩石力学与工程学报，2006，23 (12)：2481-2492.
[196] 尹光志，李贺，鲜学福，等. 煤岩体失稳的突变理论模型 [J]. 重庆大学学报（自然科学版），1994，15 (1)：23-28.
[197] 尹小涛，葛修润，李春光，等. 加载速率对岩石材料力学行为的影

响 [J]. 岩石力学与工程学报，2010，29（S1）：2610－2615.
[198] 尤明庆，华安增. 岩石试样破坏过程的能量分析 [J]. 岩石力学与工程学报，2002，21（6）：778－781.
[199] 曾繁慧，张晶，汪北方，等. 煤矿冲击地压危险性模糊综合评价 [J]. 辽宁工程技术大学学报（自然科学版），2018，37（1）：205－209.
[200] 张飞，仇小祥，董金勇，等. 受载组合煤岩声发射效应研究 [J]. 煤矿安全，2010，41（1）：66－68.
[201] 张国华，李文成，万夫兵，等. 煤的工业分析成分影响水锁形成速度的实验研究 [J]. 黑龙江科技大学学报，2017，27（4）：340－344.
[202] 张国华，于会军，郝传波，等. 断层破碎带垮冒堆积体边界被动抗力分布规律 [J]. 采矿与安全工程学报，2018，35（3）：532－537.
[203] 张宏伟，荣海，陈建强，等. 基于地质动力区划的近直立特厚煤层冲击地压危险性评价 [J]. 煤炭学报，2015，40（12）：2755－2762.
[204] 张宏伟，荣海，陈建强，等. 近直立特厚煤层冲击地压的地质动力条件评价条件 [J]. 中国矿业大学学报，2015，4（6）：1053－1060.
[205] 张宏伟，荣海，韩军，等. 基于应力及能量条件的岩芯饼化机理研究 [J]. 应用力学学报，2014，31（4）：512－517，3.
[206] 张宏伟，朱峰，韩军，等. 冲击地压的地质动力条件与监测预测方法 [J]. 煤炭学报，2016，41（3）：545－551.
[207] 张景飞，郭倩，朱同功，等. 多场耦合下煤岩渗透率演化规律——以平煤十矿为例 [J]. 西安科技大学学报，2018，38（5）：713－720.
[208] 张俊文. 错层位沿空巷道卸压机理及空间适应性研究 [D]. 北京：中国矿业大学，2013.
[209] 张文清，石必明，穆朝民. 冲击载荷作用下煤岩破碎与耗能规律实验研究 [J]. 采矿与安全工程学报，2016，33（2）：375－380.
[210] 张寅. 深部特厚煤层巷道冲击地压机理及防治研究 [D]. 徐州：中国矿业大学，2010.
[211] 张勇，潘岳. 弹性地基条件下狭窄煤柱岩爆的突变理论分析 [J]. 岩土力学，2007，28（7）：1469－1476.
[212] 张泽天，刘建锋，王璐，等. 组合方式对煤岩组合体力学特性和破坏特征影响的试验研究 [J]. 煤炭学报，2012，37（10）：1677－1681.
[213] 章梦涛. 积极开展矿山岩体变形稳定性的研究 [J]. 岩石力学与工程学报，1993，12（3）：290－291.

[214] 赵善坤，张寅，韩荣军，等. 组合煤岩结构体冲击倾向演化数值模拟［J］. 辽宁工程技术大学学报（自然科学版），2013，32（11）：1441－1446.
[215] 赵同彬，郭伟耀，谭云亮，等. 煤厚变异区开采冲击地压发生的力学机制［J］. 煤炭学报，2016，41（7）：1659－1666.
[216] 赵扬锋，潘一山，于海军. 基于剪切梁层间失效模型的断层冲击地压分析［J］. 岩土力学，2007，28（8）：1571－1576.
[217] 赵阳升，冯增朝，万志军. 岩体动力破坏的最小能量原理［J］. 岩石力学与工程学报，2003，22（11）：1781－1783.
[218] 赵阳升，万志军，张渊，等. 20MN伺服控制高温高压岩体三轴试验机的研制［J］. 岩石力学与工程学报，2008，28（1）：1－8.
[219] 赵毅鑫，龚爽，黄亚琼. 冲击载荷下煤样动态拉伸劈裂能量耗散特征实验［J］. 煤炭学报，2015，40（10）：2320－2326.
[220] 赵毅鑫，姜耀东，田素鹏. 冲击地压形成过程中能量耗散特征研究［J］. 煤炭学报，2010，35（12）：1979－1983.
[221] 赵毅鑫，姜耀东，王涛，等. "两硬"条件下冲击地压微震信号特征及前兆识别［J］. 煤炭学报，2012，37（12）：1960－1966.
[222] 赵毅鑫，姜耀东，祝捷，等. 煤岩组合体变形破坏前兆信息的试验研究［J］. 岩石力学与工程学报，2008，27（2）：339－346.
[223] 赵忠虎，谢和平. 岩石变形破坏过程中的能量传递和耗散研究［J］. 四川大学学报（工程科学版），2008，40（2）：26－31.
[224] 周辉，杨艳霜，肖海斌，等. 硬脆性大理岩单轴抗拉强度特性的加载速率效应研究——试验特征与机制［J］. 岩石力学与工程学报，2013，32（9）：1868－1875.
[225] 朱晶晶，李夕兵，宫凤强，等. 冲击载荷作用下砂岩的动力学特性及损伤规律［J］. 中南大学学报（自然科学版），2012，43（7）：248－254.
[226] 朱卓慧，冯涛，宫凤强，等. 煤岩组合体分级循环加卸载力学特性的实验研究［J］. 中南大学学报（自然科学版），2016，47（7）：2469－2475.
[227] 邹德蕴，姜福兴. 煤岩体中储存能量与冲击地压孕育机理及预测方法的研究［J］. 煤炭学报，2004，29（2）：159－163.
[228] 左建平，陈岩，崔凡. 不同煤岩组合体力学特性差异及冲击倾向性分析［J］. 中国矿业大学学报，2018，47（1）：81－87.

[229] 左建平，陈岩，宋洪强，等. 煤岩组合体峰前轴向裂纹演化与非线性模型 [J]. 岩土工程学报，2017，39 (9)：1609-1615.
[230] 左建平，谢和平，孟冰冰，等. 煤岩组合体分级加卸载特性的试验研究 [J]. 岩土力学，2011，32 (5)：1287-1296.
[231] 左建平，谢和平，吴爱民，等. 深部煤岩单体及组合体的破坏机制与力学特性研究 [J]. 岩石力学与工程学报，2011，30 (1)：84-92.
[232] 左宇军，李夕兵，唐春安，等. 受静载荷的岩石在周期载荷作用下破坏的试验研究 [J]. 岩土力学，2007，28 (5)：927-932.